陕西省“十四五”首批职业教育规划教材

高职高专院校机械设计制造类专业“十四五”系列教材

钳工与焊接

（第2版）

QIANGONG YU HANJIE

主　编 ◎ 李宇良　黄　洁

副主编 ◎ 杨瑞东　董胜利　张　芸　边　娜

华中科技大学出版社
http://press.hust.edu.cn
中国·武汉

内容简介

本书采用项目化教学模式编写而成，参考学时为 84 学时。全书共有 3 个模块：模块 1 为钳工操作，内容包括钳工入门知识、测量、划线、锯割、锉削、錾削、孔加工、攻螺纹和套螺纹、研磨和刮削、综合训练；模块 2 为焊接操作，内容包括焊接入门知识、手工焊条电弧焊、焊接质量检验；模块 3 为能力拓展，内容包括金属材料知识、钳工技能拓展。

本书紧密结合高职高专院校的教学特点，以满足工作需求为目标，突出培养“安全第一”的生产理念。同时，本书紧跟时代要求，融入课程思政内容，积极引导学生树立“爱国、敬业”的精神面貌。本书还具有钳工工量具认知“工具书”的特点，方便学生对工具、量具、设备的认知和使用。本书可作为高等职业院校和中等职业院校机械类和近机类专业的钳工实训教材，或者手工焊条电弧焊实训的初级教材。

图书在版编目(CIP)数据

钳工与焊接/李宇良，黄洁主编. —2 版. —武汉：华中科技大学出版社，2023.5
ISBN 978-7-5680-9440-5

Ⅰ. ①钳…　Ⅱ. ①李…　②黄…　Ⅲ. ①钳工-教材　②焊接-教材　Ⅳ. ①TG9　②TG4

中国国家版本馆 CIP 数据核字(2023)第 071257 号

钳工与焊接(第 2 版)
Qiangong yu Hanjie (Di-er Ban)

李宇良　黄　洁　主编

策划编辑：张　毅
责任编辑：段亚萍
封面设计：孢　子
责任监印：朱　玢
出版发行：华中科技大学出版社(中国·武汉)　电话：(027)81321913
武汉市东湖新技术开发区华工科技园　邮编：430223
录　　排：武汉创易图文工作室
印　　刷：武汉科源印刷设计有限公司
开　　本：787mm×1092mm　1/16
印　　张：13.25
字　　数：330 千字
版　　次：2023 年 5 月第 2 版第 1 次印刷
定　　价：52.00 元

华中出版

本书若有印装质量问题，请向出版社营销中心调换
全国免费服务热线：400-6679-118　竭诚为您服务

前言 QIANYAN

近年来，我国基础研究和原始创新不断加强，一些关键核心技术实现突破，战略性新兴产业发展壮大，我国稳步进入创新型国家行列。教育、科技、人才是全面建设社会主义现代化国家的基础性、战略性支撑。必须坚持科技是第一生产力、人才是第一资源、创新是第一动力，深入实施科教兴国战略、人才强国战略、创新驱动发展战略，开辟发展新领域新赛道，不断塑造发展新动能新优势。

随着我国工业化进程的加快，产业升级已是必然趋势。工业 4.0 时代的到来，使制造业生产在向着“高、精、尖”方向快速发展的同时，也要满足社会的定制生产需求。企业的发展以员工为基础，员工的“工匠精神”更是企业生存的基石。因此，培养员工具备“工匠精神”的工作作风，已经提到国家发展的层面。钳工与焊接的教学和实训过程，是工程训练的启蒙教学。通过工件精度加工训练和手工操作，学生可以亲身体验“工匠精神”的严谨与精细，并且以此可培养学生一丝不苟的工作态度，锻炼其耐心与毅力。

本书是高职高专教育生产技能的实训用书，按照“十四五”职业教育国家规划教材建设要求，以活页式装订，根据“理实一体化”教学需求编写。全书共有钳工操作、焊接操作、能力拓展三个模块，以“模块—项目—任务”的形式将操作技能训练融入不同任务的实施过程中，以此培养学生自学的能力和工作精神，提高教学效果和教学质量。

在教学实施中，建议以一个具体工件为载体，安排设计、绘图、工件加工等几个教学过程，将机械制图和金属材料相关课程的知识融入其中，使学生初步理解工程设计的原则，熟悉工件的图示方法和国家标准的相关规定，强化钳工操作技能的训练。教学采用任务驱动法，使得教学过程充满乐趣与挑战，教学形式更加活泼，有利于激发学生的学习热情，提高实训教学的质量。焊接教学在了解性技能训练的基础上，加强了焊接安全规程、焊接接头的质量目标和焊缝质量检验等理论知识的学习。这样在了解性技能训练无法达到质量标准的情况下，学生依然知道焊接接头的最终质量目标和焊缝质量的基本检验方法。

本书为“互联网＋”新形态教材，书中重要知识点以视频方式呈现，工具实物以图片方式呈现，扫码即可查看。

本书由西安电力高等专科学校李宇良、黄洁担任主编，由西安电力高等专科学校杨瑞东、董胜利、张芸、边娜担任副主编。

由于编者水平有限，书中难免有差漏之处，欢迎广大读者批评指正。

编　者

目录 MULU

模块1　钳工操作

模块2　焊接操作

模块3　能力拓展

模块 1

钳工操作

钳工作为“手工”作业工种，是工业生产中“工匠作业”的典型代表。虽然现代工业中机械化生产占绝对地位，但是钳工在机械制造、安装和生产运行中依然起着重要作用。例如：机床床身的导轨、接合面的刮削，大型传动设备的轴瓦安装调整，还有一些单一特型零件的制作都要由钳工独立或辅助完成。在机械设备的安装、维修、改造及技术革新中，钳工起到重要的作用。钳工操作的基本技能主要有测量、划线、锯割、锉削、錾削、孔加工、螺纹加工、研磨与刮削、矫正与弯曲、铆接及简单的热处理。掌握这些基本技能，对提高零件制造质量和设备安装、设备调试、设备运行及设备检修的质量都会起到重要作用。

认识“大国工匠”——“两丝”钳工顾秋亮

顾秋亮，中国船舶重工集团公司第 702 研究所职工，高级技师。参加过我国首个自主设计、制造的“蛟龙号”大深度载人潜水器的研制，任“蛟龙号”总装组组长。他仅凭目测手摸便可以判断出“两丝”的精度误差，因此，被誉为“两丝”钳工。（1 丝或 1 道等于 0.01 mm）

顾秋亮手工打磨的平面度能够控制在两丝以内，他最高超的技艺是判断潜水器载人舱的金属球体与窗户玻璃接触面的密封度，也就是金属球体与玻璃之间的缝隙宽度。这个宽度必须控制在 0.002 mm 左右，才能保证潜水器载人舱在深海之中不会漏水，也不会因为玻璃与金属不同的抗水能力而造成玻璃的损坏。

项目1 钳工入门知识

【学习目标】

- 熟悉钳工作业场地布局及作业场地要求。
- 学习钳工的基本概念,了解钳工的基本操作内容。
- 认识钳工设备、工具。
- 学习钳工安全技术。

【安全提示】

- 钳工作业场地中,机械设备、工具、零件、毛坯、型材较多,且大多为金属材质。一旦发生磕碰,人体会受到严重伤害。
- 钳工机械设备都具有较大的动能,操作者在不熟悉的状态下开启钳工机械设备,有可能会受到致命的伤害。
- 钳工工具看似坚硬,但是在不正确的操作下极易损坏,并对人体造成严重伤害。

【知识准备】

一、钳工概述

钳工指在台虎钳上手持工具完成零件加工工作,是机械制造业中不可缺少的工种。随着工业生产技术的发展,钳工逐步由制造各种简单的零件和工具发展到制造机器部件和装配机器设备,以及运行机械的检修维护工作。因此,钳工已成为工业生产中相对独立的重要工种。钳工工作的最高目标是精度达标,其中包括尺寸、形状、位置等精度要同时达标。这需要通过精心、细心的操作来实现。我们作为生活在祖国伟大复兴时代的中国人,除了充分享受国家复兴所带来的幸福生活外,还应该同步履行社会一份子所应承担的责任和义务!只有用心完成每一次钳工操作,追求高精度精品工件的操作精神,才能与这个时代相符,才能为祖国的复兴助力,与祖国的复兴同行。

1. 钳工的主要工作任务

(1) 加工工件。此处的“加工”是指一些不易或不能采用机械方法完成的加工,如工件加工过程中的划线、精密加工(如刮削、研磨和制作模具等)及检验和修配等。

(2) 装配。将各种零部件按技术要求进行组件、部件装配和总装配,并进行调整、检验和试用,使之成为合格的机械设备。

(3) 设备维修。当机械设备在使用过程中发生故障、出现损坏或长期使用后精度降低影响使用时,要通过钳工进行维护和修理。

(4) 工具的制造和修理。钳工还可以制造和修理各种夹具、量具、模具及各种专业设备。

2. 钳工的分类

(1) 钳工按工作内容的性质分类,主要有以下三种。

① 装配钳工:使用钳工常用工具、设备,按技术要求对工件进行加工、维修、装配的人员。

② 机修钳工:使用钳工工具、量具及辅助设备,对各类设备的机械部分进行维护和修理的人员。

③ 工具钳工:使用钳工工具、钻床等,对刃具、模具、夹具、索具等(统称工具,亦称工艺装备)工件进行加工、组合装配、调试与修理的人员。

(2) 在火电厂建设和生产中,根据汽机、锅炉、电气三大系统将钳工分为汽机安装工、汽机检修工、锅炉安装工、锅炉检修工等。电气安装工与电气检修工也同样需要一定的钳工操作技能。

3. 钳工操作的基本技能

无论哪一种钳工操作,都由一些基本的操作技能组成。钳工操作的基本技能包括测量、划线、錾削、锉削、锯割、孔加工、攻螺纹与套螺纹、研磨与刮削、矫正与弯曲、铆接及简单的热处理。

二、钳工的工作场地

钳工的工作场地指钳工的固定工作地点。为了工作方便,钳工的工作场地的布局一定要合理,符合安全文明生产的要求。

1. 工作场地布局

工作场地的布局应遵循"场地宽敞,过道通畅"的原则。工作台应放置在光线适宜、工作方便的地方,工作台与工作台之间的距离应适当。砂轮机、钻床应放置在独立的工作间内。通道应宽敞、无杂物,大门及通道两侧应无易倾倒或坍塌的物体。

2. 材料与工件摆放

材料与工件的摆放应遵循"材料分类摆放,零件按规格摆放,危险物品集中标注并按要求摆放"的原则。材料和零件应分别摆放整齐,零件尽量放在搁架上,以免磕碰。材料分类摆放时,其规格、材质应标注清晰,并应方便取用。

3. 工具与量具摆放

工具与量具的摆放应遵循"工具、量具分类摆放,精密量具装盒存放"的原则。常用工具、量具应放在工作台附近,便于随时取用,用完后应及时放回原处,以免损坏。无论是使用时还是存放时,工具、量具都应分开放置,严禁将工具、量具混合摆放。精密量具在使用间歇应放入盒中或在专用位置放置。

4. 工作场地清理

工作场地的清理应遵循"工完、料净、场地清"的原则。每次工作完成后,应按要求对设备进行清理、保养,并把工作场地清扫干净,清扫过程中应对金属废料进行回收。每次收工时,都应将设备恢复至非工作状态或无受力状态,对工具进行清点并归类存放。

任务1 认识钳工设备

钳工工作场地内常用设备有钳工工作台、台虎钳、砂轮机、台式钻床、立式钻床等(见表1-1-1)。

表1-1-1 钳工常用设备

序号	名称	规格型号	单位	规格型号注解
1	台虎钳	150 mm	台	150 mm——钳口宽度
2	砂轮机	M3035	台	M——磨床,3——砂轮机,0——落地式,35——砂轮直径为350 mm
3	台式钻床	Z4025	台	Z——钻床,4——台式,0——圆柱,25——最大钻孔直径为25 mm
4	立式钻床	Z5150	台	Z——钻床,5——立式,1——方柱,50——最大钻孔直径为50 mm

一、钳工工作台

钳工工作台用硬质木材或钢材制成,用来安装台虎钳,放置工具、量具和工件等。钳工工作台的高度为800～900 mm,台面上装上台虎钳后,总安装高度一般以钳口上表面恰好齐人手肘为宜,即操作人员直立握拳,并用拳头抵住下巴时手肘的高度。当台虎钳对面有通道或工作人员时,应在台虎钳的前面安装铁纱网(安全网),当同一工作台上相对安装两台台虎钳时,两台台虎钳之间也应安装铁纱网,以防止飞溅的金属碎屑伤人,如图1-1-1所示。钳工工作台的长度和宽度随工作场地和工作需要而定。

图1-1-1 钳工工作台

二、台虎钳

台虎钳是用来夹持各种工件的通用夹具,它分固定式台虎钳和回转式台虎钳两种,如图1-1-2所示,其中图1-1-2(a)所示为固定式台虎钳,图1-1-2(b)所示为回转式台虎钳。台虎钳的规格以钳口的宽度来表示,常用的有100 mm、125 mm、150 mm等几种。

1. 台虎钳的结构及其工作原理

以图1-1-2为例,活动钳身2通过导轨与固定钳身5的导轨孔做滑动配合。丝杆1安装在活动钳身上,可以旋转,并与安装在固定钳身内的异形螺母6配合。台虎钳工作时,丝杆承受较大载荷,因此,丝杆采用梯形螺纹来满足工作需要。摇动手柄13使丝杆旋转后,可带动活动钳身相对于固定钳身做轴向移动,起夹紧或放松工件的作用。弹簧12借助挡圈11和开口销10固定在丝杆上,其作用是当放松丝杆时可使活动钳身及时退出。在固定钳身和活动钳身上,各安装有一个钢质钳口铁4,并用螺钉3固定。钳口铁采用高碳钢经淬火加工而成，其工作面上制有交叉的网纹，可使工件夹紧后不易滑动。固定钳身安装在转座 9 上，并能绕转座轴心线转动，当固定钳身转到要求的方向时，扳动锁紧螺丝 7 使其旋紧，便可在夹紧盘 8 的作用下把固定钳身紧固。

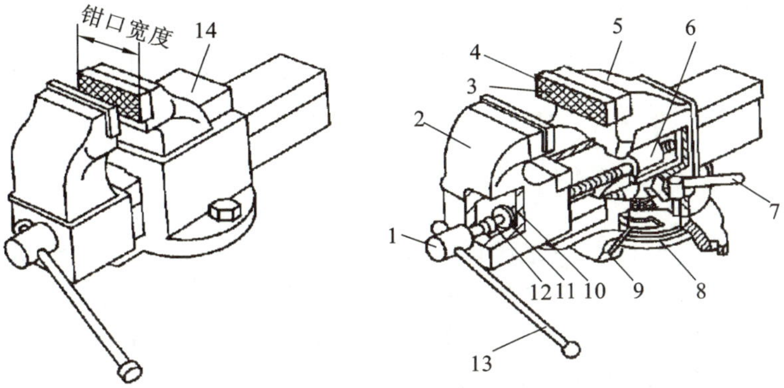

(a) 固定式台虎钳　　(b) 回转式台虎钳

图 1-1-2　台虎钳

1—丝杆；2—活动钳身；3—螺钉；4—钳口铁；5—固定钳身；6—异形螺母；7—锁紧螺丝；8—夹紧盘；9—转座；10—开口销；11—挡圈；12—弹簧；13—手柄；14—砧座

异形螺母 6 由一个螺丝将其固定在固定钳身的中心部位，这个固定异形螺母 6 的螺丝是丝杆螺母传动机构的保险件。由于固定异形螺母 6 的螺丝自身直径相对手柄 13 和丝杆 1 的直径较小，其强度最低，因此，在机构受力过载时螺丝可以通过自身的损坏，来保全丝杆螺母机构的完好无损。当旋转台虎钳手柄 13 时，若活动钳身出现卡塞或者不移动的情况，应首先检查固定异形螺母 6 的螺丝。

2. 台虎钳的安装

台虎钳应安装牢固。与钳工工作台连接的螺栓应向下穿入台面，以免螺栓太长影响操作安全。台虎钳固定钳身上的钳口铁夹持面应处于钳工工作台边缘外侧，以保证垂直夹持较长工件时，工件下端不受钳工工作台边缘的阻碍。

三、砂轮机

普通砂轮机的型号由字母和 4 个数字组成。以普通落地式砂轮机 M3035 为例，“M”为磨床汉语拼音的第一个字母，代表磨床；第一个数字“3”为磨床组序列中的代号，代表砂轮机；第二个数字“0”为砂轮机系序列中的代号，代表落地式；最后两个数字“35”代表所用砂轮规格，即所用砂轮的直径为 350 mm。

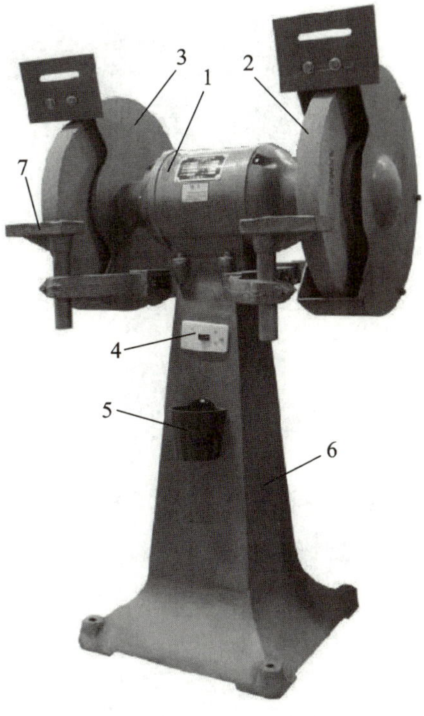

图 1-1-3　砂轮机

1—电动机；2—砂轮片；3—保护罩；4—开关；5—水杯；6—砂轮机座；7—托架

砂轮机是用来刃磨各种刀具、工具的钳工常用设备，也可用来磨去工件或材料上的毛刺、锐边等。砂轮机由开关、电动机、砂轮机座、托架、保护罩、水杯及砂轮片等组成，如图 1-1-3 所示，还有一些砂轮机带有除尘装置。

四、钻床

普通钻床的型号由字母和3至4个数字组成。以立式钻床Z5150为例,“Z”为钻床汉语拼音的第一个字母,代表钻床;第一个数字“5”为钻床组序列中的代号,代表立式钻床;第二个数字“1”为立式系序列中的代号,代表方柱式立柱;最后两个数字“50”代表钻床的最大钻孔直径为50 mm。

1. 台式钻床

台式钻床是一种小型钻床,其结构简单,操作方便,用来钻直径小于13 mm的孔,适用于加工小型工件。台式钻床由开关、电动机、皮带罩、进刀手柄、钻夹头、立柱、活动工作台、固定工作台、锁紧手柄等组成,其结构如图1-1-4所示。通过调节皮带罩内三角带在皮带轮中的相对位置,可以变换台式钻床的转速。

2. 立式钻床

立式钻床是一种中型钻床,按最大钻孔直径来区分,其有25 mm、35 mm、40 mm、50 mm等规格,适用于钻孔、扩孔、铰孔、攻螺纹等加工。立式钻床由电动机、转速和进刀量调节手柄、开关、主轴、立柱、进刀手柄、冷却水管、可升降工作台等组成,其结构如图1-1-5所示。

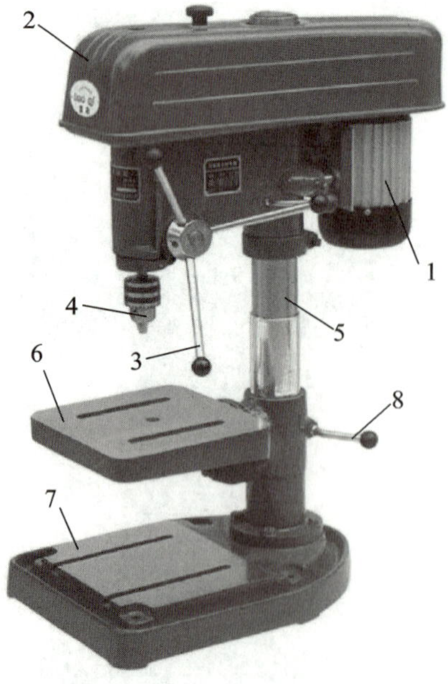

图1-1-4 台式钻床

1—电动机;2—皮带罩;3—进刀手柄;4—钻夹头;5—立柱;6—活动工作台;7—固定工作台;8—锁紧手柄

图1-1-5 立式钻床

1—电动机;2—转速和进刀量调节手柄;3—开关;4—主轴;5—立柱;6—进刀手柄;7—冷却水管;8—可升降工作台

五、钳工常用工具

钳工常用工具有榔头、锯弓、划线工具、各型锉刀、各型錾子、各种量具、孔加工工具、螺纹加工工具、研磨与刮削工具及一些安全工具。

任务2 学习钳工安全技术

安全文明生产指保护劳动者在生产、经营活动中的人身安全、健康和财产安全。在工作中，养成良好的文明生产习惯，严格遵守安全文明生产的操作规程是顺利完成工作的保障。操作人员应做到：不迟到、不早退。每次完工做到：工完、料净、场地清。只有用饱满的热情迎接每一天的工作，才可能用双手制造出精品工件，才会被精工细作的结果所陶醉。

电力企业的生产方针：安全第一、预防为主、综合治理。电力企业工作过程中还有“三不”原则：不伤害自己、不伤害他人、不被他人伤害。无论方针还是原则，每一点都体现出对生命的珍视，以及安全对电力企业的重要性！每一名企业员工都要认识到，每一次事故对于受害人都是无法挽救的伤害，对于受害人的家庭都会造成无法挽回的损失。

一、钳工安全技术

(1) 工作时，应按规定穿工作服，尤其是上衣的袖口和下摆要扎紧。必要时戴安全帽或口罩。

(2) 在钳工工作台上工作时，量具不能与其他工具或工件混放在一起，各种量具也不要互相叠放，应放在量具盒内或专用搁架上。

(3) 在钳工工作台上工作时，为了取用方便，右手取用的工具和量具放在右边，左手取用的工具和量具放在左边，各自摆放整齐，且不能使工具和量具伸到钳工工作台边缘以外。

(4) 工作场地要保持整齐、清洁，油污积水和其他液体要及时清除，以防滑倒伤人。使用的工具、加工的零件、毛坯和原材料应放置整齐稳当，且不准在过道上及旁边堆放物品。

(5) 从后面靠近钳工操作人员时，要注意操作人员的动作，必要时应向操作人员打招呼。钳工工作台两侧同时有人操作时，中间要设有安全网，且相关人员要随时注意安全，防止发生意外。

(6) 不准擅自使用不熟悉的设备和机具。对于已经熟悉的设备和机具，要得到设备负责人的同意才能使用。使用设备与机具前要检查，如发现设备和机具损坏或有其他故障，应停止使用。

(7) 清除金属碎屑应使用毛刷，不准直接用手清除，更不准用嘴吹清除，以免划伤手指或伤害眼睛。

(8) 使用电气设备时，必须严格遵守操作规程，防止触电。如发现有人触电时，不要慌乱，要先切断电源，再进行救护。

(9) 如果发生操作事故，必须报告上级，不应隐瞒，以便上级及时对事故做妥善处理，以避免事故范围扩大。

二、台虎钳的使用与保养

(1) 台虎钳必须牢固地固定在钳工工作台上，台虎钳工作时，两个锁紧螺丝必须扳紧，保证钳身没有松动现象，以免危害操作人员、损坏台虎钳和影响工件加工质量。

(2) 夹紧和松卸工件时，应用手扶住工件，防止工件掉落砸伤脚部。

(3) 夹紧和松卸工件时，只允许依靠手的力量扳紧手柄，不能用手锤敲击手柄或随意套上长管来扳动手柄，以免损坏丝杆、异形螺母或钳身。

(4) 在进行强力作业时，应尽量使力量朝向固定钳身，否则将额外增加丝杆和螺母的受力，从而导致螺纹的损坏。

(5) 不要在活动钳身的光滑面(活动钳身的导轨部分)上进行敲击工作，以免降低活动钳身与固定钳身的配合性能。

(6) 不允许用大锤在台虎钳上锤击工件。对于带砧座的台虎钳，只允许在砧座上用手锤轻击工件。

(7) 丝杆、异形螺母和其他活动表面都要经常加润滑油并保持清洁，以利润滑和防止生锈，延长使用寿命。

(8) 异形螺母的固定螺丝易损坏或松动，应经常检查维护。

(9) 工作结束后，应从台虎钳上取下工件并清理、擦拭虎钳。同时要求两钳口闭合并保留 3～5 mm 间隙，手柄垂直向下。

三、砂轮机安全操作规程

(1) 砂轮机应安装在僻静、安全的地方，禁止其旋转方向对着通道。启动砂轮机前，应先检查机械各部位螺丝、砂轮片夹板、砂轮片防护罩、砂轮片表面有无裂纹破损等，确认砂轮机及砂轮片完整良好后再启动。

(2) 砂轮机的托架必须安装牢固，托架面要水平安装，托架与砂轮片之间的间隙不得大于 3 mm。严禁在无托架的砂轮机上刃磨工具。

(3) 夹持砂轮片的法兰盘的直径不得小于砂轮片直径的三分之一，夹力适中。对于有平衡块的法兰盘，应在安装好砂轮片后，先对该法兰盘进行平衡测试，合格后方能使用。

(4) 砂轮片要保持干燥，防止其受潮而降低强度。砂轮片不圆、厚度不够或者砂轮片露出夹持法兰盘不足 25 mm 时，均应更换砂轮片。

(5) 砂轮机启动且达到正常转速后，方准进行刃磨。刃磨时，操作人员应戴平光镜，身体站在砂轮片侧面，在砂轮片的外圆表面刃磨。

(6) 严禁两人同时使用一个砂轮片刃磨工具。严禁戴手套刃磨工具。严禁在振动的砂轮片上刃磨工具或刃磨自身能发生共振的工具。

(7) 砂轮只准磨钢、铁等黑色金属，不准磨软质有色金属或非金属。砂轮刃磨工具时，应经常蘸水冷却，避免刃磨发热使工具退火。

(8) 刃磨工具时，应使工具缓慢接近砂轮片，不准用力过猛或冲击，更不准用身体顶着工具在砂轮片中心线以下或侧面刃磨。

(9) 磨小工具时，不能直接用手持工具进行刃磨，而应使用夹具夹稳工具进行刃磨。

(10) 安装砂轮片时，不准用铁锤进行敲击。如果砂轮孔径与轴径间有空隙，应加轴套衬垫，以消除空隙。轴端固定应根据旋转方向来选择正、反旋螺纹。

(11) 刃磨时在工具允许的情况下，应尽可能使工具左右来回平移，以使砂轮片外圆磨损均匀平整，无沟槽或歪斜现象。

(12) 刃磨时，若砂轮机出现异常声音、振动、异常气味或发热时，应立即停机检查，消除故障后方可继续工作。操作人员停止工作后，应立即关机，并切断电源。

(13) 刃磨工具的尖角时，如划针、样冲、划规等，应将尖角竖直向上，用手或工具依靠在托架上，在砂轮片的外圆表面进行刃磨。

四、钻床安全操作规程

(1) 钻孔时不准戴手套，也不能用棉纱或破布清理铁屑，以免棉纱或破布被铁屑勾住而发生人身伤害事故。

(2) 女生的头发较长时应盘在脑后，并佩戴工作帽。

(3) 不准用手去拉或用嘴吹铁屑，应用钩子或刷子清除铁屑，并尽量在停车时清除。

(4) 钻通孔时，工件下面必须垫上木块或使钻头对准工作台的孔洞，以免损坏机用虎钳或工作台。孔快被钻通时，应减小进刀量，缓慢钻通孔。

(5) 钻床未停稳前，不准用手去捏停钻夹头。松卸或紧固钻夹头必须用钻床钥匙，不准用手锤或其他东西敲打。锥柄钻头从钻头锥套中退出时要用专用工具。

(6) 钻孔过程中应经常排除铁屑，手动操作时应将铁屑长度控制在 100 mm 左右。

(7) 钻床工作台台面上不准放置刀具、量具及其他物品。钻孔过程中应加冷却液冷却钻头，手动冷却钻头时应用毛刷将冷却液涂刷在钻头上。

(8) 装卸和调整工件、变换转速或出现任何异常状况(工件松动、钻头松动、钻偏及钻床有发热、噪声、振动、异味、麻电等现象)时应先停车，待故障消除后方可继续使用。

(9) 操作人员离开钻床时，必须停车。钻床使用完毕后，应立即关机并切断电源。

五、健康即是安全

在工作过程中突发疾病往往会导致严重的生产事故，而强健的体魄是安全、高效完成工作的保证。强健的体魄来自持续的体育锻炼和健康的生活，吃早饭、不熬夜、合理膳食可以为身体的健康创造条件，为消除事故隐患提供身体基础。同时，强健体魄也有助于形成乐观的心态和坚强的毅力，为加工高精度的工业成品提供强大支撑。

课后练习

一、填空题

1. 台虎钳是用来夹持工件的专用夹具，其规格用________表示。

2. 下课后，应将钳桌和台虎钳清理干净，并将钳口合到相距________mm 的间隙，手柄自然下垂。

3. 砂轮机的托架与砂轮片之间的距离不得大于________mm。

4. 台式钻床 Z4025 主要用于钻孔、扩孔，其最大钻孔直径是________mm。

5. 使用砂轮机刃磨工具时，应站在砂轮片侧面，并在砂轮片的________表面刃磨。

6. 台虎钳的螺杆与异形螺母采用________螺纹配合,能够承担较重的载荷。

二、选择题

1. 回转式台虎钳由固定钳身和活动钳身组成,活动钳身通过手柄带动________转动来实现夹紧或松开工件。

A. 丝杆　　B. 异形螺母　　C. 夹紧盘

2. 台虎钳的最佳安装高度以拳头顶住下巴时________到地面的高度为宜。

A. 手腕　　B. 小臂　　C. 手肘

3. 使用钻床、砂轮机等旋转设备时严禁戴________。

A. 手套　　B. 平光镜　　C. 工作帽

4. 手动操作台式钻床钻孔时,应将钻孔产生的铁屑长度控制在________mm 以内。

A. 10　　B. 100　　C. 300

三、判断题

1. 当台虎钳上的工件松动时,可用套管加力或榔头敲打台虎钳手柄来夹紧工件。(　　)

2. 砂轮机保护罩的作用是防止灰尘扩散。(　　)

3. 台虎钳与台虎钳之间的铁纱网的作用是防止飞溅的金属碎屑伤人。(　　)

4. 使用钻床时,双手应戴手套,否则会划伤或弄脏手部。(　　)

5. 使用砂轮机时,要站在砂轮片的正面,并在砂轮片的侧面刃磨。(　　)

6. 使用砂轮机刃磨钻头时,应佩戴防护眼镜,并且戴手套刃磨。(　　)

四、简答题

1. Z4025 台式钻床的转速变换是怎样调整的?

2. 钳工操作的基本技能有哪些?

3. 台虎钳的丝杆螺母夹紧机构中的"保险件"是哪个部件?它如何起到"保险"作用?

课后练习答案

项目 2 测 量

【学习目标】

- 认识各种专用量具。
- 掌握常用量具的刻线原理和读数方法。
- 熟悉测量误差产生的原因及预防的方法。
- 熟悉精密量具的维护方法。

【安全提示】

- 量具的棱角锐利，会扎伤或划伤手指。
- 量具的细小零件容易丢失，且难以配备。
- 量具与工具混放会严重磨损量具，降低其测量精度。

【知识准备】

用专用工具检验工件的尺寸、形状和位置相对理想值偏差的过程称为测量。测量所用的专用工具叫作量具。

量具是鉴定工件加工质量和设备安装质量的标准，测量方法不当会增加量具自身误差并产生测量误差。钳工加工技术水平的高低，不取决于工具操作技能的熟练程度，而取决于使用量具和测量方法的正确与否。只要是能测量出的工件精度误差，就有相应的加工方法予以消除。所以，操作者精益求精、认真细致的工作作风，始于精密量具的正确使用和保养。为了确保加工工件的精度和安装设备的质量，必须对加工完毕的工件、安装完毕的设备进行严格的测量检查。掌握正确的测量方法，读取准确的测量数值，是钳工完成工件加工工作和设备安装工作的质量保障。

任务 1 学习量具使用

钳工常用量具有钢板尺、游标类量具、千分尺、百分表、直角尺、刀口尺、水平仪、塞尺等，如表 1-2-1 所示。

表 1-2-1 钳工常用量具

序号	名 称	规 格 型 号	单位	规格型号注解
1	钢板尺	150 mm	个	150 mm ——最大量程

续表

序号	名　　称	规格型号	单位	规格型号注解
2	游标卡尺	150 mm,精度 0.02 mm	把	150 mm —最大量程, 0.02 mm —测量精度为 0.02 mm (游标深度尺、游标高度尺的规格表示相同)
3	游标高度尺	300 mm,精度 0.02 mm	台	(与游标卡尺类似)
4	万能游标角度尺	0°～320°,精度 2′	个	0°～320°—测量范围,2′—测量精度为 2′
5	外径千分尺	25～50 mm,精度 0.01 mm	把	25～50 mm —测量范围, 0.01 mm —测量精度为 0.01 mm
6	卡爪内径千分尺	25～50 mm,精度 0.01 mm	把	25～50 mm —测量范围, 0.01 mm —测量精度为 0.01 mm
7	百分表	0～10 mm,精度 0.01 mm	个	0～10 mm —测量范围, 0.01 mm —测量精度为 0.01 mm
8	宽座直角尺	150 mm×100 mm,精度 0 级	把	150 mm —尺苗长度,100 mm —尺座长度, 0 级—精度等级为 0 级
9	刀口尺	150 mm,精度 0 级	把	150 mm —尺身长度,0 级—精度等级为 0 级
10	框式水平仪	200 mm×200 mm, 精度 0.02 mm	个	200 mm×200 mm —外形尺寸, 0.02 mm —测量精度为 0.02 mm/m
11	塞尺	100A13	把	100 —尺身长度为 100 mm,A —半圆形端头, 13 — 13 个塞片

一、钢板尺

钢板尺是一种直接测量物体尺寸的量具。钢板尺的规格用其最大量程表示。

使用时,钢板尺不能弯曲或倾斜,钢板尺端边零线必须与工件边缘重合。钢板尺端边零线有损坏时,可以用 10 mm 刻线作为起点,但是读数时应相应增加 10 mm。每次测量读数时,视线应与钢板尺测量点刻度线垂直。钢板尺除了用来测量尺寸数值外,还可以采用透光法测量低精度表面的平面度误差。

二、游标类量具

凡是利用尺身和游标刻线之间的长度差原理制成的量具,统称为游标类量具。游标类量具是一种中等精度的量具,可以直接测量出工件的外径、内径、长度、深度、孔距、角度等尺寸。常用的游标类量具有游标卡尺、游标高度尺、游标深度尺、齿厚游标卡尺、万能角度尺等。

1. 游标卡尺

游标卡尺操作

游标高度尺、游标深度尺、齿厚游标卡尺的刻线原理和读数方法相同。

游标卡尺的规格用其最大量程及测量精度表示，常用的游标卡尺有 125 mm、150 mm、300 mm 等。游标卡尺的测量精度有 0.02 mm、0.05 mm、0.1 mm。工业制造中，常用 0.02 mm 精度的游标卡尺测量外径尺寸、内径尺寸和深度尺寸。

1）游标卡尺的结构

游标卡尺由主尺、副尺（游标）、外径量爪、内径量爪、深度测量杆、止动螺钉等组成，如图 1-2-1 所示。

2）游标卡尺的刻线原理

0.02 mm 精度的游标卡尺的刻线原理（见图 1-2-2）是：主尺上每小格的长度为 1 mm，副尺的总长度为 49 mm，并被等分为 50 格，每小格的长度为 49 mm/50＝0.98 mm，则主尺每小格与副尺每小格的长度之差为：

$$1\ \text{mm}-0.98\ \text{mm}=0.02\ \text{mm}$$

所以，该游标卡尺的测量精度为 0.02 mm。

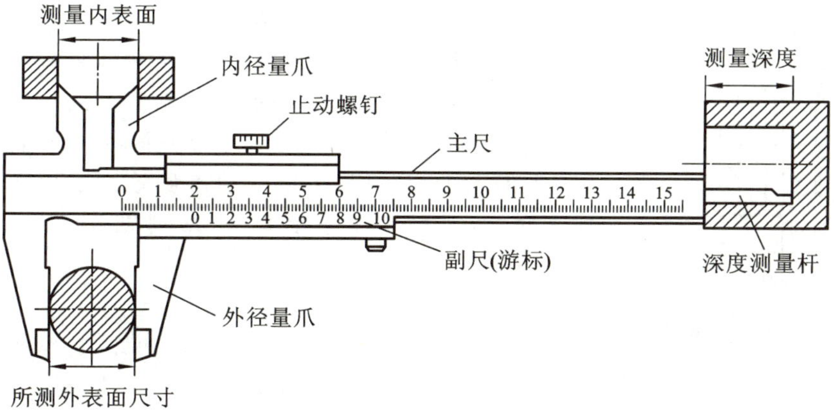

游标卡尺 1

游标卡尺 2

图 1-2-1　游标卡尺的结构

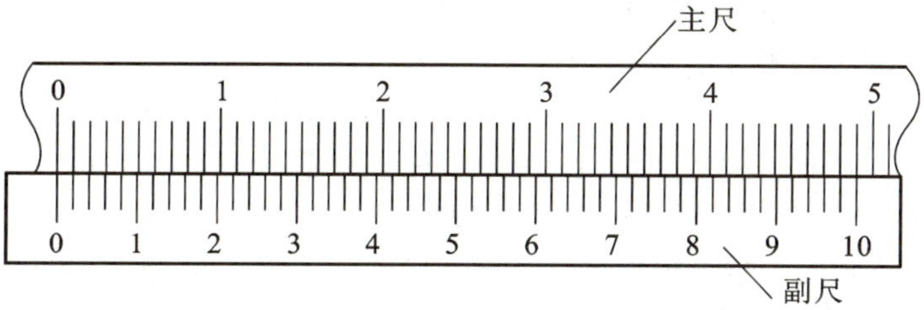

图 1-2-2　游标卡尺的刻线原理

3）游标卡尺的读数方法

首先，读出副尺零刻线左侧主尺上的整毫米数；再看副尺上从零刻线开始第几条刻线与主尺上某一刻线对齐，该副尺刻线数值与精度的乘积就是不足 1 mm 的小数；最后，将整毫米数与小数相加就是所要测量的实际尺寸。游标卡尺的读数方法如图 1-2-3 所示。

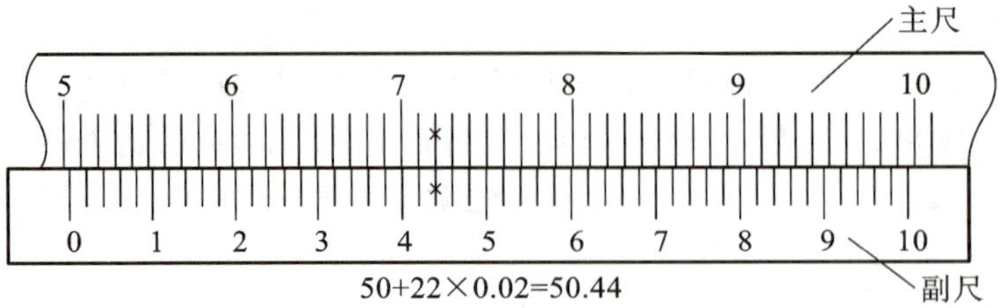

图 1-2-3 游标卡尺的读数方法

(1) 游标卡尺的小数的快速读法：

游标卡尺的副尺上从左向右有“0”到“9”十个刻数及其刻线，这十个刻数代表了小数点后面的十分位数值。当对齐刻线处于其中某个刻线之后时，可直接读出十分位数值。再用十分位刻线后的格数乘以 0.02 得到百分位数值。如图 1-2-3 所示，对齐刻线在副尺刻线 4 之后第二格处，因此可直接读出十分位小数 0.4 mm，再用格数 2 乘以 0.02 得到百分位小数 0.04 mm，最终得到小数 0.44 mm。

完整的读数：　50 mm＋0.4 mm＋2×0.02 mm＝50.44 mm

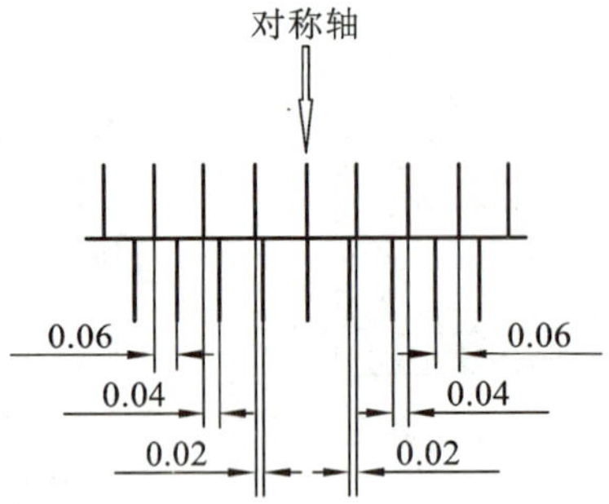

图 1-2-4 游标卡尺对齐刻线的查找

(2) 游标卡尺的对齐刻线的查找：

对齐刻线两侧的副尺刻线与主尺刻线呈现出偏差大小相等、偏差方向相反的特征，对齐刻线就是这种刻线偏差的对称轴。因此，通过判断左右两侧刻线偏差的大小和方向，可以快速准确地判断出哪条刻线对得最齐。游标卡尺对齐刻线的查找如图 1-2-4 所示。

4) 使用游标卡尺的注意事项

(1) 测量前应检验游标卡尺自身误差。将游标卡尺擦干净，检查量爪贴合后主尺与副尺的零刻线是否对齐。

(2) 测量时，测量人员所用的推力应使两个量爪紧贴接触工件表面，力量不宜过大。

(3) 游标卡尺是右手量具，使用时右手四指握住主尺，右手大拇指处于副尺下方，通过大拇指推动副尺移动进行测量。

(4) 测量时，游标卡尺不能歪斜，尺身的长度方向应垂直于被测表面。例如，当被测表面与基准面平行时，尺身应在前后、左右两个方向上都垂直于被测表面，方法是轻轻晃动量具，找出前后、左右两个方向上的最小尺寸点(即为垂直位置)。

(5) 在游标上读数时，视线应垂直于游标卡尺的对齐刻线部分，避免视线误差的产生。

(6) 无法在一些特殊的测量位置直接读数时，可用止动螺钉锁紧游标后取出卡尺再读数，读数完毕后，止动螺钉稍微逆时针旋转至游标可以正常移动即可。

2. 万能游标角度尺

万能游标角度尺是用来测量工件内外角度的量具，按游标的测量精度分为 2′精度万能游标角度尺和 5′精度万能游标角度尺两种，测量范围为 0°～320°。万能游标角度尺的规格用测量范围和测量精度表示。

1）万能游标角度尺的结构

万能游标角度尺主要由尺身(扇形板)、基尺、游标、90°角尺、直尺、卡块等组成，如图 1-2-5 所示。

万能游标角度尺

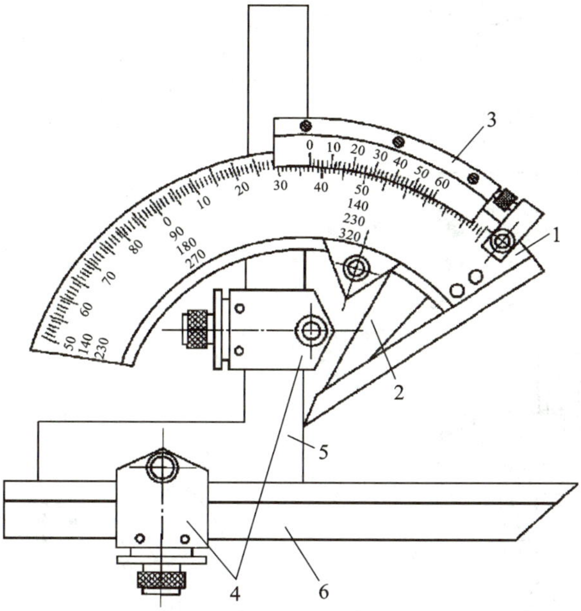

图 1-2-5　万能游标角度尺的结构

1—尺身；2—基尺；3—游标；4—卡块；5—90°角尺；6—直尺

2）万能游标角度尺的刻线原理

2′精度万能游标角度尺的尺身刻线每格为 1°，其游标共有 30 格，等分 29°，所以游标每格为 29°/30＝58′。尺身 1 格和游标 1 格之差为 1°－58′＝2′，因此该万能游标角度尺的测量精度为 2′，读作“2 分”。

3）万能游标角度尺的读数方法

万能游标角度尺的读数方法与游标卡尺的读数方法相似，先从尺身上读出游标零刻线前的整度数，再从游标上读出角度数，两者相加就是被测工件的角度数值。

4）万能游标角度尺的测量范围

在万能游标角度尺的结构中，由于直尺和 90°角尺可以移动和拆换，因此万能游标角度尺可以测量 0°～ 320°的外角度或大于 40°的内角度，如图 1-2-6 所示。

5）使用万能游标角度尺的注意事项

（1）使用前，检查万能游标角度尺的零刻线是否对齐。

（2）测量时，应使万能游标角度尺的两个测量面与被测件表面在全长上保持良好的接触，然后拧紧制动器上的螺母进行读数。

（3）被测角度在 0°～50°范围内时，应装上角尺和直尺。

（4）被测角度在 50°～ 140°范围内时，应装上直尺。

（5）被测角度在 140°～ 230°范围内时，应装上角尺。

（6）被测角度在 230°～ 320°范围内时，不装角尺和直尺。

（7）万能游标角度尺不能测量小于 40°的内角。

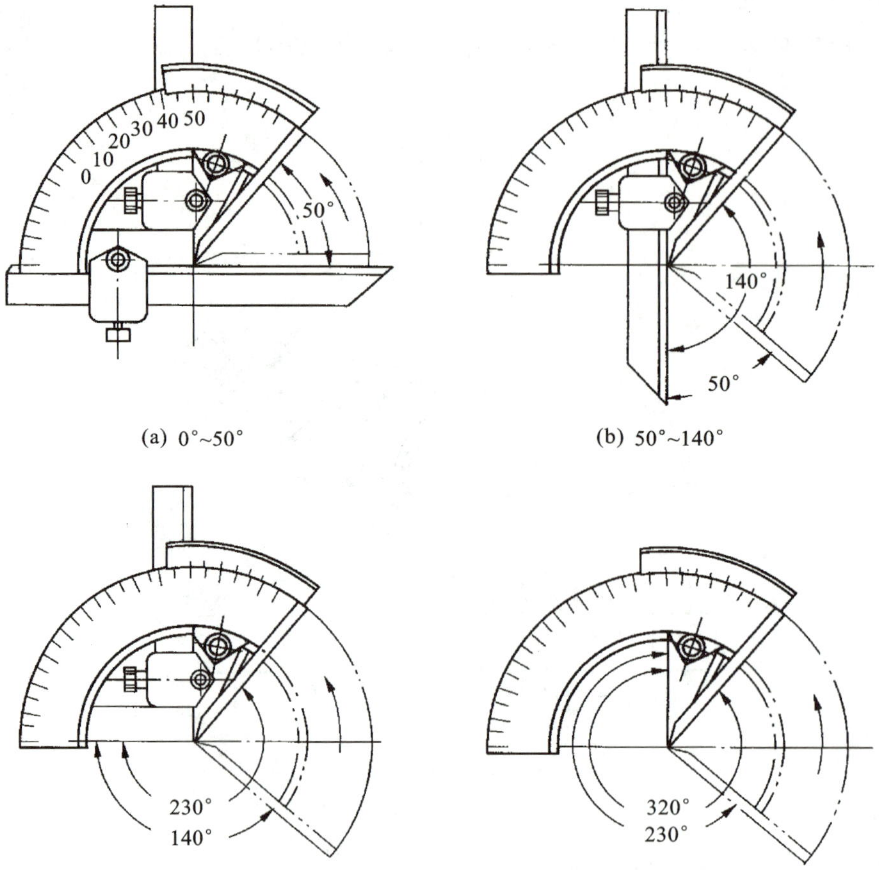

图 1-2-6　万能游标角度尺的测量范围

三、千分尺

千分尺是一种精密的测量工具,用来测量加工精度要求较高的工件尺寸,主要有外径千分尺和内径千分尺两种。

外径千分尺 1　外径千分尺 2　内径千分尺 1　内径千分尺 2　接杆式内径千分尺

1. 千分尺的结构

千分尺的规格用其测量范围和测量精度表示。

(1) 外径千分尺主要由尺架、砧座、固定套管、微分筒、锁紧手柄、测微螺杆、测力装置等组成。外径千分尺的规格按测量范围划分,每 25 mm 一个规格,如 0～25 mm、25～50 mm、50～75 mm、75～100 mm、100～125 mm 等,其测量精度为 0.01 mm,使用时按被测工件的尺寸选用合适的外径千分尺。外径千分尺的结构如图 1-2-7 所示。

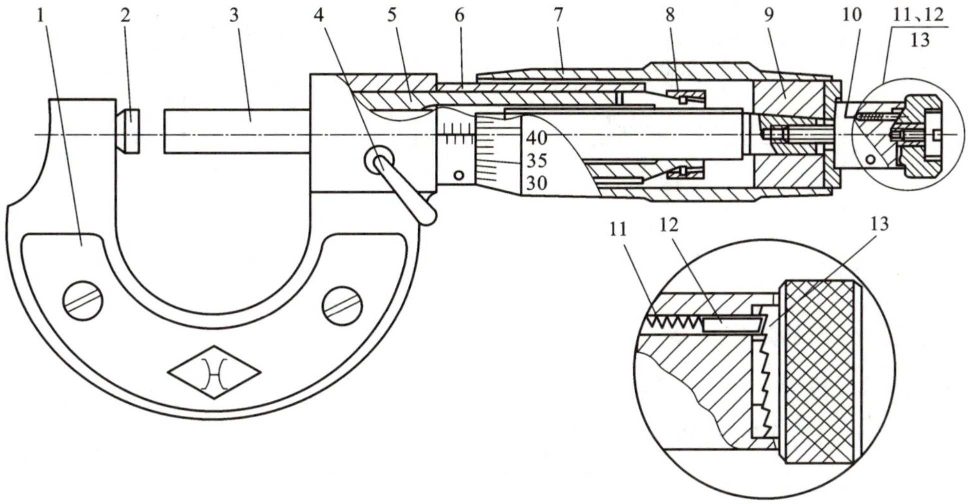

图 1-2-7 外径千分尺的结构

1—尺架；2—砧座；3—测微螺杆；4—锁紧手柄；5—螺纹套；6—固定套管；7—微分筒；
8—螺母；9—接头；10—测力装置；11—弹簧；12—棘轮爪；13—棘轮

(2) 内径千分尺分为卡爪式内径千分尺和接杆式内径千分尺两种。卡爪式内径千分尺的结构与外径千分尺的结构类似。接杆式内径千分尺主要由固定测头、活动测头、螺母、固定套管、微分筒、校准量具、管接头、套管、量杆等组成。不用接杆时，它的测量范围最小为 13 mm 或 25 mm，最大也不大于 50 mm。为了扩大测量范围，成套的内径千分尺还带有各种尺寸的接长杆。接杆式内径千分尺的具体结构如图 1-2-8 所示。

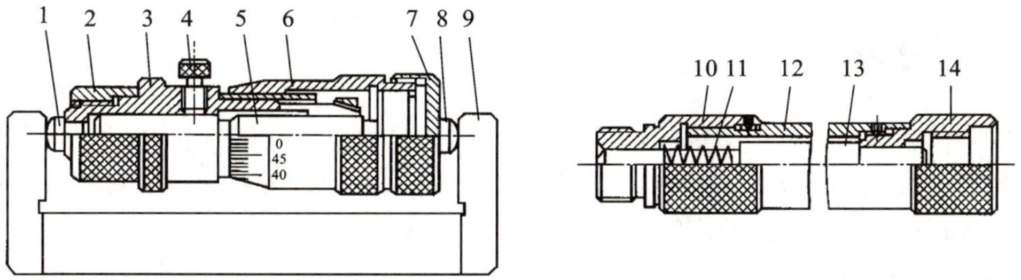

图 1-2-8 接杆式内径千分尺的结构

1—固定测头；2、7—螺母；3—固定套管；4—锁紧装置；5—测微螺母；6—微分筒；
8—活动测头；9—校准量具；10、14—管接头；11—弹簧；12—套管；13—量杆

2. 千分尺的刻线原理

0.01 mm 精度千分尺测微螺杆上的螺距为 0.5 mm，当微分筒转一圈时，测微螺杆就沿轴向移动 0.5 mm。固定套管上刻有间隔为 0.5 mm 的刻线，微分筒圆锥面上共刻有 50 个格，所以微分筒每转一格，测微螺杆就移动 0.5 mm/50=0.01 mm，因此该千分尺的测量精度为 0.01 mm。

3. 千分尺的读数方法

首先读出在微分筒边缘处固定套管主尺上的毫米数和半毫米数，然后看微分筒上哪一格的刻线与固定套管上的基准线对齐，并读出相应的不足半毫米数，最后把两个读数相加起来就是所测的实际尺寸。千分尺的读数方法如图 1-2-9 所示。

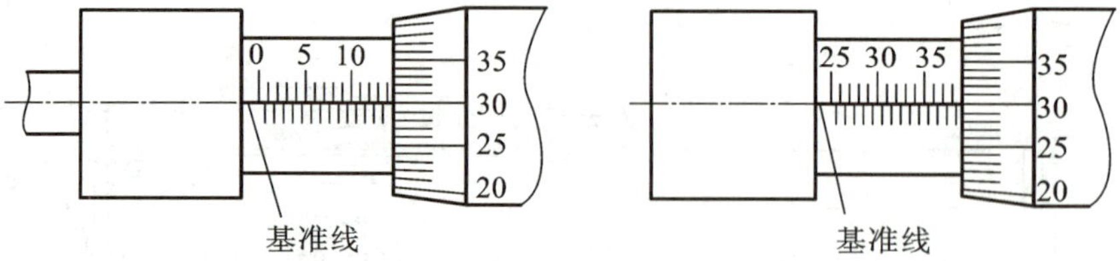

(14+0.30) mm=14.30 mm　　(38.5+0.30) mm=38.80 mm

图 1-2-9　千分尺的读数方法

4. 使用千分尺的注意事项

（1）测量前，转动千分尺的测力装置，使两侧砧面贴合，并检查是否密合。同时，还要检查微分筒零线与固定套管的基准线是否对齐。

（2）测量时，应通过测力装置进行测量，不能大力转动微分筒进行测量。

（3）测量时，砧座要与被测工件表面贴合，且测微螺杆的轴线与工件表面垂直。以测量轴颈为例，砧座固定在轴颈一侧，轴颈另一侧的测微螺杆沿轴向和径向轻轻晃动来寻找测点。在轴向找出最小数值点，在径向找出最大数值点，两个方向上的数值点重合处为垂直位置，即测点。

（4）读数时，最好不要取下千分尺进行读数，如确需取下，应先锁紧测微螺杆，然后轻轻取下千分尺，防止尺寸变动。

（5）无论是毫米整数刻线还是 0.5 毫米刻线，读数时都不能以刻线露出活动套筒为读数依据，而应以活动套筒的零线是否过基准线为读数依据。

四、百分表

百分表是一种指示式测量仪，用来检验机床精度及测量工件的尺寸、形状和位置误差，它的测量精度为 0.01 mm。百分表的规格用其测量范围和测量精度表示。常用百分表的测量范围有 3 mm、5 mm、10 mm 等，测量精度为 0.01 mm。

1. 百分表的结构

百分表一般由触头、测量杆、齿轮、指针、表盘等组成，如图 1-2-10 所示。

百分表

2. 百分表的刻线原理

当测量杆上升 1 mm 时，百分表的长指针正好转动一圈，因为百分表的表盘上共刻有 100 个等分格，所以长指针每转一格，测量杆上升 0.01 mm。

3. 百分表的读数方法

百分表座

使用百分表测量时，长指针转过的格数所对应的数值为测量尺寸小数值，短指针转过的格数所对应的数值为测量尺寸整数值，整数与小数相加得到完整数值。长指针顺时针转动得到的数值为正值，逆时针转动得到的数值为负值。

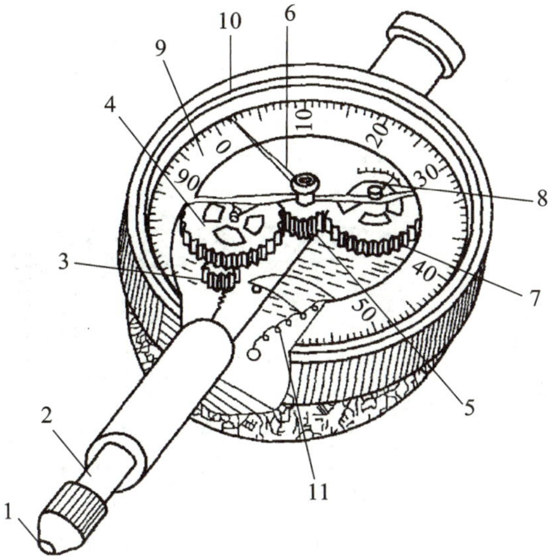

图 1-2-10 百分表的结构

1—触头;2—测量杆;3—小齿轮;4、7—大齿轮;5—中间齿轮;6—长指针;8—小指针;9—表盘;10—表圈;11—拉簧

4. 使用百分表的注意事项

(1) 测量前,检查表盘和指针有无松动现象,且百分表应牢固地固定在支架上以保证测量精度。

(2) 测量前,检查长指针是否对准零位,如果未对准要及时调整。

(3) 测量时,测量杆应垂直于工件表面。测量柱体时,测量杆应对准柱体轴心线。

(4) 初次测量时,应将测量杆调整到百分表总量程的中间位置(小指针总量程的中间位置)并进行试测,以确定百分表的量程是否满足测量要求。避免出现正值或负值偏差超出量程而测不出数值的情况。

(5) 测量时,长指针对准 0 刻线或 50 刻线。当已知被测量尺寸的偏差范围小于 0.5 mm 时,长指针对准 50 刻线,长指针的读数值在 0～99 丝之间(丝或道,口语中常用的尺寸单位,1 丝或 1 道等于 0.01 mm)。当已知被测量尺寸的偏差范围大于 0.5 mm 时,长指针对准 0 刻线,短指针与长指针同时读数,以满足较大尺寸偏差范围的测量和读数要求。

五、宽座直角尺

宽座直角尺是用来检测工件垂直度的量具,由尺座和尺苗组成,如图 1-2-11 所示。宽座直角尺的规格用尺座和尺苗的长度及宽座直角尺的精度等级表示。测量垂直度前,应先用锉刀将工件的锐边倒钝,如图 1-2-12 所示。

宽座直角尺

测量垂直度时,应注意以下几点:

(1) 先将宽座直角尺尺座的测量面紧贴工件基准面,然后从上向下轻轻移动,使宽座

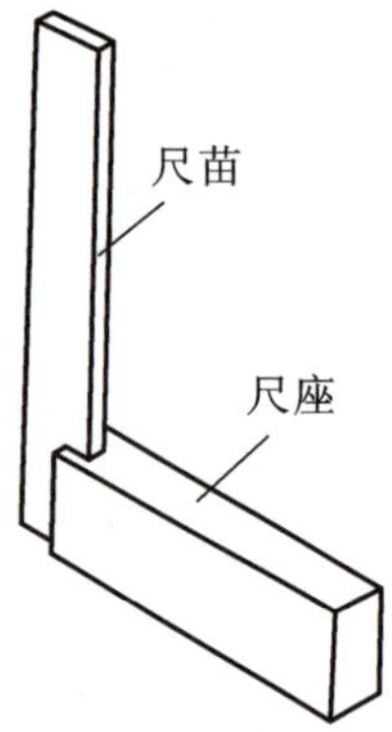

图 1-2-11　宽座直角尺的结构

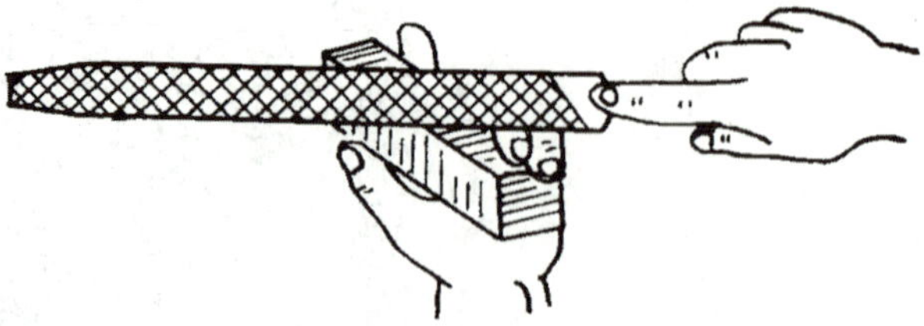

图 1-2-12　锐边倒钝

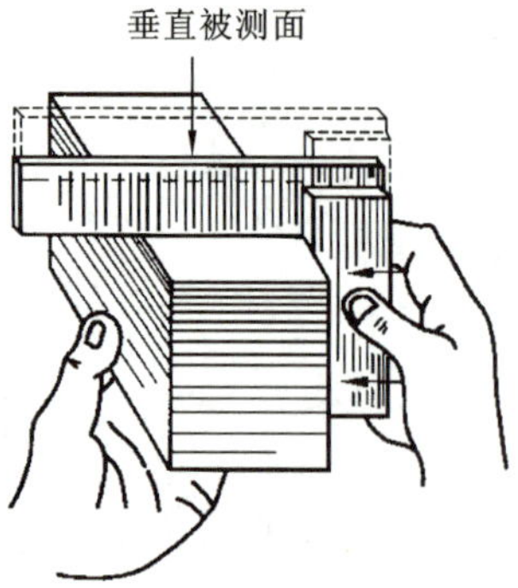

图 1-2-13　宽座直角尺的使用方法

直角尺尺苗的测量面与工件的被测表面接触，如图 1-2-13 所示。视线平视观察尺苗的透光情况，以此来判断工件被测面与尺苗基准面是否垂直。测量垂直度时，宽座直角尺的尺苗应与被测面垂直，否则测量结果不准确。

(2) 若在同一平面上不同位置进行测量时，宽座直角尺不可在工件表面上前后滑移，以免磨损，影响宽座直角尺本身的精度。

(3) 为了测量出准确的垂直度误差，可以用塞尺配合宽座直角尺进行测量。

六、刀口尺

刀口尺是用来检测工件表面平面度的量具。刀口尺的规格用尺身的长度及刀口尺的精度等级表示。用刀口尺测量平面度时应注意以下几点。

刀口尺

(1) 测量较小工件表面的平面度时，通常采用刀口尺通过透光法来测量，如图 1-2-14 所示。检查时，刀口尺应垂直放在工件表面上，如图 1-2-14(a)所示，并在所测表面的纵向、横向、对角方向多处逐一进行测量，即“三横、三纵、两交叉”，如图 1-2-14(b)和图 1-2-14(c)所示，以确定所测表面各方向的直线度误差。

如果刀口尺与工件平面间透光微弱而均匀，说明工件平面在该方向是平直的，如果透光强弱不一，说明工件平面在该方向是不平直的。

(2) 刀口尺在所测平面上移动时，不能在被测平面上拖动滑移，否则刀口尺的测量边容易磨损而降低其精度。

(3) 为了测量出准确的平面度误差数值，可以用塞尺配合刀口尺进行测量。

七、水平仪

水平仪是一种测量小角度偏差的精密量具，用来测量平面对水平面或竖直面的位置偏差，是机械设备安装、调试和精度检验的常用量具之一，可以用来测量水平度、直线度、平行度和垂直度。

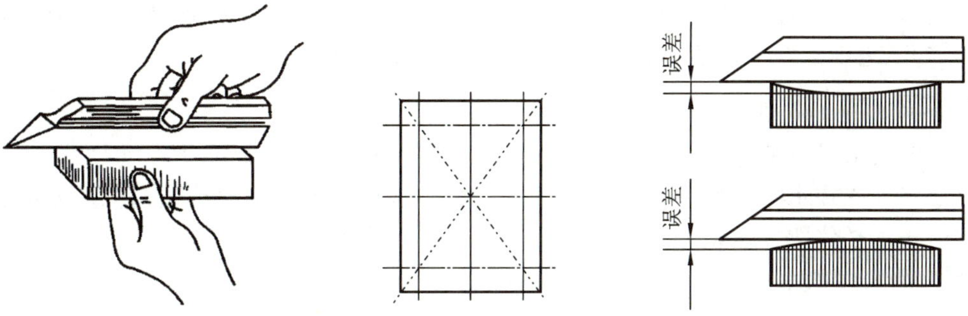

图 1-2-14　刀口尺的使用方法

1. 方框式水平仪的结构

方框式水平仪由正方形框架和水准器组成，其结构如图 1-2-15 所示。方框式水平仪的规格用其长宽尺寸和测量精度表示。

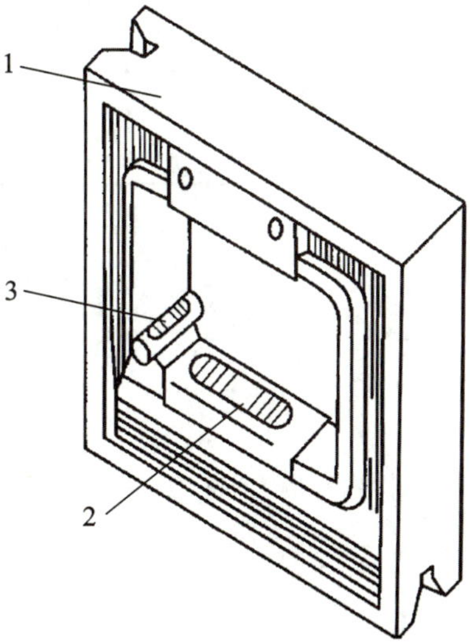

图 1-2-15　方框式水平仪的结构

1—框架；2、3—水准器

方框式水平仪

方框式水平仪的结构中，水准器是一个封闭的玻璃管，管内装有酒精或乙醚，并留有一定长度的气泡。玻璃管的内表面制成一定曲率半径的圆弧面，其外表面刻有与曲率半径相对应的刻线。因为水准器内的液面始终保持在水平位置，气泡总是停留在玻璃管内最高处，所以当方框式水平仪倾斜一定角度时，气泡将相对于刻线移动一段距离。

2. 方框式水平仪的精度

方框式水平仪的精度是以气泡偏移一格时，被测平面在 1 m 长度的高度差来表示的。如方框式水平仪偏移一格，被测平面在 1 m 长度的高度差为 0.02 mm，则方框式水平仪的精度就是 0.02 mm/1000 mm。

3. 方框式水平仪的读数方法

水准器内的气泡在中间位置时读作“零”。以零刻线为基准，气泡向任意一端偏离零刻线的格数,就是实际偏差的格数。一般在测量中,都是从左向右进行测量,把气泡向右移动作为"+",反之则为"-"。图 1-2-16 所示实例为+2 格偏差。

4. 使用方框式水平仪的注意事项

将方框式水平仪的工作底面与检验平板或被测表面贴合,进行第一次读数,记作 A。然后在原地将方框式水平仪旋转 180°,进行第二次读数,记作 B。两次读数的代数差的二分之一为方框式水平仪的零值误差。

① 被测表面的水平偏差值(单位为格):

$$(A+B)/2$$

② 方框式水平仪的自身误差值(单位为格):

$$(A-B)/2$$

③ 需要重复测量的测点,应用记号笔做上记号,以保证方框式水平仪旋转 180°测量和重复测量时位置的准确性,如图 1-2-17 所示。

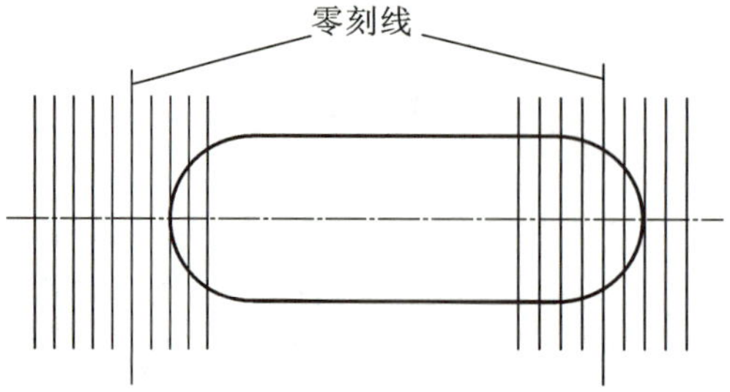

图 1-2-16 方框式水平仪的读数方法

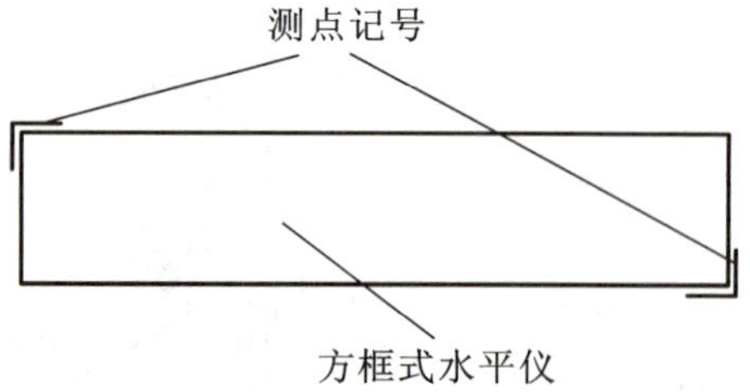

图 1-2-17 方框式水平仪测点记号

八、塞尺

塞尺是用来检验两个接合面之间间隙大小的片状量规,其规格用塞片长度、端头形状和塞片数量表示。

1. 塞尺的结构

塞尺由不同厚度的塞片组合而成,其长度有 50 mm、100 mm、200 mm 等多种。塞片为 0.02~1 mm 厚度不等的薄片,如图 1-2-18 所示。

2. 使用塞尺的注意事项

(1) 使用时,应根据间隙的大小选择塞尺的薄片数,可一片或数片重叠在一起使用,但重叠的薄片数不能超过 3 片。

(2) 使用时,由于塞尺的薄片很薄,容易弯曲和折断,因此测量时不能用力太大。

(3) 使用时,不要测量温度较高的工件。

(4) 精确测量时,可以使用弹簧秤测量拉力,以得到准确的间隙数值。

九、量具保养

为了保证量具的精度,延长量具的使用期限,在工作中和工作结束后应对量具进行必要的维护与保养。在量具的维护与保养中应注意以下几个方面。

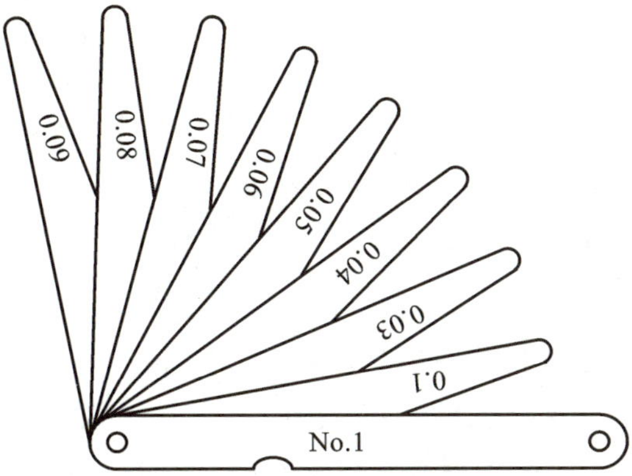

塞尺

图 1-2-18 塞尺的结构

（1）测量前，应将量具的各个测量面和工件被测量表面擦干净，以免脏物影响测量精度或对量具造成磨损。

（2）测量过程中，量具变换测量位置时应从工件上提起，不能在工件上通过滑动来变换位置。

（3）量具在使用过程中，不要和其他工具、刀具放在一起，以免碰坏或磨损。

（4）在使用过程中，注意不要将量具与量具叠放在一起，以免量具相互损伤。

（5）机床开动时，不要用量具测量工件，否则会加快量具磨损，而且容易发生事故。

（6）温度对量具精度影响很大，因此，量具不能放在热源（电炉、暖气片等）附近，以免受热变形。

（7）量具用完后，应及时擦干净、上油，放在专用盒中，保存在干燥处，以免生锈。

（8）精密量具应定期鉴定和保养，发现精密量具有不正常现象时，应及时送交计量室检修。

（9）0～25 mm 千分尺装盒前，应将其测微螺杆与砧座微微旋开 1～2 mm，以免测量表面锈蚀。

（10）合像水平仪装盒前，应将其调至零位，调整时应在水平面上进行，以免旋出水平仪的测量范围，造成量具损坏。

十、精度是什么

精度给我们的感觉也许就是精密、精细的程度，是极其细小的空间或偏差。工业上的精度就是设计允许偏差的程度，包括尺寸、形状、位置等的允许最大偏差。在工业加工生产过程当中，装配越精密的设备或零件，允许偏差的数值越小，可以理解为精度越高。例如：滚动轴承的尺寸、形状等精度要求是以 0.001 mm（μm）为单位的。又如汽轮机的转子，尺寸或形状的精度要求以 0.01 mm（工业加工中口语称为丝或道）为单位，汽轮机转子的轴径圆度允许的尺寸偏差为 0.02 mm。通用水泵的转动部件中有一个需要手工加工的操作配件，其最低精度也要达到 0.06 mm。机器设备需要足够的精度才能实现精密的配合并稳定运行，最终让我们舒适、顺畅地使用。机器尚且如此，又何况社会“大机器”中的人呢？精益求精，精工细作，何尝不是工匠的最高境界？！

课后练习

一、填空题

1. 游标卡尺可用于测量外径尺寸、内径尺寸和________。

2. 千分尺的测量精度是________mm。

3. 零件图中,“|⊥|0.06|A|”的含义是________________________________。

4. 外径千分尺的规格按测量范围划分,每________mm 一个规格。

5. 百分表小指针转动一格,测量杆轴向位移 ________ mm。

6. 用测量精度 0.02 mm/m 的框式水平仪测量 1 m 长台板面时水泡偏差两格,则 1 m 长台板面被测表面最低端与最高端的高度差是 ________ mm。

二、选择题

1. 游标卡尺的测量精度有________三种。

A. 0.02　0.1　0.2　　B. 0.02　0.05　0.01　　C. 0.02　0.05　0.1

2. 万能游标角度尺可以测量的最小内角角度是________。

A. 30°　　B. 40°　　C. 50°

3. 塞尺是用来检验两接合面之间间隙大小的片状量规,最多________片组合测量。

A. 3　　B. 5　　C. 7

4. 125×80 宽座直角尺的尺座长度是________mm。

A. 125　　B. 80　　C. 不确定

5. 零件图中,“|▱|0.06|”的含义是________。

A. 平行四边形的对边允许偏差 0.06 mm

B. 对角线允许偏差 0.06 mm

C. 平面度允许偏差 0.06 mm

6. 千分尺棘轮的作用是________。

A. 扳动活动套筒　　B. 制动活动套筒　　C. 测量紧力

三、判断题

1. 游标高度尺是专用测量高度的量具。(　　)

2. 使用直角尺测量垂直度时,直角尺的尺座应紧贴在工件的基准面上,以保证测量精度。(　　)

3. 使用刀口尺测量工件的平面度时,刀口尺不得在工件被测表面滑移变换位置。(　　)

4. 接杆式千分尺可以用来测量轴的直径尺寸。(　　)

5. 因为百分表必须安装在表架上使用,所以测量精度不能保证达到 0.01 mm。(　　)

6. 使用直角尺测量垂直度时,可以得到被测表面相对于标准直角的角度偏差数值。(　　)

四、简答题

1. 简述 0.02 mm 游标卡尺的刻线原理。

2. 简述千分尺的刻线原理。
3. 简述百分表的刻线原理。
4. 简述刀口尺测量平面度的方法。
5. 简述宽座直角尺测量垂直度的方法。
6. 简述万能游标角度尺的刻线原理。

课后练习答案

项目 3 划 线

【学习目标】

- 认识常用划线工具。
- 掌握常用划线工具的使用方法。
- 掌握零件找正和划线的基本方法。
- 熟悉划线质量问题产生的原因及预防的方法。

【安全提示】

- 有些划线工具的尖角锐利,应小心被扎伤。
- 移动、翻转较重的工件时,应预防失稳、掉落,以免造成伤害事故。
- 划线的涂料是有毒、易燃物质,因此使用时应避免涂料接触嘴、眼,并远离火源。

【知识准备】

划线是指在毛坯或工件上,用划线工具划出待加工部位的轮廓线或作为基准的点、线的操作。划线的目的是确定工件的各部分尺寸、几何形状和相对位置。根据划线表面的个数将划线分为平面划线和立体划线两种。按所划线在加工过程中的作用,又可将划线分为找正线、加工线和检验线。因为划线精度最高只能达到 0.2 mm,所以加工精度较高的工件时,所划线条只作为参考,实际尺寸应以测量为准。通过一丝不苟的划线操作,我们可以检验毛坯件是否达到要求。对于有缺陷的毛坯件,可以通过划线调整各表面加工余量,来挽救有缺陷的毛坯件。清晰准确的线条使工件的加工边界清晰,为工件的加工提供位置参考。

一、平面划线

只需在工件的一个表面上划线就能明确表示工件加工界线的称为平面划线,例如在板料、条料上划线,如图 1-3-1 所示。平面划线的方法有几何划线法和样板划线法两种。

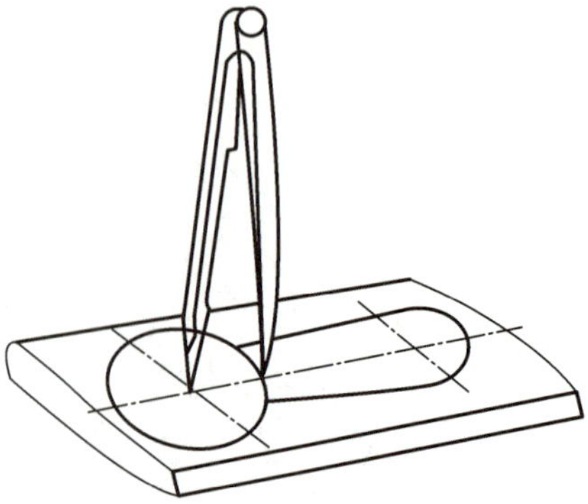

图 1-3-1 平面划线

1. 几何划线法

几何划线法是指根据图纸的要求,用划线工具直接在毛坯或工件上利用几何作图的基本方法划出加工部位的轮廓线或作为基准的点、线的方法。几何划线法适用于小批量、较高精度要求的场合。几何划线方法和平面几何作图方法一样,其基本线条包括垂直线、平行线、等分圆周线、角度线、圆弧与直线连接线、圆弧与圆弧连接线等。

2. 样板划线法

样板划线法是指根据工件的形状和尺寸要求将加工成形的样板放在毛坯的适当位置上划出加工界线的方法。样板划线法适用于形状复杂、批量大、精度要求一般的场合，其优点是容易对正基准、加工余量留得均匀、生产效率高。在板料上用样板划线，可以合理排料，提高材料利用率。

立体划线

二、立体划线

需要在工件的两个或两个以上表面上划线才能明确表示加工界线的称为立体划线，例如划出矩形块各表面的加工线、机床床身和箱体等表面的加工线都属于立体划线，如图 1-3-2 所示。立体划线一般采用工件翻转法，划线过程中涉及零件或毛坯的放置和找正、基准选择、借料等方面的知识。

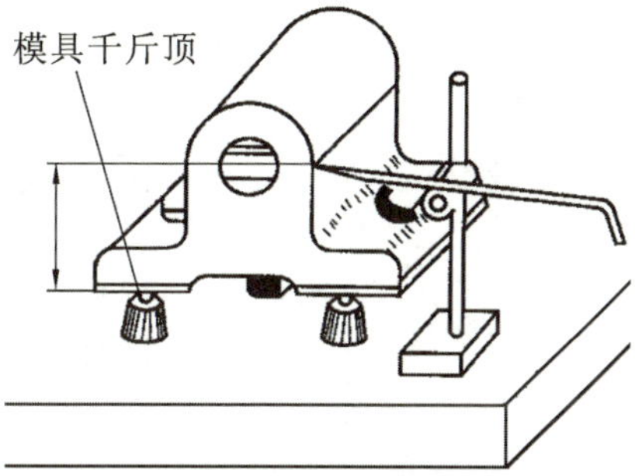

图 1-3-2 立体划线

三、划线的作用

（1）确定工件加工面的位置与加工余量，给下道工序划定明确的尺寸界线。
（2）能够及时发现和处理不合格毛坯，避免不合格毛坯流入加工中造成损失。
（3）当毛坯出现某些缺陷时，可通过划线时“借料”的方法来达到一定的补救目的。
（4）在板料上按划线下料，可以做到正确排料，合理用料。

任务 1 认识划线工具

划线常用工具有钢板尺、划线平板、划针、划规、划线盘、游标高度尺、样冲、宽座直角尺等，如表 1-3-1 所示。

表 1-3-1 划线常用工具

序号	名 称	规 格 型 号	单位	规格型号注解
1	钢板尺	150 mm	个	150 mm —最大量程
2	划线平板	400 mm×600 mm，精度 3 级	块	400 mm×600 mm —外形尺寸， 3 级—精度等级为 3 级
3	划针	150 mm	个	150 mm —长度尺寸
4	划规	150 mm	个	150 mm —长度尺寸
5	划线盘	300 mm	个	300 mm —长度尺寸
6	游标高度尺	300 mm，精度 0.02 mm	台	300 mm —最大测量范围， 0.02 mm —测量精度为 0.02 mm

续表

序号	名　　称	规 格 型 号	单位	规格型号注解
7	样冲	60 mm	个	60 mm ——长度尺寸
8	直角尺	150 mm×100 mm，精度 0 级	把	150 mm ——尺苗长度， 100 mm ——尺座长度， 0 级——精度等级为 0 级
9	V 形铁	100 mm×80 mm×30 mm， 精度 1 级	块	100 mm×80 mm×30 mm ——外形尺寸， 1 级——精度等级为 1 级
10	方箱	120 mm×120 mm×120 mm， 精度 1 级	套	120 mm×120 mm×120 mm ——外形尺寸， 1 级——精度等级为 1 级
11	模具千斤顶	M12，ϕ30 mm×90 mm	个	M12 ——螺纹直径，ϕ30 mm ——底面直径， 90 mm ——最大顶升高度

一、钢板尺

钢板尺

钢板尺是一种简单的尺寸量具，在其尺面上刻有尺寸刻线，刻线间的最小距离为 0.5 mm。钢板尺的规格用其最大量程表示，常用规格有 150 mm、300 mm、500 mm、1000 mm 等几种。钢板尺主要用来量取尺寸、测量工件，以及用作划直线时的导向工具，如图 1-3-3 所示。

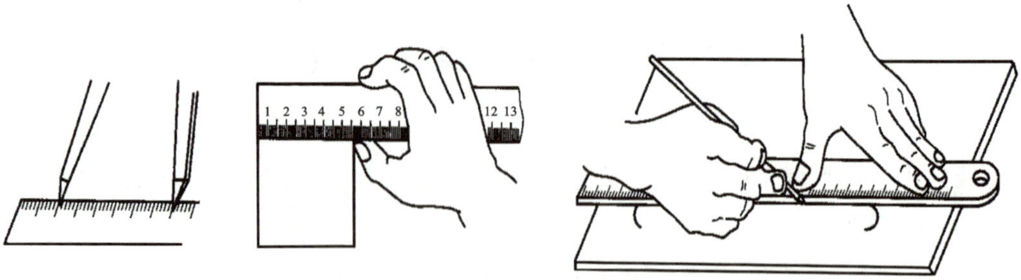

(a) 量取尺寸　　(b) 测量工件　　(c) 划线导向

图 1-3-3　钢板尺的作用

二、划线平板

划线平板

划线平板由铸铁制成，其工作表面经过刮削加工而成，具有极高的平面度，可作为划线时的基准平面，如图 1-3-4 所示。划线平板的规格用其外形尺寸和精度等级表示。(本书在 P122“练习二：刮削原始平板”中，详细讲述了划线平板的加工方法)

使用划线平板时的注意事项如下。

① 放置划线平板时，应使其工作表面处于水平状态；

② 划线过程中，划线平板的工作表面应保持清洁；

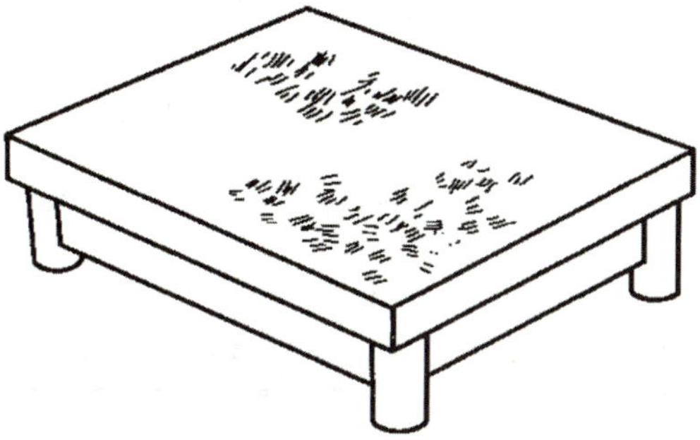
图 1-3-4 划线平板

③ 工件和工具在划线平板上应轻拿轻放，以免损伤其工作表面；
④ 严禁在平板上进行敲击作业；
⑤ 划线平板用完后要擦拭干净，并涂上机油防锈，若长时间放置还需覆盖防尘布。

三、划针

划针用来在工件上划线条，其规格用自身长度表示。划针由碳素工具钢制成，其直径一般为 $\phi3$ mm～$\phi5$ mm，尖端磨成 15°～20°的尖角，并且经过热处理淬火硬化后使用，如图 1-3-5 所示。

划针

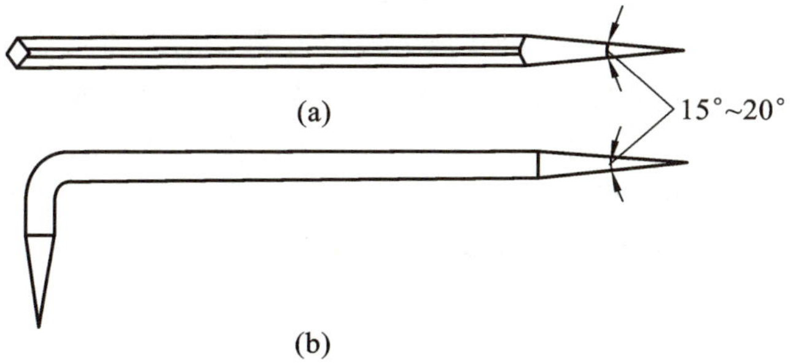

图 1-3-5 划针

使用划针时的注意事项如下。
① 使用时，应保持划针头部尖锐，划出的线条清晰准确；
② 划线时，针尖要紧靠导向工具的边缘，并压紧导向工具；
③ 划线时，划针向划线方向倾斜 45°～75°，上部向外侧倾斜 15°～20°，如图 1-3-6 所示。

四、划线盘

划线盘用来在划线平板上对工件进行划线或找正工件在划线平板上的位置。划线盘的规格用自身的长度表示。划线盘由碳素工具钢 T8 制成。划线盘中，划针的直头用来划线，弯头用于找正。划线盘如图 1-3-7 所示。使用砂轮机刃磨划针、划规、样冲等工具尖角时，应使工具的尖角竖直向上，将手或工具依靠在砂轮机托架上，在砂轮机外圆表面刃磨。刃磨时工具应匀速旋转，以保证工具的尖角形成工整的圆锥面。划规的两个尖角应合并在一起统一刃磨。

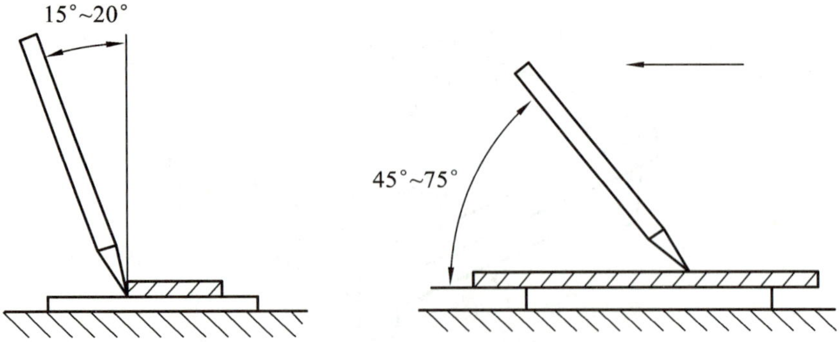

图 1-3-6 划针的使用方法

使用划线盘时的注意事项如下。

① 用划线盘划线时,划针伸出夹紧装置的部分不宜太长,并且划针的夹紧也要牢固,防止松动,应尽量处于水平位置;

② 划线盘的底面与划线平板的接触面均应保持清洁;

③ 拖动划线盘时,应紧贴划线平板的工作面,不能摆动、跳动;

④ 划线时,划针与工件的划线表面之间沿划线方向保持 40°～60°的夹角。

五、高度游标卡尺

高度游标卡尺

高度游标卡尺(又称划线高度尺)由主尺、副尺(游标)、划针脚、止动螺钉、微调螺母和底座组成,主要用于划线。其规格用最大测量范围和测量精度表示。高度游标卡尺的读数方法与游标卡尺相同。读数值表示划针脚下表面与底座下表面的高度值。其测量精度为 0.02 mm,一般作为精密划线工具使用,如图 1-3-8 所示。但由于线条宽度尺寸的制约,高度游标卡尺的划线精度远低于测量精度,划线精度最高也只能达到 0.2 mm,所以,加工过程应以测量尺寸为准进行工件加工。

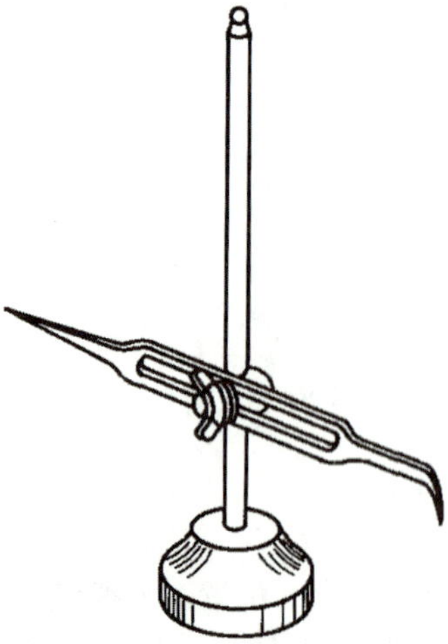

图 1-3-7 划线盘

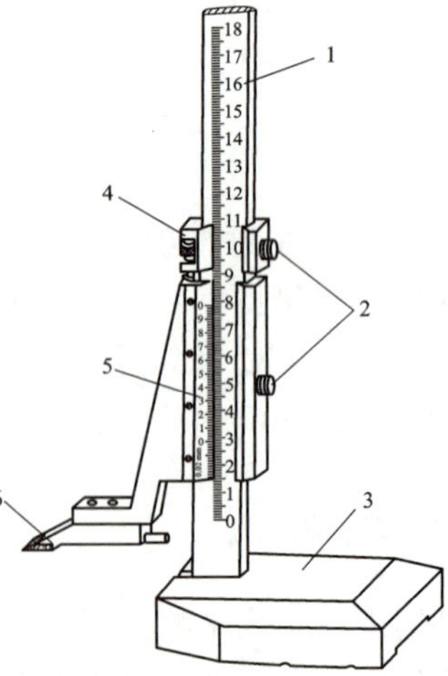

图 1-3-8 高度游标卡尺

1—主尺;2—止动螺钉;3—尺座;4—微调螺母;5—游标;6—划针脚

使用高度游标卡尺时的注意事项如下。

① 高度游标卡尺作为精密划线工具，不得用于粗糙毛坯表面的划线；

② 用完以后，应将高度游标卡尺擦拭干净，涂机油后装盒保存；

③ 划线时应压实高度游标卡尺底座，使划针脚和划线表面形成 45°夹角，并向底座的后侧方移动划线。

六、划规

划规

划规用来划圆弧、等分线段、等分角度、量取尺寸等，其规格用自身的长度表示。划规一般由碳素工具钢 T8 制成，其尖端处要进行热处理淬火硬化。常见划规如图 1-3-9 所示。

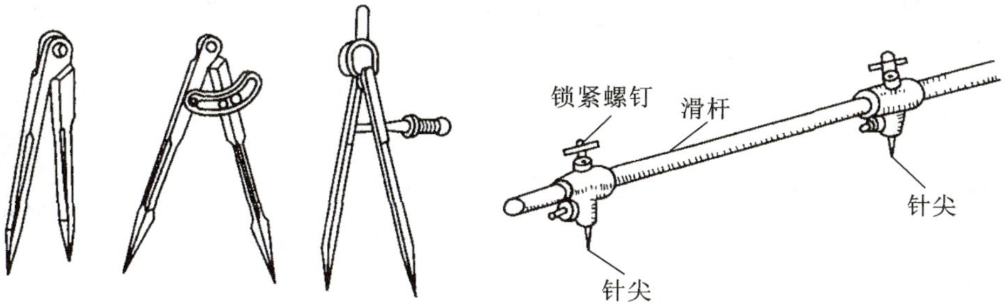

图 1-3-9　常见划规

使用划规时的注意事项如下。

① 划规划圆时，作为旋转中心的一脚应施加较大的压力，而另一脚应施加较轻的压力，以便其在工件表面划线；

② 划规两脚的长短应磨得稍有不同，且两脚合拢时脚尖应能靠紧，这样才能划出较小的圆；

③ 为保证划出的线条清晰，划规的脚尖应保持尖锐；

④ 刃磨划规的两个划规脚时，应将划规脚尖朝上进行刃磨，并刃磨两脚尖的外侧表面。

七、样冲

样冲

样冲用于在工件的已划好的加工线条上打样冲眼（冲点），作为加强界线的标志，也可作为圆弧或钻孔时的圆心定位中心，其规格用自身的长度表示。样冲一般由碳素工具钢 T8 制成，尖端处淬火硬化，顶尖角磨成 60°或 120°（60°用于冲加工线，120°用于冲钻孔中心）。样冲的使用方法如图 1-3-10 所示。

使用样冲时的注意事项如下。

① 刃磨样冲时，应经常蘸水，以防止过热退火。

② 打样冲眼时，样冲应向远离自己的一侧倾斜，露出样冲的冲尖并使冲尖对准所划线条正中，如图 1-3-10（a）所示。冲尖对准线条中心或圆心后，立直样冲并锤击一次，如图 1-3-10（b）所示。如需重新打样冲眼，应重复图 1-3-10 所示步骤，且每次对准后只锤击一次。

③ 为了防止所划线条磨损，应在线条上打样冲眼。样冲眼间距视线条长短曲直而定，线条长而直时，间距可大些，若线条短而曲则间距应小些。交叉、转折和圆心处必须打上样冲眼。

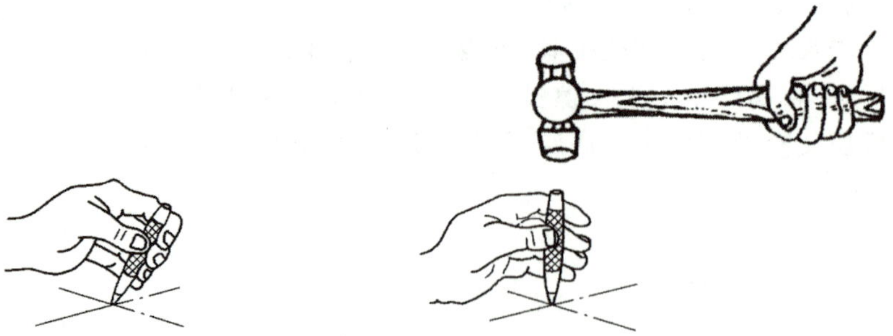

(a) 对中心　　(b) 直立锤击

图 1-3-10　样冲的使用方法

④ 样冲眼的深浅视工件的表面粗糙程度而定,光滑表面或薄壁工件的样冲眼打得浅些,粗糙表面的样冲眼打得深些,精加工表面上禁止打样冲眼。

八、直角尺

在划线时,直角尺用作划垂直线或平行线的导向工具,也可用来找正工件表面在划线平板上的垂直位置,其规格用尺座、尺苗的长度和其精度等级表示。直角尺的使用方法如图 1-3-11 所示。

直角尺

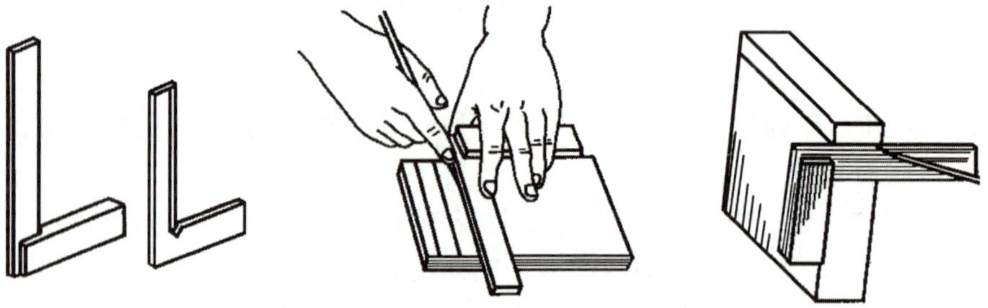

图 1-3-11　直角尺的使用方法

九、V 形铁

V 形铁用来支承、安放轴类工件,也可配合划线盘和游标高度尺划线或找中心。V 形铁的规格用其外形尺寸和精度等级表示。V 形铁采用铸铁或中碳钢制作,并经刨削、刮削或磨削等工序加工而成。V 形铁的使用方法如图 1-3-12 所示。V 形铁各表面的平面度和其相邻垂直表面的垂直度精度较高,可用于校验普通直角尺的垂直度。

V 形铁

十、方箱

方箱是用来支承和夹持工件的工具,可以在划线平板上翻转划出三个方向互相垂直的线条。方箱的规格用其外形尺寸和精度等级表示。方箱采用铸铁制作,其工作表面经刨削、刮削等工序加工而成,各表面的平面度、相邻表面的垂直度、相对表面的平行度精度都较高。方箱如图 1-3-13 所示。

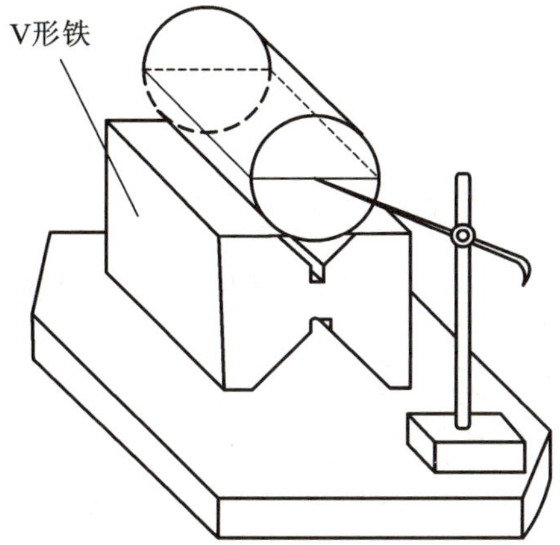

图 1-3-12　V 形铁的使用方法

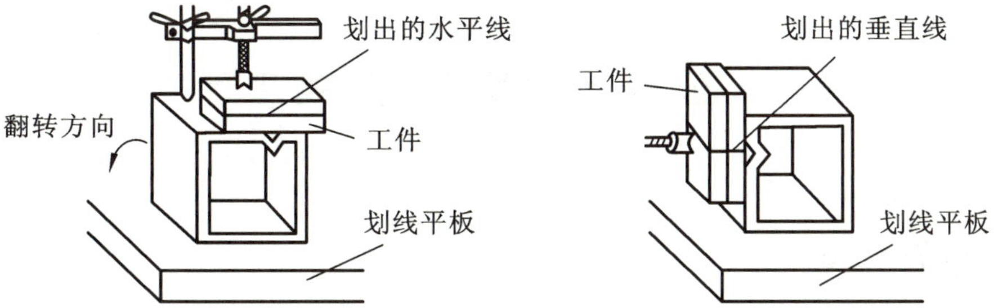

图 1-3-13　方箱

十一、模具千斤顶

模具千斤顶用来支承毛坯或形状不规则的工件，其某一表面或某一基准应与划线平板平行或垂直，以满足划线需求。模具千斤顶的规格用螺纹直径、底面直径和最大顶升高度表示。模具千斤顶一般采用中碳钢制作，并进行热处理淬火硬化，如图 1-3-2 和图 1-3-14 所示。

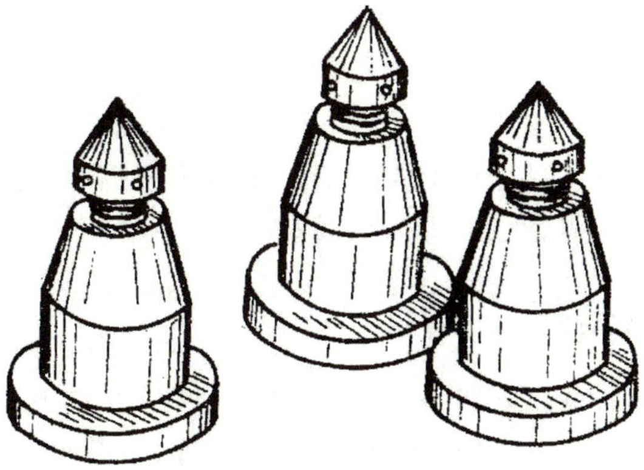

图 1-3-14　模具千斤顶

十二、划线涂料

为了使划出的线条清楚，一般在划线前都要在工件的划线部位涂上一层薄而均匀的涂料。常用的划线涂料配方及应用对象如表1-3-2所示。

表1-3-2　常用的划线涂料配方及应用对象

名　称	配制比例	应用对象
石灰水	石灰水加适量牛皮胶	大中型铸件、锻件毛坯
龙胆紫	(2%～4%)龙胆紫+(3%～5%)漆片+(91%～95%)酒精	已加工表面
硫酸铜溶液	100 g水中加入1～1.5 g硫酸铜或少许硫酸	形状复杂的工件或已加工表面

任务2　练习划线

一、准备工作

(1) 划线前，必须认真分析图纸的技术要求和工件加工的工艺规程，合理选择划线基准，确定划线位置、划线步骤和划线方法。

(2) 清理铸件的浇口、冒口，锻件的飞边和氧化皮，已加工工件的锐边、毛刺等。对于有孔的工件，可在毛坯孔中填塞木块或铅块，以便划规划圆。

(3) 根据工件的不同性质，选择适当的涂料，在工件上需要划线的部位均匀涂抹。

二、基准的概念

虽然不同工件的结构和几何形状各不相同，但是所有工件的几何形状都是由点、线、面构成的。虽然不同工件的划线基准差异较大，但都离不开点、线、面。基准有设计基准和划线基准两种。

设计基准：在零件图上，用来确定其他点、线、面位置的基准。

划线基准：划线时，选择工件上的某个点、线、面作为依据，用它来确定工件各部分的尺寸、几何形状及相对位置，该点、线、面即为划线基准。

三、划线基准的选择

(1) 以两个相互垂直的平面或直线为划线基准，如图1-3-15所示。

(2) 以两条相互垂直的中心线为划线基准，如图1-3-16所示。

(3) 以一个平面和一条中心线为划线基准，如图1-3-17所示。

划线时，划线的形式不同，基准的数量也不同。一般情况下，平面划线时要选择两个划线基准，而立体划线时要选择三个划线基准。划线往往是从基准开始的。

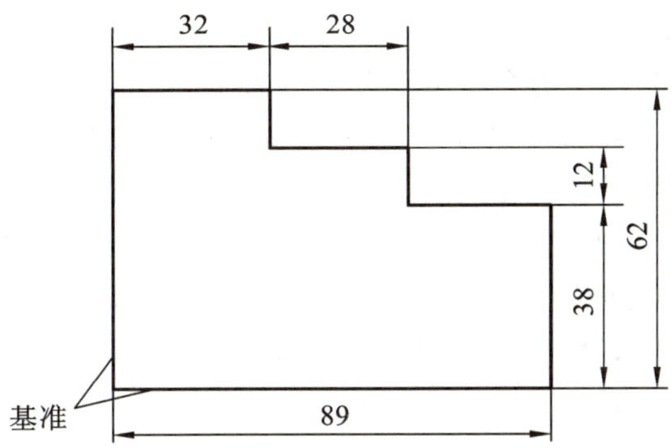

图 1-3-15　两个相互垂直的平面或直线为划线基准

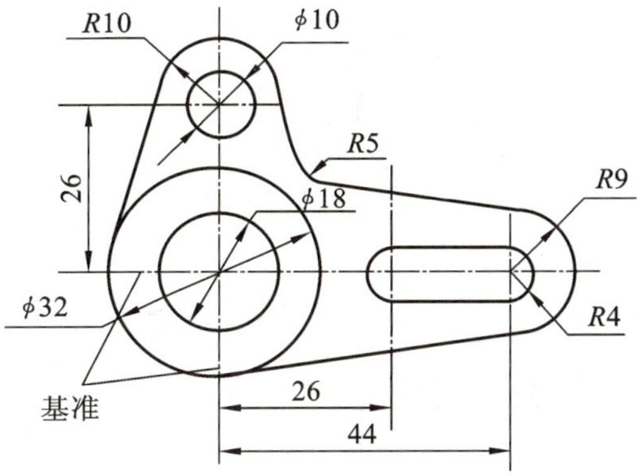

图 1-3-16　两条相互垂直的中心线为划线基准

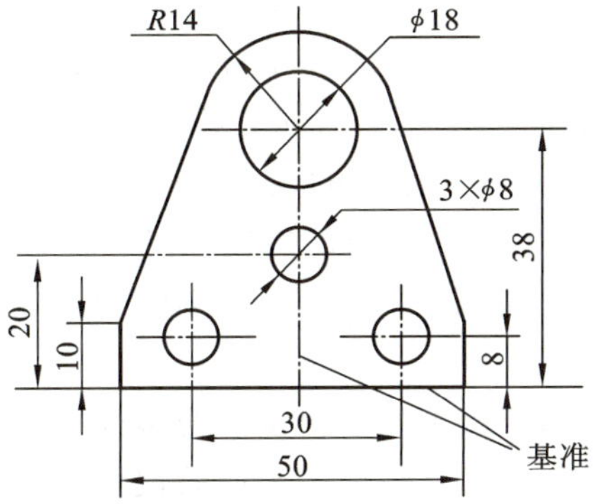

图 1-3-17　一个平面和一条中心线为划线基准

划线基准的选择原则如下。

① 尽量与设计基准重合；

② 形状对称的零件，应以对称中心为划线基准；

③ 有孔或凸台的零件，应以孔或凸台的中心线为划线基准；

④ 对于毛坯工件，应以主要的、面积较大的非加工面为划线基准；

⑤ 经过加工的工件，应以加工后的较大表面为划线基准。

四、划线时的找正和借料

立体划线往往是对铸件、锻件毛坯进行划线。各种铸、锻毛坯件，由于各种原因，容易有歪斜、偏心、各部分壁厚不均匀等缺陷。当误差不大时，可以通过划线找正和借料的方法来弥补缺陷，避免造成损失。

1. 找正

找正就是利用划线工具使工件或毛坯的有关表面与基准面之间调整到合适位置。

1）找正的作用

① 当毛坯件上有不加工表面时，通过找正后再划线，这样可使加工表面与不加工表面之间保持尺寸均匀。如图 1-3-18 所示，*A* 面即为不加工表面，可以以 *A* 面为水平基准进行找正划线。

② 当毛坯件上没有不加工表面时，可以将各个加工表面的位置找正后再划线，以使各

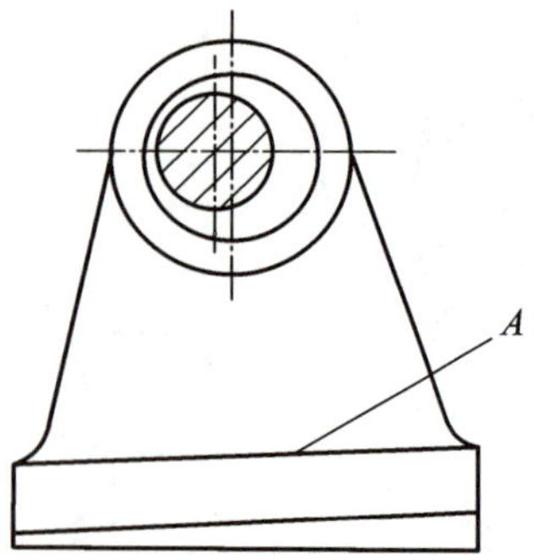

图 1-3-18　工件的找正

加工表面的加工余量均匀分布。

2）找正的原则

① 当毛坯件上存在两个以上不加工表面时，应选择其中面积较大、较重要或表面质量要求较高的表面作为主要的找正依据，同时要尽量兼顾其他的不加工表面，经划线加工后的加工表面和不加工表面才能够保证尺寸均匀、位置准确、符合图纸要求，且把无法弥补的缺陷反映到次要的部位上去。

② 找正适用于毛坯误差小和缺陷较小的场合。

2. 借料

当工件或毛坯的位置、形状或尺寸存在误差和缺陷，用划线找正的方法仍然不能补救时，通常需要用借料的方法来解决。

借料通过试划和调整将工件各部分的加工余量在允许的范围内重新分配，互相借用，以保证各个加工表面都有足够的加工余量，在加工后排除工件自身的误差和缺陷。

要想准确借料，首先必须明确知道毛坯的误差程度，确定是否可以通过借料的方法保证工件有足够的加工余量，然后确定需要借料的方向和借料的多少，这样才能保证划线质量，提高划线效率。对于较复杂的工件，往往需要经过多次试划，才能确定合理的借料方案。

借料有以下几个步骤。

① 测量工件各部分的尺寸，找出偏移的位置和偏移量的大小。

② 合理分配各部位的加工余量，然后根据工件的偏移方向和偏移量确定借料方向和借料大小，划出基准线。

③ 以基准线为依据，划出其余线条。

④ 检查各加工表面的加工余量，如发现有余量不足的现象，应调整借料方向和借料大小，重新划线。

图 1-3-19(a)所示为一个圆环类工件的毛坯，其内孔与外圆的偏心误差较大。如果不考虑两者之间的误差，以内孔中心定位，先划内孔后划外圆，则外圆加工余量不足，如图 1-3-19(b)所示；反之，若以外圆中心定位，先划外圆后划内孔，则内孔加工余量不足。这就要求同时考虑内孔、外圆的实际位置，以合理分配加工余量为原则，采用借料的方法，将圆心选在内孔与外圆之间的一个适当位置上，才能使内孔与外圆均有足够的加工余量，如图 1-3-19(c)所示。

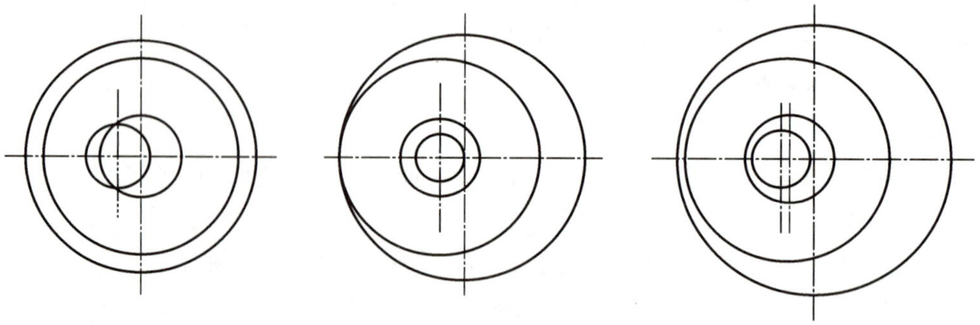
(a)　(b)　(c)

图 1-3-19　工件的借料

五、练习划线

作业一：平面划线练习

根据图 1-3-20、图 1-3-21 所示的尺寸要求，完成工件的划线。

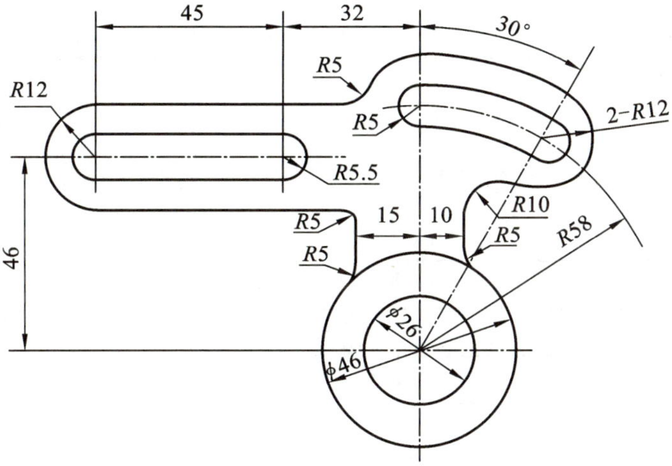

图 1-3-20　平面划线练习 1

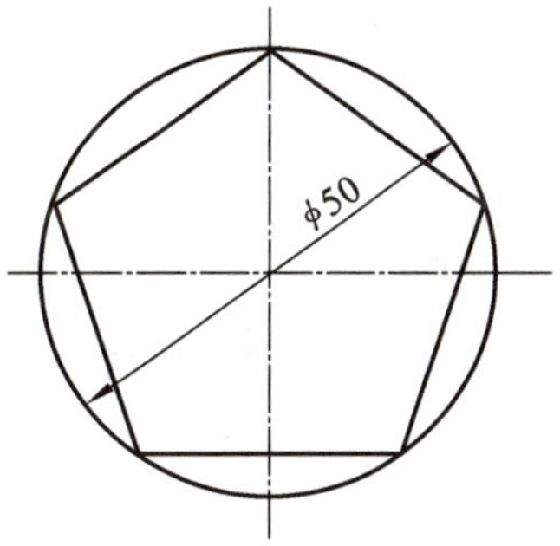

图 1-3-21　平面划线练习 2

1. 练习步骤

① 认真阅读图样，确定划线基准和划线步骤。

② 将毛坯清理干净，去除其表面毛刺和飞边等，并均匀涂抹涂料。

③ 按图样要求在毛坯上正确划线。

④ 对图形及尺寸进行校对，确认无误后，在相应的线条上及钻孔中心打样冲眼。

2. 注意事项

① 由于初次划线时容易出现错误，可先在纸上作图，熟悉后再在毛坯上划线。

② 应将涂料涂抹得薄而均匀，待涂料干透后再进行划线。

③ 划线动作要熟练，能正确使用划线工具，还要合理放置工具：左手工具放在左面，右手工具放在右面，并摆放整齐。

④ 所划线条必须做到尺寸准确、线条清晰、粗细均匀，样冲眼要准确合理、距离均匀。

⑤ 划线后必须进行复核，避免出错。

3. 评分标准

平面划线练习的评分标准如表 1-3-3 所示。

表 1-3-3　平面划线练习的评分标准

序号	项目名称与技术要求	配分	评 定 方 法	实际得分
1	垂直度误差小于 0.5 mm	24	1 处超差扣 8 分	
2	尺寸基准位置误差小于 0.5 mm	24	1 处超差扣 8 分	
3	划线尺寸公差±0.3 mm	24	1 处超差扣 3 分	

续表

序号	项目名称与技术要求	配分	评定方法	实际得分
4	涂料均匀	6	目测评定	
5	线条清晰	12	1处不合格扣3分	
6	样冲眼位置正确	10	1处不合格扣2分	
7	安全生产与文明生产	扣分	违章1次扣3分	

作业二:毛坯下料划线练习

根据图1-3-22所示的技术要求,完成毛坯料的划线。

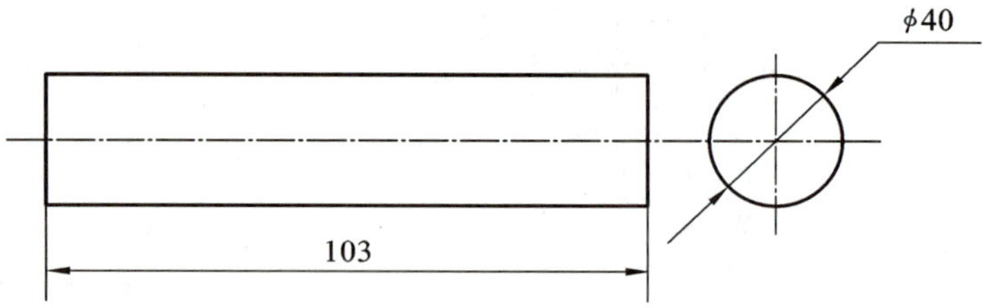

图1-3-22　毛坯下料划线练习

1. 划线步骤

① 测量毛坯料的尺寸,确认毛坯料为直径40 mm的圆钢。

② 清理毛坯料,测量毛坯料的端面垂直度,选择端面最低点为尺寸103 mm的测量起点,并在毛坯料上均匀涂料。

③ 以端面最低点为起点与钢板尺零线对齐。以钢板尺103 mm刻线处为起点,用划针在圆钢上分别划出一撇、一捺两条斜线,这两条斜线形成的角的顶点即为103 mm的位置点,如图1-3-23所示。

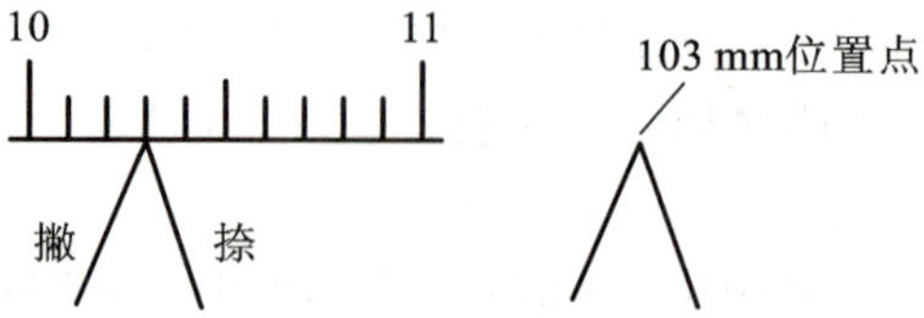

图1-3-23　毛坯上划出位置点

④ 将带有齐边的白铁皮贴合缠绕在圆钢上,使白铁皮的齐边与103 mm位置点重合,并使缠绕的白铁皮齐边上下两层完全重合,沿着白铁皮齐边用划针在圆钢外表面上划出圆周线。

⑤ 测量并检查103 mm圆周线是否准确。

2. 评分标准

毛坯下料划线练习的评分标准如表1-3-4所示。

表 1-3-4 毛坯下料划线练习的评分标准

序号	项目名称与技术要求	配分	评 定 方 法	实际得分
1	圆周线垂直于轴心线，误差小于 0.5 mm	30	每超差 0.5 mm 扣 10 分	
2	尺寸 103 mm 的误差小于 0.5 mm	40	每超差 0.5 mm 扣 10 分	
3	涂料均匀	10	目测评定	
4	线条清晰	20	1 处不合格扣 5 分	
5	安全生产与文明生产	扣分	违章 1 次扣 5 分	

课后练习

一、填空题

1. 划线作用之一是确定工件待加工部位的尺寸、形状或位置的________。

2. 划线精度最高只能达到________mm，所以加工精度较高的工件时线条只作为参考，实际尺寸应以测量为准。

3. 划线时，划针向划线方向倾斜的夹角是________°。

4. 划线涂料的作用是________，常由酒精、漆片和龙胆紫配制而成。

5. 划线完成后应对所划线条进行__________。

二、选择题

1. 平面划线是在工件的________表面划线。

A. 1 个　　B. 2 个　　C. 3 个

2. 立体划线的基准有________。

A. 1 个　　B. 2 个　　C. 3 个

3. 划线借料的作用是________。

A. 从别的零件补充材料　　B. 利用垫片补充材料　　C. 挽救有缺陷的坯料

4. 打样冲眼时，样冲对准中心后榔头最多可以锤击________。

A. 1 下　　B. 2 下　　C. 3 下

5. 划线平板的作用是__________。

A. 表面坚硬，不会变形

B. 表面光滑，便于挪动工件

C. 表面平面度高，是测量、划线的基准

6. V 形铁的作用是__________。

A. 调整工件高度　　B. 做垫块支承平面工件　　C. 支承轴类工件

三、判断题

1. 划线的作用是明确工件下道工序的加工界线。(　　)

2. 划线完成并确认无误后，在相应的线条上打样冲眼是为了防止线条磨损后失去加工界线。(　　)

3. 划线时,划线基准应与工件的设计基准相重合。(　　)

4. 工件加工的最终尺寸是以所划线条的位置来确定的。(　　)

四、简答题

1. 什么是立体划线?

2. 什么是借料?

3. 简述直径 40 mm、长 103 mm 圆钢下料前的划线方法。

4. 简述圆心打样冲眼的操作方法。

课后练习答案

项目 4 锯　　割

【学习目标】

- 了解锯弓的使用方法。
- 掌握锯割动作的要领及锯条的选用原则。
- 掌握型材的锯割方法。
- 熟悉锯条崩断和锯割质量问题产生的原因及预防方法。

【安全提示】

- 锯割工件，装夹时或锯割断裂过程中，若操作不当会造成工件掉落而砸伤脚部。
- 起锯时和锯割断裂过程中，锯弓容易失稳而磕伤手部。
- 如果锯条在锯割过程中断裂，断裂的锯条会扎伤手部。
- 若锯割产生的金属碎屑进入眼睛，会对眼部造成严重的伤害且难以清除。

【知识准备】

使用手用锯弓对材料或工件进行切断或开槽等加工的方法称为锯割。

锯割的用途：把原材料或零件进行分割（见图 1-4-1（a））、锯割工件的多余部分（见图 1-4-1（b））、开槽（见图 1-4-1（c））。锯割的质量要求是锯直，锯割操作是一次次单一动作的简单重复。必须时刻保持专注，精心、细心地完成每一次操作，才能锯出直线的锯缝，并为后续的加工提供高质量的基础。

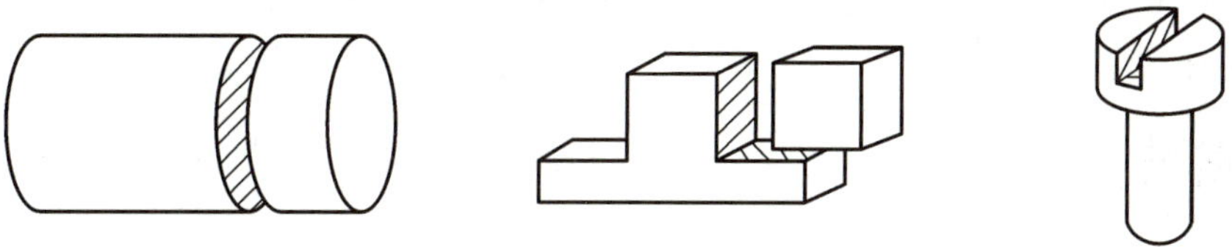
(a) 分割　(b) 锯割余料　(c) 开槽

图 1-4-1　锯割的用途

任务 1　认识锯割工具

常用的锯割工具有锯弓、锯条等，如表 1-4-1 所示。

表 1-4-1　常用的锯割工具

序号	名　称	规格型号	单位	规格型号注解
1	锯条	300 mm×10 mm×0.7 mm,24 牙	根	300 mm×10 mm×0.7 mm——长、宽、厚,24 牙——25 mm 长度内的锯齿数
2	可调式锯弓	200 mm,250 mm,300 mm	把	200 mm、250 mm、300 mm——可安装锯条的长度
3	固定式锯弓	300 mm	把	300 mm——可安装锯条的长度
4	毛刷	2 in	把	2 in——毛刷棕毛部分的宽度

注:1 in=2.54 cm。

一、锯弓

固定式锯弓

手用锯弓由锯弓和锯条两部分组成。

锯弓用于安装和张紧锯条,有可调式锯弓和固定式锯弓两种,如图 1-4-2 所示。

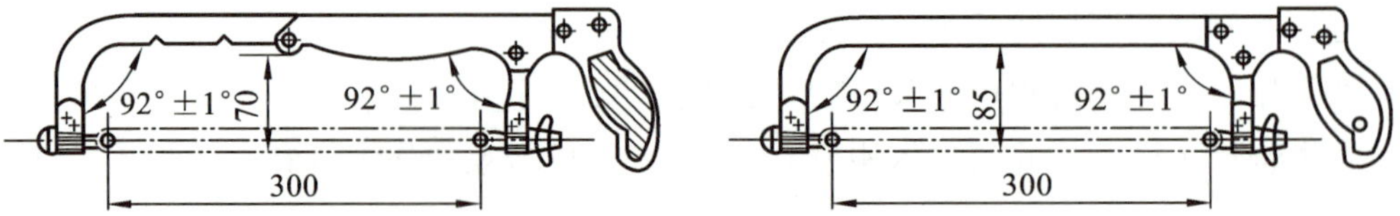

(a) 可调式锯弓　　(b) 固定式锯弓

图 1-4-2　锯弓的种类

可调式锯弓的安装距离可以调节,能安装几种不同长度的锯条。固定式锯弓只能安装一种长度的锯条。锯弓的规格用其可安装的锯条长度表示。

锯弓的两端都装有夹头,一端是固定的,另一端为活动的。当用销钉将锯条装在两端夹头上后,旋紧活动夹头上的蝶形螺母就可以把锯条拉紧。锯条有两个安装方向,一个是锯条与锯弓处于一个平面内,另一个是锯条与锯弓分别处于两个相互垂直的平面内或两个成 45° 夹角的平面内。

二、锯条

锯条

锯条一般用碳素工具钢 T10 或合金钢制成,并经热处理淬火硬化。锯条的长度以两端安装孔的中心距来表示,常见的为 300 mm。锯条的规格用长度、宽度、厚度及 25 mm 长度内的锯齿数来表示。

1. 锯齿的粗细

锯齿的粗细是以 25 mm 长度内的锯齿数来表示的。根据锯齿数的不同,可将锯齿分为细齿(32 牙)、中齿(24 牙)和粗齿(18 牙)三种。使用时,应根据所锯材料的软硬和厚薄来选用合适的锯齿,较软的锯割材料和较厚的锯割材料选用粗齿锯条;较硬的锯割材料和较薄的锯割材料选用细齿锯条。锯齿粗细的选择如表 1-4-2 所示。

表 1-4-2 锯齿粗细的选择

规 格	25 mm 长度内的锯齿数/个	适 用 场 合
粗齿	14～18	低碳钢、铸铁、铜、铝、厚度大于 20 mm 的板材
中齿	20～24	中碳钢、厚壁管、厚度为 8～20 mm 的板材
细齿	28～32	工具钢、合金钢、薄壁管、厚度小于 8 mm 的板材

锯齿的选择主要遵循以下几个原则。

① 锯割较软材料(如纯铜、铝、铸铁、低碳钢、中碳钢等)和较厚的材料时,应选用粗齿锯条。

② 锯割较硬材料(如工具钢、合金钢等)和较薄的材料及各种管材时,应选用细齿锯条,否则会因齿距大于板厚而使锯齿被钩住,进而崩断。

③ 在锯割截面上,至少应有 3 个齿能同时参加锯割,这样才能避免锯齿被钩住和崩裂。

2. 锯路

为了减小锯缝两侧面对锯条的摩擦阻力,避免锯条被夹住或折断,在制造锯条时,锯齿按一定的规律左右错开,排列成一定的形状,称为锯路。锯路有交叉形和波浪形等形式,如图 1-4-3 所示(注意:当锯路磨损成一条直线时,应及时更换锯条)。

3. 锯条的安装

(1) 安装锯条时,应使齿尖的方向朝前(见图 1-4-4),如果装反了,则锯齿前角为负值,就不能正常锯割。

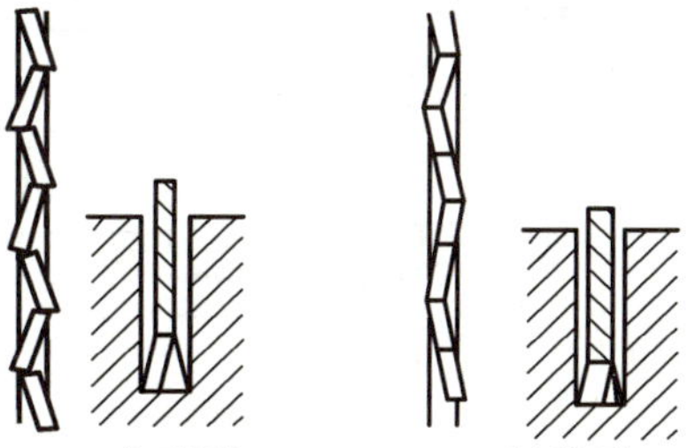

(a) 交叉形 (b) 波浪形

图 1-4-3 锯路的形式

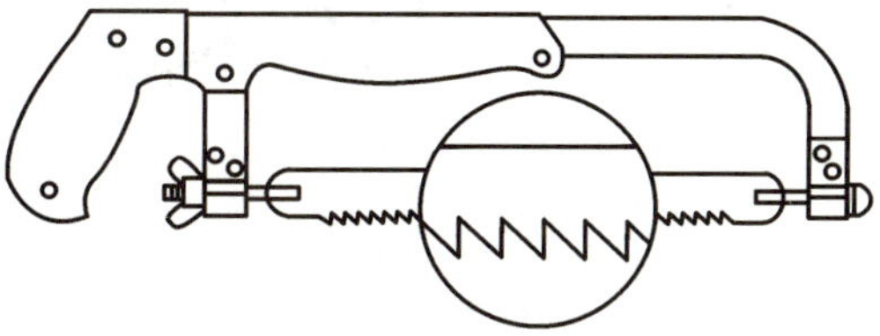

图 1-4-4 锯条的安装方向

(2) 在调节锯条的松紧时,蝶形螺母不宜旋得太紧或太松:太紧则锯条受力太大,在锯割过程中用力稍有不当,就会折断;太松则锯割时锯条容易扭曲,也易折断,而且锯出的锯缝容易歪斜。蝶形螺母旋的松紧程度以用手扳动锯条时感觉硬实而有弹性为宜。

(3) 安装锯条时,要保证锯条的平面与锯弓的中心平面平行,不得倾斜和扭曲,否则锯割时锯缝极易歪斜,这样易折断锯条。

三、辅助用具

毛刷的规格用其棕毛部分的宽度表示,通常以英寸为单位。毛刷用来清除加工过程中产生的金属碎屑,例如在锯割、锉削、钻孔等加工过程中产生的金属碎屑。毛刷清理效果好,还可预防手被划伤或扎伤,同时也可避免用出汗的手触摸工件时使工件表面氧化而难以加工。

毛刷

任务 2　学习锯割动作

一、装夹工件

锯割操作

(1) 工件一般应夹持在台虎钳的左侧,以便锯割操作。

(2) 工件伸出钳口部分不应过长,以防工件在锯割时产生振动(应保持锯缝距离钳口侧面 20 mm 左右),如图 1-4-5 所示。

(3) 锯缝线要与钳口侧面保持平行,以便于控制锯缝不偏离划线线条。

(4) 工件夹紧要牢靠,同时要避免将工件夹变形和夹坏已加工表面。

(5) 夹紧和松开工件或者工件快要被锯断时,应用一只手扶持工件,以免工件或料头掉落而砸伤脚面。

二、锯弓握法

锯弓握法为右手满握锯柄,左手轻扶锯弓前端,如图 1-4-6 所示。

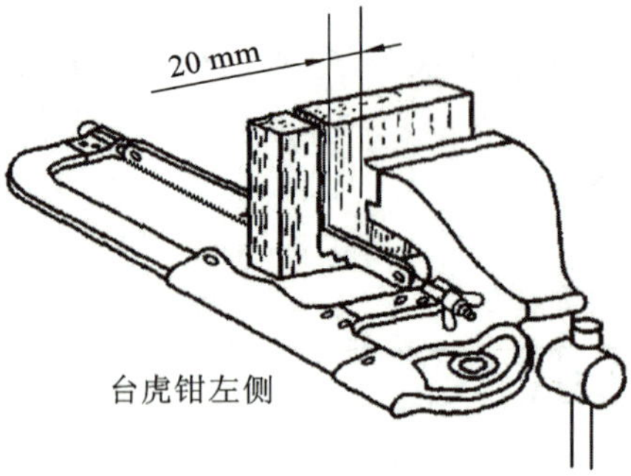

图 1-4-5　工件夹持

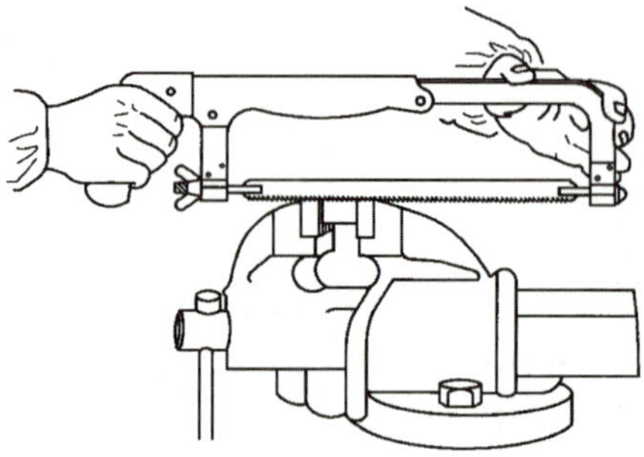

图 1-4-6　锯弓握法

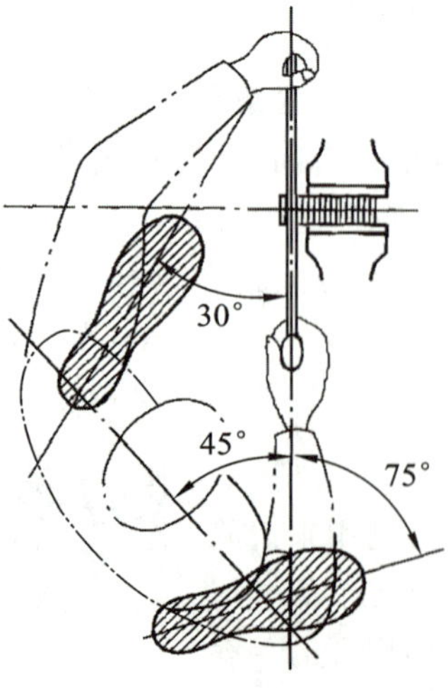

图 1-4-7　站立姿势

三、站立姿势

锯割时,操作人员应站立在台虎钳的左前侧,左脚在前,左脚与锯弓的运动方向成 30°夹角,右脚在后,右脚与锯弓的运动方向成 75°夹角。两脚间的距离略宽于肩,左腿微微弯曲,右腿伸直。身体略微前倾,身体与锯弓的运动方向成 45°夹角,身体到工件中心线的距离略大于或等于锯弓的总长度,如图 1-4-7 所示。锯割时,两手臂和身体都要自然摆动。左腿随着身体前倾而微微弯曲,随着身体直立而伸直,如此往复运动。

四、起锯方法

起锯方法有远起锯和近起锯两种。起锯时,左手拇指靠住锯条来使锯条能正确地锯在所需要的位置上，行程要短，压力要小，速度要慢。

起锯是锯割工作的开始，起锯质量的好坏直接影响到锯割质量的好坏。锯割时，经常出现锯条跳出锯缝，将工件拉毛，引起锯齿崩裂、锯缝与划线位置不一致等现象，进而使锯割尺寸出现较大偏差。

起锯角(见图 1-4-8)θ 约为 15°，如果起锯角太大，则起锯不易平稳，尤其是近起锯时锯齿会被工件的棱边卡住而引起崩裂；但起锯角也不宜太小，否则锯齿与工件同时接触的齿数较多，不易切入材料，多次起锯往往容易发生偏离，在工件表面锯出许多锯痕，影响表面质量。

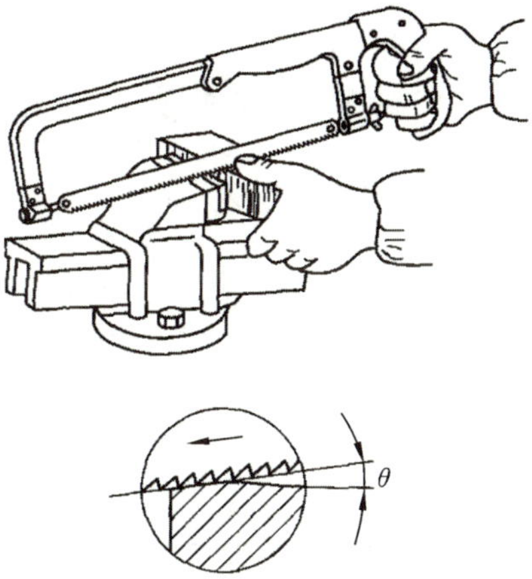

(a) 远起锯

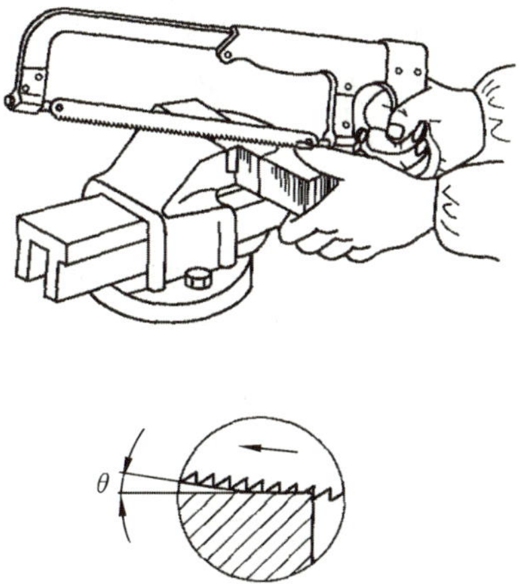

(b) 近起锯

图 1-4-8 起锯角

五、锯割压力

锯割运动时，锯弓推力与压力的大小由右手控制，左手主要配合右手扶持锯弓，锯割压力不要过大。锯割压力首先满足锯弓前后推拉顺畅；其次，锯割压力的大小可以由锯条变形状态来判断：锯条发生扭曲变形，说明锯条的压力太大，应适当减轻压力至锯条侧表面整体处于同一平面内，且与所划加工线条相平行。手锯推出过程为切削行程，应施加压力。手锯返回过程中不切削，故不施加压力，自然拉回即可。

工件快被锯断时，右手施加的压力要小，以免压力过大造成锯条断裂，伤及人身。左手应扶持工件掉落部分，避免砸伤脚部。

六、锯割运动

锯割运动可以是直线运动，也可以是小幅度的上下摆动式运动。手锯推进时，身体略向前倾，双手随着身体运动而推动手锯的同时，左手微微上翘，右手微微下压。手锯回程时，右手微微上抬，左手自然跟回。

锯割运动的速度一般约为 40 次/分，锯割硬材料时应慢些，锯割软材料时可快些。同时，每次锯割行程的速度应保持均匀，返回行程的速度相对快些。此外，在锯弓前后挂钉不碰撞工件的情况下，尽可能使用锯条的全长，这样锯条的利用率最高，而且锯条中间与两端磨损均匀一致，可以使锯割更加顺畅，锯割过程中不易夹锯条，不易折断锯条。

任务 3　学习锯割方法

一、锯割型材

1. 棒料

若锯割断面的平面度要求较高,应从一个方向开始,连续锯到工件断开。若锯割断面的平面度要求不高,在方便操作的原则下,可从几个方向锯断,这样能避免出现严重的歪斜现象。

2. 管子

锯割管子前,应划出垂直于管子轴线的锯割线。锯割时,必须把管子夹正,对于薄壁管子和精加工过的管子,应将其夹在有 V 形槽的两木衬垫之间,以防将管子夹扁或夹坏表面,如图 1-4-9 所示。

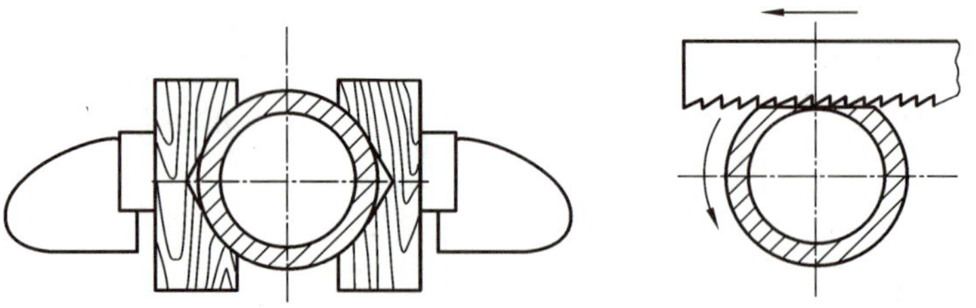

(a) 薄壁管子的夹持　　(b) 薄壁管子的锯割方法

图 1-4-9　锯割薄壁管子

锯割薄壁管子应选用锯齿较细的锯条。锯割时,先在一个方向上锯透管子的内壁即停止,而后把管子向推锯的方向转过一个角度,并接着原锯缝锯透管子的内壁,如此连续改变位置不断转锯,直到将管子锯断为止。

3. 薄板料

锯割时,应从薄板料的宽面锯下去。若只能从薄板料的狭面锯下去时,可将薄板料用两块木板夹持,将木块一起锯下,避免锯齿被钩住,同时也增加了薄板料的刚度,避免锯割时发生颤动,如图 1-4-10 所示。此外,也可以用手锯进行横向斜推锯,促使锯齿与薄板料接触的齿数增加,避免锯齿崩裂。

4. 深缝锯割

当锯缝的深度超过锯弓的高度时,应将锯条旋转 90°重新装夹,以使锯弓转到工件的旁边。当锯弓横放下来其高度仍不够时,也可将锯条装夹成使锯齿朝内进行锯割,如图 1-4-11 所示。

5. 扁铁、角铁、槽钢、工字钢、方管的锯割

以角铁为例,先将角铁的一面夹持在水平位置上,在平面上起锯,锯缝深度为角铁的厚度。一面锯断后,再用同样的方法锯割另一面。无论哪种型材,都应尽量避免锯割深缝。

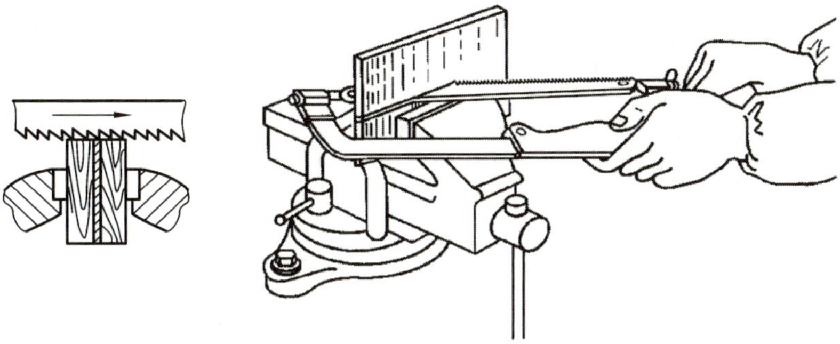

图 1-4-10 锯割薄板料

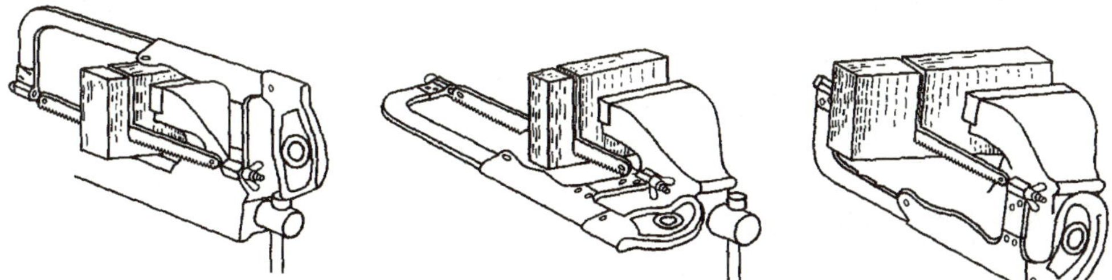

(a) (b) (c)

图 1-4-11 深缝锯割

二、锯割的安全文明生产

（1）工件装夹要牢固，工件即将被锯断时，要防止断料掉落，同时防止用力过猛而导致手撞到工件或台虎钳上受伤。

（2）注意保证工件的安装、锯条的安装、起锯方法、起锯角度的正确性，以免锯割一开始就造成废品和锯条损坏。

（3）要适时注意锯缝的平直情况，及时纠正。

（4）在锯割钢件时可加些机油，以减少锯条与锯割断面的摩擦并冷却锯条，提高锯条的使用寿命。

（5）要防止锯条折断后扎伤手部。

（6）锯割完毕，应将锯弓上的旋紧螺母适当放松，并将其妥善放好。

（7）锯割产生的铁屑要用毛刷清理，严禁用嘴吹或用手擦除。

（8）每次工作完成应做到：工完、料净、场地清。

（9）每次工作完成应将虎钳和钳桌清理干净，并将台虎钳的钳口合到 3～5 毫米缝隙，手柄自然下垂。

三、锯条损坏的原因

1. 锯条折断的原因

（1）锯条选用不当或起锯角度不当。

(2) 锯条装夹过紧或过松。
(3) 工件松动或被锯断时锯条撞击工件。
(4) 锯割压力过大或推锯过猛。
(5) 锯割过程中未使用锯条全长,造成锯条卡断。
(6) 新锯条在锯缝中卡断。

2. 锯齿崩断的原因

(1) 锯条选用不当或起锯角度不当。
(2) 锯条装夹过紧。
(3) 锯割过程中未使用锯条全长,造成锯条卡住。
(4) 新锯条在锯缝中卡住。

3. 报废锯条的依据

(1) 锯齿的齿尖全部被磨成了圆角。
(2) 连续崩掉的锯齿长度超过 25 mm。
(3) 锯条左右分列的锯齿(锯路)被磨损成一条直线。

四、锯缝歪斜的原因

(1) 工件装夹歪斜。
(2) 锯弓未扶正或用力歪斜,使锯条偏离锯缝的中心平面,进而斜靠在锯缝断面一侧。
(3) 锯条安装过松或锯弓压力过大造成锯条扭曲歪斜。
(4) 锯弓的运动方向歪斜。

五、心理因素对锯缝质量的影响

自始至终都细致、专注的工作态度可以保证锯缝始终处于直线状态,能及时发现锯缝歪斜的方向并予以矫正。操作过程中平静的心情可以避免发生事故,可以保证持续锯割出高质量锯缝。

任务4 练习锯割

练习一:毛坯下料

1. 锯割

按照图 1-3-22 下料,锯割下料 ϕ40 mm×103 mm。

2. 评分标准

毛坯下料的评分标准如表 1-4-3 所示。

表 1-4-3 毛坯下料的评分标准

序号	项目名称与技术要求	配分	评定方法	实际得分
1	锯割面垂直于轴心线，误差小于 0.5 mm	30	超差 0.5 mm 扣 10 分	
2	尺寸 103 mm 的尺寸误差小于 0.5 mm	30	超差 0.2 mm 扣 10 分	
3	锯割面的平面度误差小于 0.5 mm	20	超差 0.5 mm 扣 10 分	
4	工件的夹持方法正确	10	1 处不合格扣 5 分	
5	锯割时间为 30 分钟	10	超 1 分钟扣 1 分	
6	安全生产与文明生产	扣分	违章 1 次扣 3 分	

练习二：锯割长方体基准面 A

1. 划线

按长方体中心与 $\phi40$ 圆钢中心重合的方式，划出基准面 A 的加工线条，如图 1-4-12 所示。

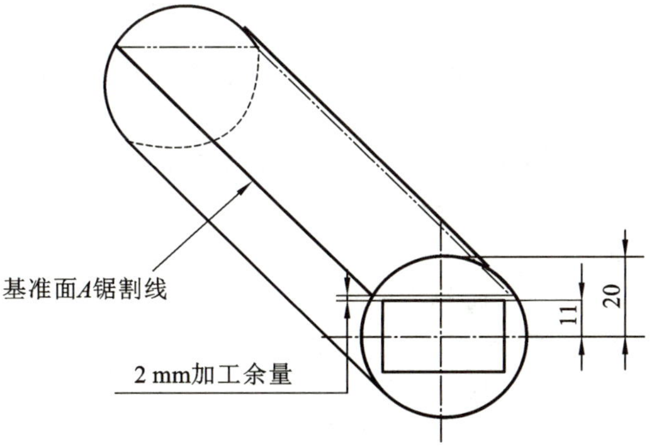

图 1-4-12 基准面 A 锯割划线

2. 锯割

沿线条外侧 0.5 mm 处进行锯割，使锯缝边缘与线条相距 0.5 mm。

3. 质量要求

锯割完成后，工件的厚度尺寸为 33 mm±0.5 mm，平面度公差小于 0.5 mm。

4. 评分标准

锯割长方体基准面 A 的评分标准如表 1-4-4 所示。

表 1-4-4　锯割长方体基准面 A 的评分标准

序号	项目名称与技术要求	配分	评定方法	实际得分
1	锯割面平行于轴心线,误差小于 0.5 mm	30	超差 0.5 mm 扣 10 分	
2	尺寸 33 mm 的尺寸误差小于 0.5 mm	30	超差 0.2 mm 扣 10 分	
3	锯割面的平面度误差小于 0.5 mm	20	超差 0.5 mm 扣 10 分	
4	工件的夹持方法正确	10	1 处不合格扣 5 分	
5	锯割时间为 60 分钟	10	超 1 分钟扣 1 分	
6	安全生产与文明生产	扣分	违章 1 次扣 3 分	

课后练习

一、填空题

1. 锯割的作用是________和在工件上开出沟槽。
2. 锯齿粗细的选择依据是工件的形状、厚度和________。
3. 锯条尺寸规格由锯条的________、宽度和厚度三个尺寸组成。
4. 锯割操作过程中,锯弓可以做________运动,也可做小幅度上下摆动式运动。

二、选择题

1. 锯条一般用________材料制造,并经淬火处理,以提高硬度。
A. T10　　B. Q235　　C. 12Mn
2. 锯条锯齿的粗细由________来表示。
A. 锯齿的高度　　B. 锯齿的角度　　C. 单位长度内的锯齿数量
3. 锯割时的锯割速度是每分钟________次。
A. 20　　B. 40　　C. 50
4. 锯割薄壁管子时,要用________锯条,管壁锯透后,应沿推锯方向旋转工件重新锯割。
A. 粗齿　　B. 中齿　　C. 细齿
5. 锯割起锯时锯条与起锯平面的起锯角是__________。
A. 5°　　B. 15°　　C. 30°
6. 锯割薄壁管子时,应将管子夹持在有__________的两个木衬垫之间。
A. 刨平表面　　B. 中间凸起表面　　C. V 形槽

三、判断题

1. 锯条根据锯齿的粗细通常分成 5 种。(　　)
2. 起锯是锯割的开头,起锯方法有远起锯、近起锯和水平起锯等。(　　)
3. 锯割时,工件应夹持在台虎钳的左外侧,并使锯缝与水平面垂直。(　　)
4. 锯割操作时,应尽可能使用锯条的全长,这样锯条的利用率最高。(　　)
5. 无论锯割哪种型材,都应尽可能采用锯割深缝操作方法。(　　)

四、简答题

1. 锯路的作用是什么？
2. 报废锯条的依据是什么？
3. 简述锯割薄壁管子的操作过程。
4. 锯割压力大小如何判断？
5. 锯割操作中不使用锯条的全长会有哪些危害？

课后练习答案

项目5
锉削

认识“大国工匠”——点亮“天眼”夏立

夏立，中国电子科技集团第54研究所天线伺服专业部钳工。30多年来，夏立亲手装配的天线指过“北斗”，送过“神舟”，护过战舰，亮过“天眼”。在人类极目宇宙的背后是一份极致的磨砺。384 400 km，是地球到月球的平均距离；0.004 mm，是亚洲最大的全向转动射电望远镜“天马”驱动系统的装配精度。当“嫦娥四号”朝月球背面飞去，“天马”望远镜正在为这场落月之旅指路。它终端的精度要求是0.004 mm，如果只做到0.005 mm，即使就差一个级别，十个月亮也找不着了。精准指向的核心是一个小小的钢码盘，就算用磨床加工后精度也只能达到0.02 mm。夏立用手打磨到了0.002 mm，这相当于头发丝直径的1/40。

在承担多项重大工程之外，夏立还从事小型精密天线的装配工艺研究，尤其是小型机载天线。天线的安装考验拧螺丝的技巧，夏立这每一扳手下去，找准的是那千分之几毫米。这直接提升了国产无人机的动态跟踪精准度。无人机动态跟踪将面对战争、灾情等极端状况，其天线座架与反射体之间要求最密合的连接。夏立钻研出的新技术将装配效率提高了10倍，把精度控制在了0.015 mm以内。微米之间的操作展现出匠心所必备的细致与严谨。

【学习目标】

- 认识各种类型的锉刀，了解锉刀规格的表达方法。
- 掌握锉削动作的要领及锉刀的选用原则。
- 掌握各种类型表面的锉削方法。
- 熟悉锉削质量问题产生的原因及预防的方法。

【安全提示】

- 锉削过程中，身体失稳或锉削动作不正确会磕伤手部。
- 锉刀手柄损毁或掉落会扎伤手掌。
- 锉削产生的金属碎屑进入眼睛会对眼睛造成严重伤害且难以清除。
- 锉刀用于敲击或撬别的工具时会断裂，对操作者或他人造成伤害。
- 用手擦拭锉削工件时，锉削产生的毛刺会扎伤手部。
- 在休息过程中，锉刀放置不当会掉落砸伤脚部。

【知识准备】

用锉刀对工件表面进行切削加工，使其尺寸、形状、位置、表面粗糙度等都达到要求，这种加工方法叫锉削。

锉削是对工件进行的精度较高的加工，它可以加工工件的平面、曲面、内外角度面等各种形状复杂的表面，其加工精度可达0.01 mm，表面粗糙度可达$Ra0.8\ \mu m$。在现代工业生产的条件下，仍有某些工件的加工需要通过手工锉削来完成，例如设备装配过程中对个别工件的修整、修理，小批量生产条件下某些形状复杂的工件的加工，以及样板、模具的加工等，所以，锉削技能是钳工的一项重要的基本操作技能。虽然锉削操作加工精度可以达到0.01 mm，但是，都是在重复成百甚至上千次的单一动作，其中任何一次锉削动作失误都可能造成数倍甚至数十倍的误差而使工件报废。因此，工件的加工过程除了要求操作者掌握正确的工具使用方法外，还需要操作者具备精益求精、不急不躁的工作精神，时刻专注于操作过程，为加工出高精度工件提供操作基础。

任务1 认识锉削工具

常用的锉削工具有普通平锉、方锉、圆锉、半圆锉、三角锉、整形锉、锉柄及铜丝刷，如表1-5-1所示。

表1-5-1 常用的锉削工具

序号	名称	规格型号	单位	规格型号注解
1	平锉	14英寸、平锉、中齿	把	14英寸——锉刀工作部分的长度， 平锉——锉刀形状， 中齿——锉齿粗细(分粗齿、中齿、细齿三种，下同)
2	方锉	10 mm×10 mm、方锉、中齿	把	10 mm×10 mm——截面四个边长尺寸， 方锉——锉刀形状，中齿——锉齿粗细
3	圆锉	$\phi8$、圆锉、中齿	把	$\phi8$——截面圆直径，圆锉——锉刀形状， 中齿——锉齿粗细
4	半圆锉	8英寸、半圆锉、中齿	把	8英寸——锉刀长度，半圆锉——锉刀形状， 中齿——锉齿粗细
5	三角锉	8英寸、三角锉、中齿	把	8英寸——锉刀长度，三角锉——锉刀形状， 中齿——锉齿粗细
6	整形锉	十件套	套	十件——锉刀件数
7	锉柄	木柄、大号	个	木柄——木质手柄， 大号——手柄大小(分大号、中号、小号三种)
8	铜丝刷	木柄、六排、200 mm×25 mm×8 mm (刷头78 mm×22 mm×15 mm)	把	木柄——木质手柄，六排——铜丝排列行数， 200 mm×25 mm×8 mm——木柄尺寸， 78 mm×22 mm×15 mm——刷头尺寸

一、锉刀的规格

锉刀的规格由锉刀形状、锉刀尺寸和锉齿粗细三个参数组成。不同形状的锉刀，其尺寸规格用不同的参数表示。

方锉的尺寸规格以正方形边长尺寸表示，圆锉的尺寸规格以直径表示，其他锉刀则以锉身长度表示其尺寸规格。常用的钳工锉刀有100 mm、125 mm、150 mm、200 mm、250 mm、300 mm、350 mm等几种。

锉刀齿纹的粗细规格以锉刀每10 mm轴向长度内的主锉纹条数来表示。主锉纹指锉刀在两个方向上排列的深浅不同的齿纹中起主要锉削作用的齿纹。另一个方向的齿纹称为辅齿纹，起分割铁屑的作用。

锉刀根据齿纹可分为粗齿锉刀、中齿锉刀、细齿锉刀、双细齿锉刀和油光锉。

二、锉刀的结构

锉刀采用高碳工具钢T12制成。锉刀由锉身的工作部分和锉柄两个部分组成，其各部分的名称如图1-5-1所示。

锉刀

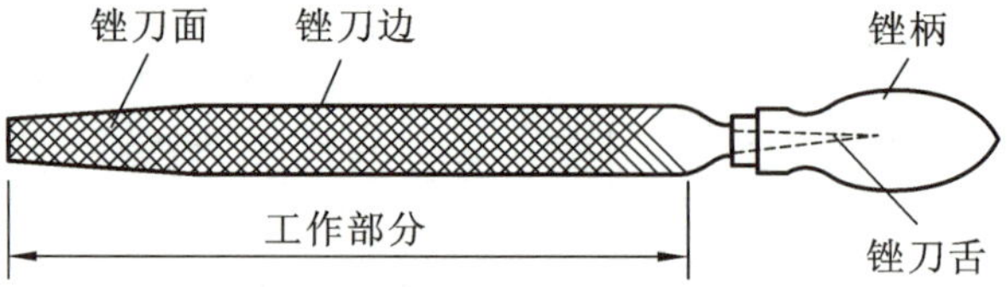

锉柄

图1-5-1　锉刀的结构

1. 锉刀面

锉刀面是锉削的主要工作面。锉刀面的前端宽度尺寸略小于锉刀主体尺寸，上下两面上都制有锉齿，便于进行锉削。

2. 锉刀边

锉刀边是指锉刀的两个侧面，有的锉刀边其中一边有齿，另一边没有齿。没有齿的一边叫光边或安全边，它在锉刀锉削内直角的一个面时，不会碰伤另一相邻的面。

3. 锉刀舌和锉柄

锉刀舌是用来装锉柄的。锉柄使操作者在锉削过程中便于抓持锉刀和控制锉刀运动。锉柄通常分为大号、中号、小号三种。

三、锉刀的种类

一般情况下，钳工所用的锉刀按其用途不同可分为普通钳工锉、异形锉和整形锉三类。

1. 普通钳工锉

普通钳工锉按其断面形状不同可分为平锉(板锉)、方锉、三角锉、半圆锉和圆锉5种，如图1-5-2所示。

图1-5-2　普通钳工锉的断面

2. 异形锉

异形锉用来锉削工件的特殊表面,其可分为刀口锉、菱形锉、扁三角锉、椭圆锉、圆肚锉等,如图 1-5-3 所示。

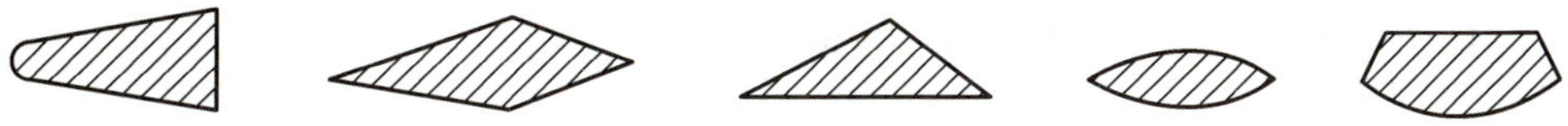

图 1-5-3　异形锉的断面

3. 整形锉

整形锉(又称为什锦锉)主要用于修理工件上的细小部分,通常以多把锉刀为一组,因分组配备各种断面形状的小锉刀而得名,如图 1-5-4 所示。

整形锉

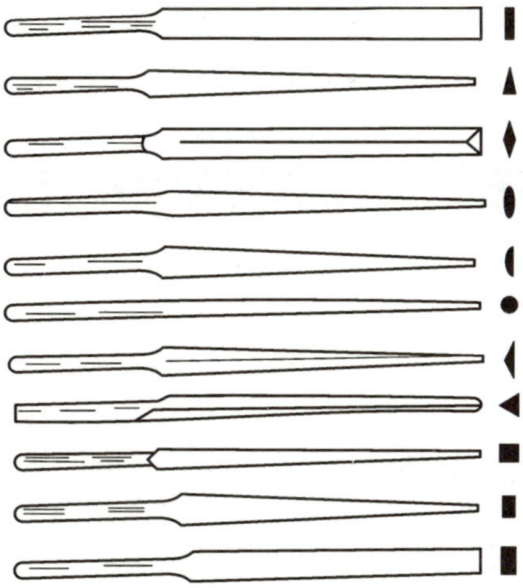

图 1-5-4　整形锉组成

四、锉刀的选用

每种锉刀都有其各自的用途,在选用锉刀时,应该根据被锉削工件表面的形状和大小选择锉刀的断面形状和长度。

1. 锉刀形状的选择

锉刀形状应适应工件加工表面的形状。

2. 锉刀尺寸的选择

应根据加工余量的大小、加工形状和加工精度选择锉刀的尺寸。例如:平面锉削加工余量大的工件选择大尺寸锉刀;加工孔、洞、沟、槽和圆弧时,选择形状适合又不会伤害邻边的锉刀;加工精度高的工件选择小尺寸锉刀。

3. 锉齿粗细规格的选择

锉齿的粗细,应根据工件材质的软硬、加工面积的大小、加工余量的多少及加工精度要求的高低和表面粗糙度要求的高低来选择。例如:油光锉用来最后修光工件表面;细齿锉刀用于锉削碳钢、合金钢等较硬的材料及加工余量小、精度要求高和表面粗糙度要求高的工件;粗齿锉刀的齿距较大,不易堵塞,一般用于锉削铜、铝等软金属及加工余量大、表面粗糙度要求低的工件。

五、辅助用具

1. 锉柄

常用的锉柄按材质分为木质锉柄和塑料锉柄两种，规格分为大、中、小三号，根据锉刀的长短或直径进行选择。

安装时，将锉刀的舌部扎进锉柄的安装孔中，然后锉刀在上、锉柄在下，在台虎钳的砧座上轻磕几下，将其安装牢固。木质锉柄锉刀安装孔的外部应带铁箍，手掌抓持端不得有开裂现象。

2. 铜丝刷

铜丝刷的规格以铜丝的排数和木柄的长、宽、厚的尺寸来表示，或者以刷头部分的长、宽、高的尺寸表示。铜丝刷用来清理锉刀表面的金属碎屑，使用时铜丝刷沿着锉刀表面的锉齿纹路方向运动来清除金属碎屑。锉刀表面镶嵌得比较牢靠的金属碎屑还可用划针将其挑出。

任务2　学习锉削动作

一、工件夹持

工件夹持应牢靠，锉削加工表面应与台虎钳的钳口相平行，并且高出钳口表面15～20 mm，如图1-5-5所示。工件夹持太高会因夹持强度不足而产生振动和噪声，夹持太低则会受到台虎钳的影响。

锉削操作

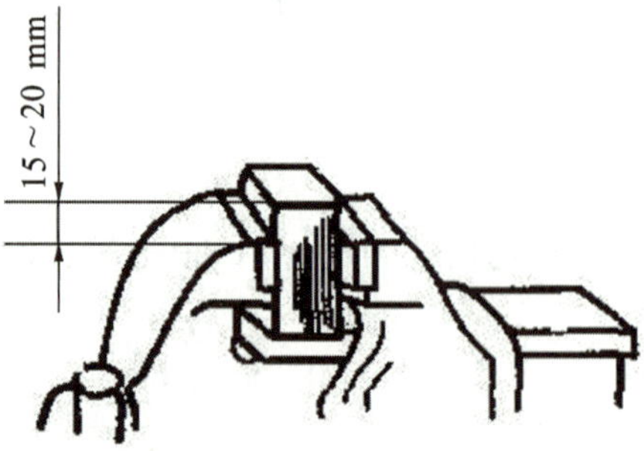

图1-5-5　工件夹持

二、锉刀握法

(1) 右手抓握锉柄，柄端抵在大拇指根部的手掌上，大拇指放在锉柄上部，其余手指由下而上地握着锉柄。锉削时，用手掌心推动锉刀，右手手指只是扶持锉刀，不需要使劲抓持。注意，锉削时不是通过手指的抓紧力来推动锉刀的。

(2) 左手的基本握法是将大拇指根部的肌肉压在锉刀上，大拇指自然伸直，其余四指弯向手心，用中指、无名指捏住锉刀前端，或用左手掌根压住锉刀前端，左手手指自然伸开。

(3) 锉削时，右手推动锉刀并决定推动方向，左手协同右手使锉刀保持平衡。平锉的握法如图 1-5-6(a)所示，还有两种左手的握法分别如图 1-5-6(b)和图 1-5-6(c)所示。

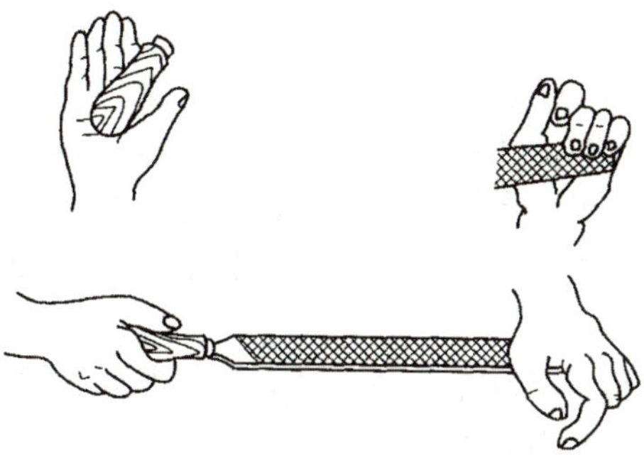

(a) 平锉的握法

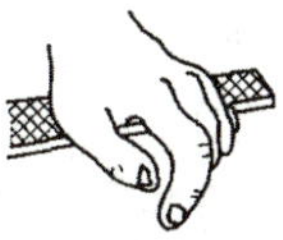

(b) 左手握法1

(c) 左手握法2

图 1-5-6 锉刀的握法

三、锉削动作

(1) 锉削时的站立步位和姿势如图 1-5-7 所示，两手握住锉刀放在工件上面，起锉时，左臂弯曲，左小臂要与锉刀直线运动的前后方向保持基本垂直，右小臂要与锉刀直线运动的前后方向保持基本平行。

(2) 锉削时，身体带动锉刀一起向前，右腿伸直并稍向前倾，重心在左脚，左膝部呈弯曲状态，左右手臂与锉刀夹角基本不变。

(3) 当锉刀锉削至约其长度的 3/4 行程时，身体停止前倾，利用左右两臂伸直过程继续将锉刀向前推进锉削到头。同时，左腿自然伸直并借着锉削时的反作用力将身体后推。锉刀向前推进锉削到头时，左手臂基本伸直。身体重心后移，使身体恢复原位，并顺势将锉刀收回。此时，左右手臂和身体又回到起锉状态。锉削动作如图 1-5-8 所示。

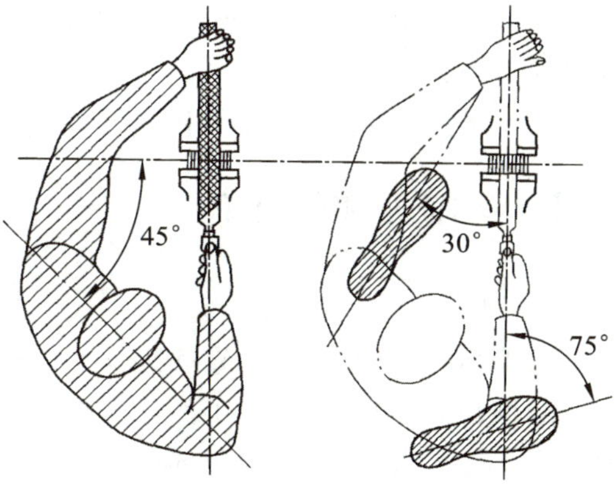

图 1-5-7 锉削时的站立步位和姿势

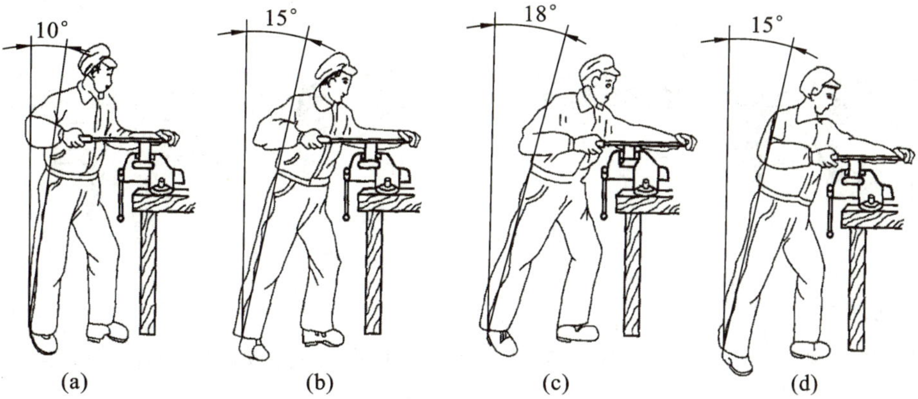

(a) (b) (c) (d)

图 1-5-8 锉削动作

(4) 当锉刀收回,锉削将近结束时,身体又回到起锉时的初始状态,做下一次锉削的向前运动。

(5) 动作效果:

① 锉削动作的正确性对锉削质量、锉削力的运用和发挥及操作者的疲劳程度起着决定性影响。正确的锉削动作能充分发挥身体的运动功能,将锉削力分配给多个运动器官,降低了每一个运动器官的工作强度。错误的锉削动作则只用局部运动器官工作,导致操作者快速疲劳,使操作者的整个机体工作能力降低。

② 要想掌握正确的锉削动作,必须注重从锉刀握法、站立步位、姿势角度、操作动作等几方面进行练习,经过反复练习来掌握符合要求、身体协调一致的动作。

(6)锉削动作判断标准:

在锉削操作过程中同时完成以下三个动作时,操作动作正确。正确的操作动作是充分利用身体的运动器官进行加工,把人体的运动潜力发掘出来,使人体更适合于大工作量、长时间的锉削操作。

① 在一次完整的锉削动作(锉刀推进拉回一次)中,左手臂有弯曲及伸直的变化;

② 在一次完整的锉削动作中,锉刀直线向前运动到头的过程中,身体有前倾和后退两个方向的运动;

③ 在一次完整的锉削动作中,左腿有弯曲和伸直的变化。

四、锉削力和锉削速度

1. 锉削力

平面锉削时,锉刀只有做直线运动才能锉出平直的平面,因此,锉削时,右手的压力要随着锉刀的推动而逐渐增加,左手的压力要随着锉刀的推动而逐渐减小,如图 1-5-9 所示。回程时不要施加压力,以减少锉齿的磨损。

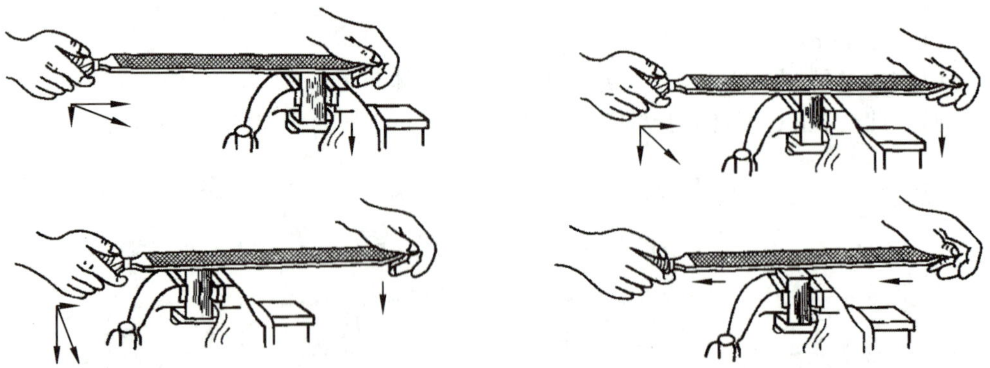

图 1-5-9 锉削用力

2. 锉削速度

锉削速度一般应在 40 次/分左右,推出时稍慢,回程时稍快,身体动作要自然,肢体间应协调运动。

任务3 学习锉削方法

一、平面锉削

1. 顺向锉

顺向锉是锉刀顺着一个方向运动的锉削方法。通常锉刀的运动方向与工件的棱边相平行。锉削时锉刀做直线运动，当做完一次锉削动作后，在下一次锉削动作开始之前将锉刀平移锉刀宽度的三分之二，再进行下一次锉削，以使上一次的锉削位置与下一次的锉削位置重合锉刀宽度的三分之一，依此类推，直到锉完整个表面。顺向锉具有锉纹清晰、美观和表面粗糙度值较小的特点，适用于锉小平面和粗锉后的场合。顺向锉的锉纹整齐一致，是最基本的一种锉削方法，如图 1-5-10 所示。在锉宽平面时，为了能均匀地锉削整个加工表面，每次锉刀退回时应在横向做适当的移动。

2. 交叉锉

交叉锉是在顺向锉运动方法的基础上，从两个不同方向交叉锉削的方法，即每一个方向上的锉削都是一次完整的顺向锉。每个锉削运动的方向都与工件的夹持方向成 30°～40°夹角，两个方向之间约成 90°夹角。交叉锉具有平面度好的特点，但表面粗糙度稍差，且锉纹交叉。对于交叉锉，当锉刀与工件的接触面大时，较易平稳掌握锉刀。另外，从锉痕上可以判断出锉削面的高低情况，便于不断地修正锉削部位，如图 1-5-11 所示。交叉锉一般适用于粗锉，精锉时必须采用顺向锉。

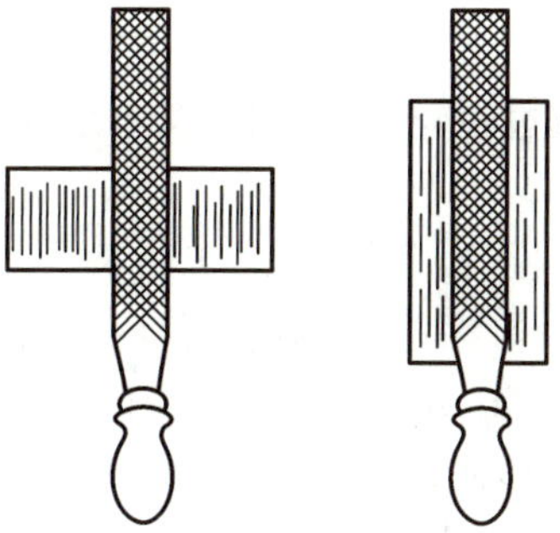

图 1-5-10 顺向锉

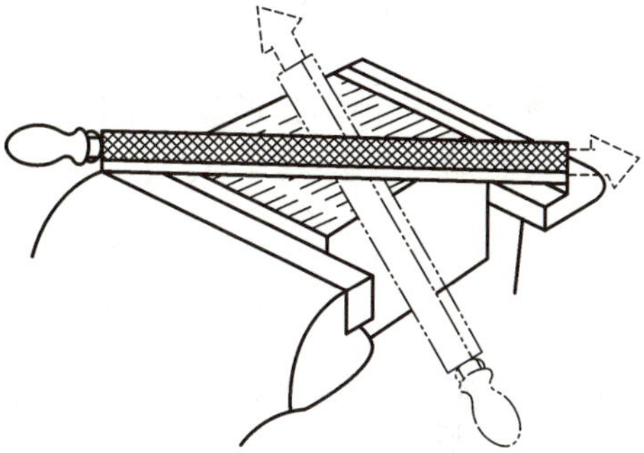

图 1-5-11 交叉锉

3. 推锉

推锉是双手横握锉刀往复锉削的方法，其锉纹特点同顺向锉，适用于加工狭长平面和修整加工余量较小的场合，如图 1-5-12 所示。

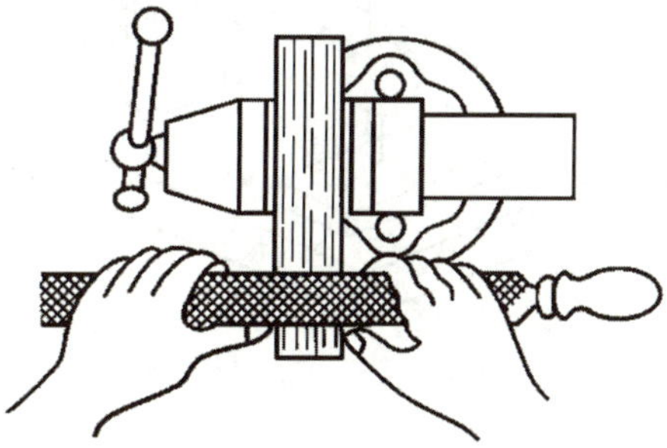

图 1-5-12 推锉

4. 平面锉削时锉刀的运动状态

平面锉削的质量主要由锉刀的运动状态决定，如果锉刀始终做平直运动，则会很快锉削出平面来,反之,则越锉越不平整,甚至把相对较平整的表面锉成圆弧形的表面。要想保证锉刀始终做平直运动,除了掌握正确的锉削动作外,还需要控制好两手的力量变化。

平面锉削时,两手的力量变化是否正确可以通过锉痕在工件上的位置来判断。对于一个已经锉削成圆弧形的表面(平面锉削中,在初步练习顺向锉和交叉锉时,一般会锉削成圆弧形表面),在其表面均匀涂抹上粉笔,然后在锉削过程中观察锉削痕迹,通过锉削痕迹判断锉刀的平直运动状态。当锉削痕迹处于工件的中间位置时,锉刀处于平直运动状态,如图 1-5-13(a)所示。当锉削痕迹偏向于工件远端边缘时,操作者在锉削过程中前手低后手高,锉刀处于前端向下倾斜运动状态,如图 1-5-13(b)所示。当锉削痕迹偏向于工件近端边缘时,操作者在锉削过程中前手高后手低,锉刀处于前端向上倾斜运动状态,如图 1-5-13(c)所示。平面锉削时,始终追求锉刀做平直运动,操作者通过反复涂抹粉笔来判断锉刀的运动状态,会快速养成锉刀平直运动的习惯,锉削痕迹也会逐渐由工件中间扩大到工件边缘,最终锉削出符合质量要求的平面。

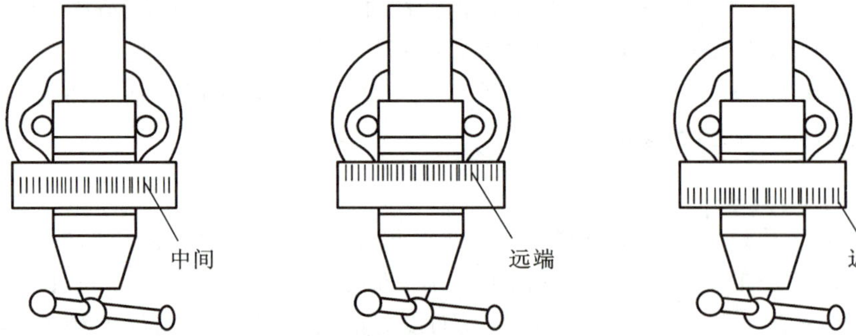

(a) 锉刀做平直运动　(b) 锉刀做前端向下倾斜运动　(c) 锉刀做前端向上倾斜运动

图 1-5-13　通过锉削痕迹判断锉刀的运动状态

二、平面质量检验

(1) 清理棱边:检查前用整形锉将工件棱边的毛刺和翻边轻轻锉掉,同时又不伤及棱角。

(2) 刀口尺检验(见图 1-2-14)。

(3) 研磨检验:用于粗加工过程中,在工件的锉削表面均匀涂抹上粉笔,然后将锉削表面与划线平板贴合,并进行不超过工件外形尺寸长度的往复平移研磨或画圈圆周研磨。通过研磨,高的位置会发黑,进而可以快速判断出工件质量和偏差位置。

(4) 百分表检验:对于两个相互平行的表面,当一个表面达到较高的精度要求后,另一个表面可以在平板上用百分表直接测量出高低点及偏差数值,如图 1-5-14 所示。

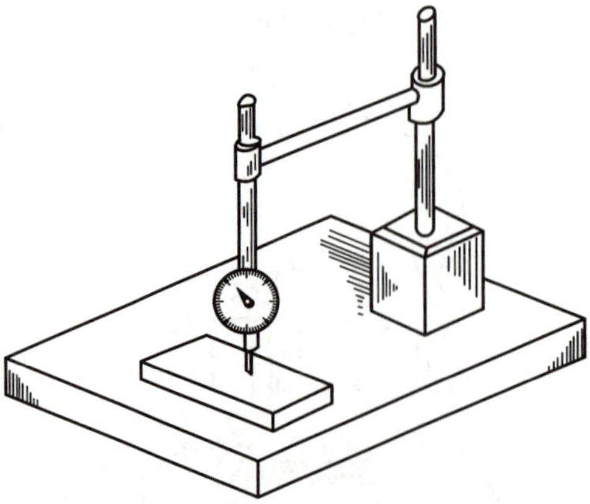

图 1-5-14　百分表检验

(5) 目测检查纹路:所有表面的加工纹路都应整理成顺纹,即所有锉削表面的锉削纹路应与工件的长边或该表面的长边相平行。为了提高工件表面粗糙度精度，整理纹路应采用整形锉并采用推锉的方法加工。

三、曲面的锉削方法

1. 外圆弧面的锉削方法

锉削外圆弧面时，锉刀运动分为顺着圆弧曲面锉削和横着圆弧曲面锉削两种方法。采用哪种方法应看锉刀的运动是否受限或加工余量大小。当加工余量较大时，应采用横着圆弧曲面锉削的方法，锉削时锉刀沿直线运动的同时绕着锉刀的中心线做旋转运动。按照圆弧要求先锉成多棱形后，再用顺着圆弧曲面锉削的方法精锉成圆弧。锉削时锉刀须同时完成前进运动和绕工件圆弧中心摆动的复合运动，如图 1-5-15 所示。

2. 内圆弧面的锉削方法

锉削内圆弧面时，锉刀必须同时完成纵向前进运动和绕工件内弧中心转动两个运动，当锉刀半径尺寸远小于加工圆弧尺寸时，还应增加横向运动，即锉刀同时做三个运动的复合运动，如图 1-5-16 所示。

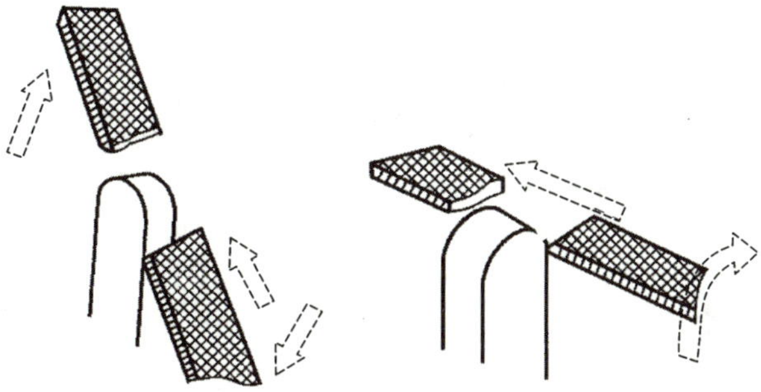

(a) 绕圆弧中心摆动　(b) 绕圆弧中心转动

图 1-5-15　外圆弧面的锉削方法

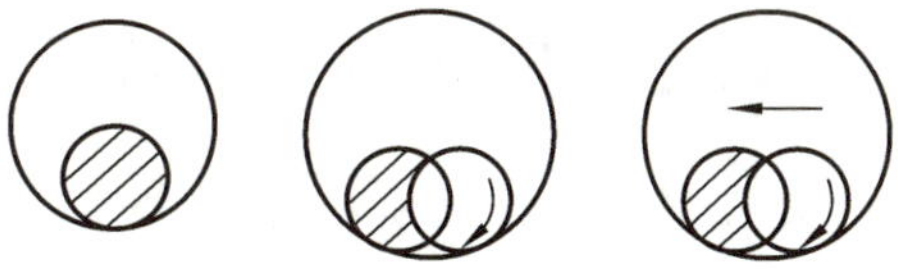

图 1-5-16　内圆弧面的锉削方法

3. 球面的锉削方法

锉削球面时，锉刀在完成外圆弧面锉削复合运动的同时，还必须绕球面中心做圆周方向的转动，如图 1-5-17 所示。

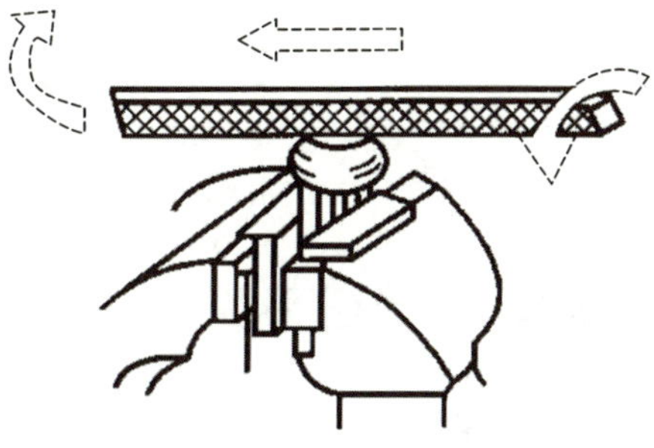

图 1-5-17　球面的锉削方法

四、锉削的安全文明生产

(1) 工件装夹要牢固，装夹高度要适中(锉削平面高出钳口表面 15～20 mm)。装夹高度太高会造成锉削过程中噪声过大，并因为锉刀振动而产生波纹状锉痕。

(2) 锉削过程中，应防止用力过猛出现打滑而导致手撞到工件或台虎钳上受伤。

(3) 锉柄应安装牢固，木质锉柄应有铁箍且与手掌心接触端不得有裂纹。

(4) 锉削过程中，要经常检查锉削质量，及时纠正锉刀的运动状态，以免工件报废。

(5) 锉削过程中，严禁用手擦拭工件，以防扎伤手部或造成工件表面氧化而导致锉削打滑。

(6) 锉削停止时,应将锉刀完全放置在桌面内,严禁将锉刀放置在工件上或部分露出桌面。

(7) 应使用铜丝刷清理锉刀表面的金属碎屑,并沿着锉刀纹路清理,镶嵌牢固的金属碎屑可用划针挑掉。

(8) 锉削产生的金属碎屑要用毛刷清理,严禁用嘴吹或用手擦除。

(9) 严禁锉刀沾油,新锉刀应先将一个表面用钝后再用另一个表面。

(10) 毛坯件或表面锈蚀的工件,应先用旧锉刀去除表面后,再用新锉刀加工。

(11) 每次工作完成应做到:工完、料净、场地清。

(12) 每次工作完成应将虎钳和钳桌清理干净,并将台虎钳的钳口合到 3~5 mm 缝隙,手柄自然下垂。

五、锉削质量问题及产生原因

(1) 锉削表面歪斜。

产生原因:工件装夹歪斜或锉刀的运动方向相对于水平面倾斜。

(2) 锉削表面呈圆弧状。

产生原因:锉刀在向前运动的同时锉柄上下摆动。

(3) 工件表面产生波纹状锉痕。

产生原因:工件夹持太高引起锉刀振动或锉刀的运动方向和锉刀的纹路方向重合。

(4) 工件表面被划伤。

产生原因:有金属碎屑镶嵌到锉刀上。

六、心理因素对锉削质量的影响

要锉削平面就必须在无数次锉削动作过程当中,始终如一地保持锉刀平直运动状态。任何一次动作失误都可能造成工件的报废,这就需要操作者具备细致、平静的工作态度。在简单重复的动作中贯穿持之以恒、精益求精的工作作风,用标准统一的操作动作实现精度达标,用万无一失的操作来加工出高精度成品工件。

任务4　练习锉削

练习一:锉削平面

1. 练习要求

(1) 掌握平面锉削时的正确姿势、锉削用力方法、锉削速度控制方法和平面锉削方法。

(2) 锉削基准面 A,工件如图 1-5-18 所示。

2. 练习步骤

(1) 锉削基准面 A 的加工线为锯割前所划,注意加工余量的合理分配,在锉削平整的条件下可以不用锉削到线,但必须保证基准面 A 的宽度大于 30 mm。

(2) 粗锉基准面 A,采用交叉锉的方法锉削,留 0.2~0.3 mm 的加工余量,表面粗糙

度 Ra12.5 μm。

（3）用平锉沿工件的长度方向采用顺向锉的方法进行锉削，应留有 0.10～0.15 mm 的加工余量，表面粗糙度 Ra6.3 μm。

（4）用细齿锉刀精锉基准面 A，使基准面 A 的平面度及表面粗糙度达到图样要求，检查平面度时应兼顾基准面 A 的对应面有无加工余量。

（5）用刀口尺在工件的长边上、两条对角线上和短边上的不少于 8 处地方检查工件的平面度。检查时，通过判断光隙的大小来确定每一处的直线度，并最终确定基准面 A 的平面度是否合格。

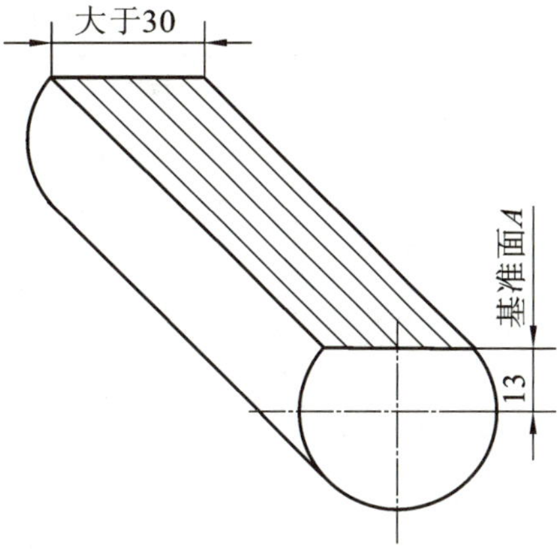

图 1-5-18　锉削基准面 A

3. 评分标准

锉削平面的评分标准如表 1-5-2 所示。

表 1-5-2　锉削平面的评分标准

序号	项目名称与技术要求	配分	评定方法	实际得分
1	平面度误差小于 0.03 mm	50	每面超差 0.03 mm 扣 5 分	
2	宽度大于 30 mm	12	每小于 0.2 mm 扣 2 分	
3	13 mm（实际测量尺寸为 33 mm）	9	每超差 0.2 mm 扣 3 分	
4	平行度误差 0.5 mm	9	每超差 0.5 mm 扣 3 分	
5	时间 120 分钟	20	每超 10 分钟扣 4 分	
6	安全生产与文明生产	扣分	违章 1 次扣 3 分	

练习二：锉削曲面

1. 练习要求

锉削曲面，外圆弧锉削，如图 1-5-19 所示。

2. 练习步骤

（1）加工直径为 12 mm 的圆钢，使其最大直径小于或等于 11.8 mm，尺寸精度为 $_{-0.1}^{\ 0}$。

（2）圆钢端面倒角，倒角的角度为 15°，倒角至圆锥小径为 10 mm。

（3）锉削去除圆钢表面的氧化层，使其表面露出金属光泽。

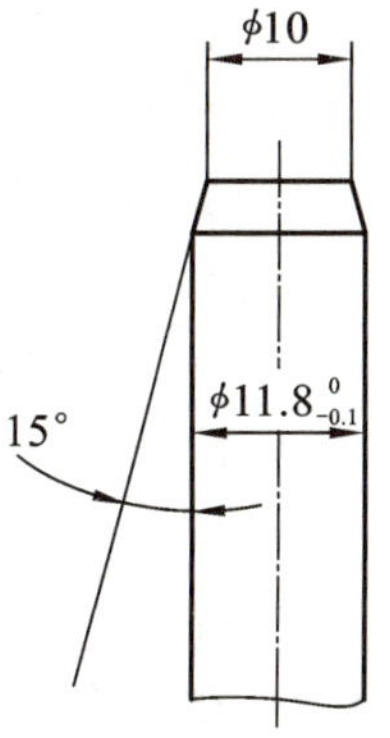

图 1-5-19　锉削外圆

3. 评分标准

锉削曲面的评分标准如表 1-5-3 所示。

表 1-5-3 锉削曲面的评分标准

序号	项目名称与技术要求	配分	评定方法	实际得分
1	直径 11.8 mm	30	每超差 0.1 mm 扣 10 分	
2	圆锥小径为 10 mm	20	每超差 0.1 mm 扣 5 分	
3	倒角为 15°	20	每超差 1°扣 5 分	
4	端面的垂直度误差小于 0.06 mm	20	每面超差 0.06 mm 扣 5 分	
5	表面去除氧化层	10	目测评定	
6	安全生产与文明生产	扣分	违章 1 次扣 3 分	

课后练习

一、填空题

1. 锉刀按其用途不同,分为________锉刀、________锉刀、________锉刀三类。

2. 锉削大平面时,为了保证锉削表面的平面度符合要求,锉刀要做________运动。

3. 平面的锉削方法有________、________和推锉等方法。

4. 用刀口尺检查工件的平面度时采用________方法检查,每个平面应检查八个位置。

5. 普通平锉通常有一个侧边没有锉齿,该侧边称为锉刀的安全边,安全边的作用是________。

6. 工件加工结束前,应将所有的加工纹路整理成顺纹,即锉削纹路与工件________平行。

7. 清理锉刀上的金属碎屑时,铜丝刷应沿着________方向刷掉金属碎屑。

8. 普通锉刀采用 T12 材料制成,其中材料的含碳量为________%。

二、选择题

1. 平面锉削中不适用于精加工的锉削方法是________。

A. 顺向锉　　B. 交叉锉　　C. 推锉

2. 普通锉刀中,圆锉的尺寸规格用________表示。

A. 锉刀的长度　　B. 锉齿的粗细　　C. 锉刀的直径

3. 锉削速度一般为每分钟________次。

A. 20　　B. 40　　C. 60

4. 刀口尺在检查平面度的过程中不能在工件上________变换测量位置。

A. 滑动　　B. 提起　　C. 轻放

5. 锉削时应采用________去除工件表面的锉屑。

A. 嘴吹　　B. 毛刷　　C. 手擦

6. 根据加工对象正确地选择锉刀,当锉削直径为 30 mm 的铜棒端面时,应选择________。

A. 粗齿锉　　B. 中齿锉　　C. 细齿锉

三、判断题

1. 木质锉柄没有铁箍时必须更换。(　　)

2. 普通锉刀中，平锉的尺寸规格用锉刀的宽度表示。(   )
3. 锉削内圆弧面时锉刀要同时完成前后直线运动和锉刀长度方向的上下摆动。(   )
4. 锉削回程时锉刀的压力要保持不变，以提高锉削加工效率。(   )
5. 在使用新锉刀时，应先用一个面，待其用钝后再用另一个面。(   )
6. 锉刀的锉齿粗细主要应根据工件材质的软硬、加工面积的大小来选择。(   )

四、简答题

1. 简述锉削时身体的站立步位和姿势。
2. 简述锉削时身体的运动过程。
3. 简述使用刀口尺测量平面度的操作方法。
4. 简述研磨法检查平面度的操作方法。

课后练习答案

项目6 錾 削

【学习目标】

- 认识各种类型的錾子,了解錾子规格的表达方法。
- 掌握錾削动作的要领和錾子的刃磨方法。
- 熟悉錾削质量问题产生的原因及预防的方法。
- 掌握各种类型表面的錾削方法。

【安全提示】

- 錾削过程中飞出的铁屑会伤害他人。
- 榔头的手柄松动后脱落,会对他人造成严重伤害。
- 刃磨錾子的过程中产生的砂粒进入眼睛,会对眼睛造成严重伤害且难以清除。
- 握持錾子的方法不正确,会使手部产生严重的疲劳。
- 用手擦拭錾削工件时,錾削产生的毛刺会扎伤手部。
- 榔头、錾子不用时放置不当会掉落砸伤脚部。

【知识准备】

錾削是用手锤敲击錾子对金属材料进行切削加工的操作。

錾削属于粗加工,錾削可以錾掉多余金属、錾断金属,也可以在工件表面加工出直槽或油槽,亦可在不便于机械加工的场合去除余料。錾削常用于去除金属表面的硬皮、去除表面余料、切断薄板或錾出沟槽等场合。另外,熟练的挥锤技能也是设备安装和检修过程中必须掌握的基本操作技能。錾削过程中有可能砸手,有很大噪声,长时间的錾削还会造成手指发麻,这些对操作者都是一种毅力的消磨。因此,操作者除了做好防护,按照操作要求进行錾削外,还应该沉着冷静、不急不躁,才能保证安全、高效率、高质量地完成錾削加工。

任务1 认识錾削工具

常用的錾削工具有手锤、扁錾、尖錾、油槽錾等,如表1-6-1所示。

表 1-6-1 常用的錾削工具

序号	名　　称	规 格 型 号	单位	规格型号注解
1	手锤	0.5 kg	把	0.5 kg ——锤头质量
2	扁錾	200 mm	把	200 mm ——錾子长度
3	尖錾	200 mm	把	200 mm ——錾子长度
4	油槽錾	300 mm	把	300 mm ——錾子长度

一、手锤（榔头）

手锤的锤头用 T7A 钢制成，锤柄长 300～350 mm，操作者以自己小臂的长度确定适宜自己的锤柄长度，如图 1-6-1 所示。手锤的规格以锤头质量来表示，一般有 0.25 kg、0.5 kg、0.75 kg、1 kg 等几种。为了防止锤头松动脱落，应用楔子紧固锤柄，如图 1-6-2 所示。

手锤

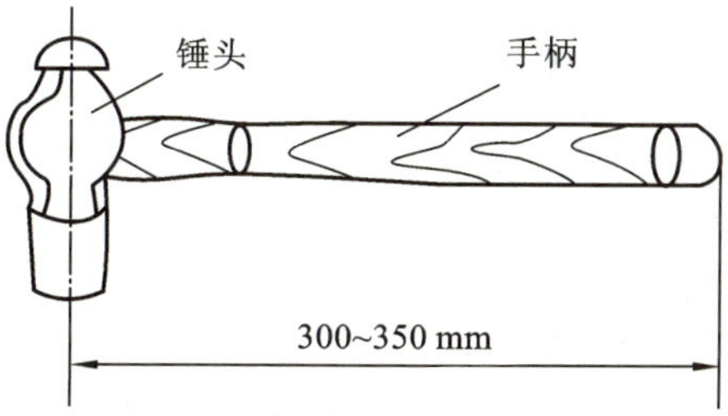

图 1-6-1 手锤

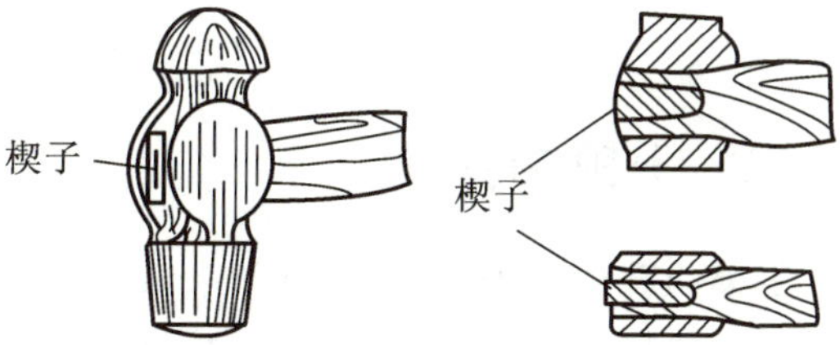

图 1-6-2 手锤打楔子紧固

二、錾子

錾子用优质碳素工具钢（T7A、T8A）制成，其淬火硬度为 HRC 56～58。

常用的錾子分为扁錾、尖錾、油槽錾三种，如图 1-6-3 所示。扁錾又称平錾、阔錾，用于錾削平面、切断板料、去除毛刺、去除飞边等。尖錾又称狭錾，用于錾削直槽。油槽錾用于錾削润滑油槽。

扁錾

尖錾

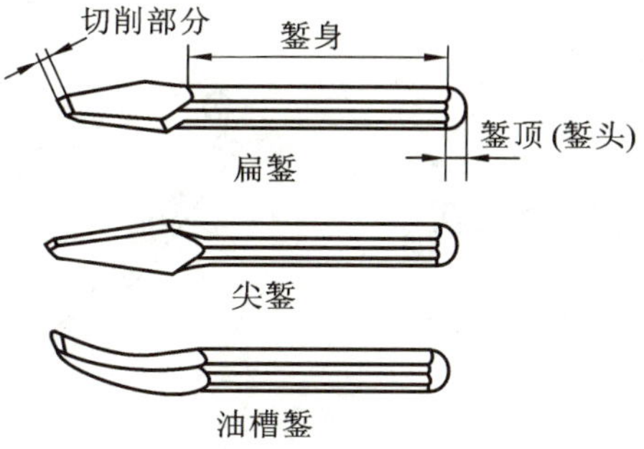

图 1-6-3 常用的錾子

任务2　学习錾削动作

一、工件夹持

錾削前,将工件牢固地夹持在台虎钳中间部位,下部用硬木衬垫,錾削表面高出钳口表面 15～20 mm,如图 1-6-4 所示。

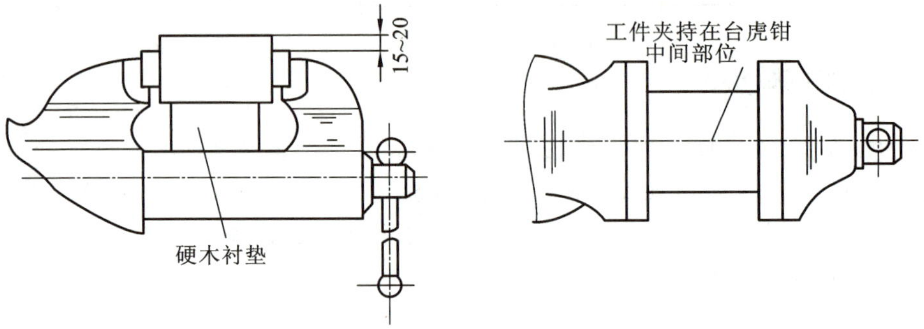

图 1-6-4　工件夹持

二、手锤的握法

手锤的握法分为紧握法(亦称死握法)、松握法(亦称活握法)两种。

紧握法如图 1-6-5(a)所示:五指紧握锤柄,大拇指合在食指上。在挥锤和锤击过程中,五指始终紧握。此握法手易疲劳,也易将手磨破。

松握法如图 1-6-5(b)所示:五指握住锤柄,大拇指合在食指上。挥起时,小指、无名指和中指依次放松;锤击时,以相反的顺序依次收拢握紧锤柄。此握法由于手不易疲劳且锤击力大,故常被采用。

无论采用哪一种握法,均不允许握住锤柄的前部或中部进行锤击,应握住锤柄的下部,并且柄尾露出 20～30 mm 为宜。

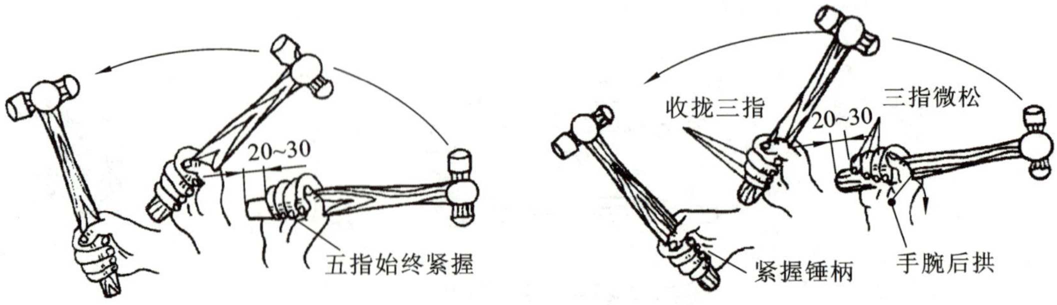

(a) 紧握法　(b) 松握法

图 1-6-5　手锤的握法

三、挥锤方法

常见的挥锤方法有三种:腕挥、肘挥和臂挥。不论采用哪种挥锤方法,錾削时握手锤的手都不能戴手套,且手锤的木柄上不能沾油。

(1) 腕挥:腕挥主要靠手腕动作挥锤锤击,其锤击力较小,适用于錾削的开始和结尾,如图 1-6-6 所示。

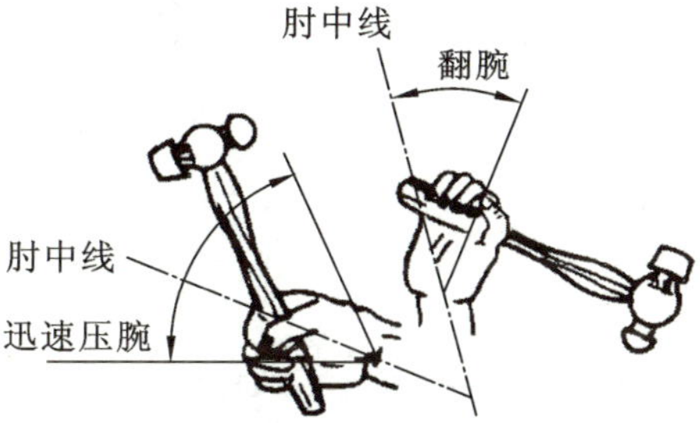

图 1-6-6 腕挥

(2) 肘挥:肘挥主要靠手腕和小臂的配合动作挥锤锤击,其挥锤幅度较大,锤击力也较大,是最常用的一种挥锤方法,如图 1-6-7 所示。

肘挥錾削时,挥锤动作的要领:肘收臂提,手腕后翻,举锤过肩,锤面朝天。锤击动作的要领:锤走弧线,锤錾一线,臂下加速,手腕加力。

肘挥錾削的口诀:肘收臂提、举锤过肩,手腕后翻、三指微松,锤面朝天、稍停瞬间,目视錾刃、肘臂齐下,收紧三指、手腕加劲,锤錾一线、锤走弧线,左脚着力、右腿伸直,动作协调,稳、准、狠、快。

(3) 臂挥:臂挥靠手腕、小臂、大臂的联合动作挥锤锤击,其挥锤幅度较大,适用于大力錾削操作,在一般錾削中应用较少,如图 1-6-8 所示。

图 1-6-7 肘挥

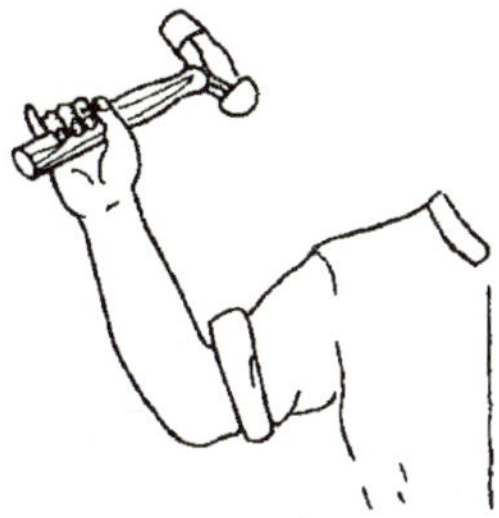

图 1-6-8 臂挥

四、錾子的握法

錾子的握法分为正握法、反握法、立握法三种。

(1) 正握法是錾削时常用的一种握錾方法,需熟练掌握。正握法:手心向下,大拇指与食指轻轻夹住錾子,其余三指自然握住錾子,如图 1-6-9(a)所示。

(2) 反握法在錾削不适于采用正握法时采用。反握法:手心向上,大拇指与其余四指自然捏住錾子,如图 1-6-9(b)所示。

(3) 立握法在垂直錾切时采用。立握法:虎口向上,大拇指与其余四指自然捏住錾子,如图 1-6-9(c)所示。

错误握法:五指紧握錾子,手部容易疲劳并被震麻。正确握法:无论采用哪种握法,握錾子的手都始终轻轻扶正錾子。

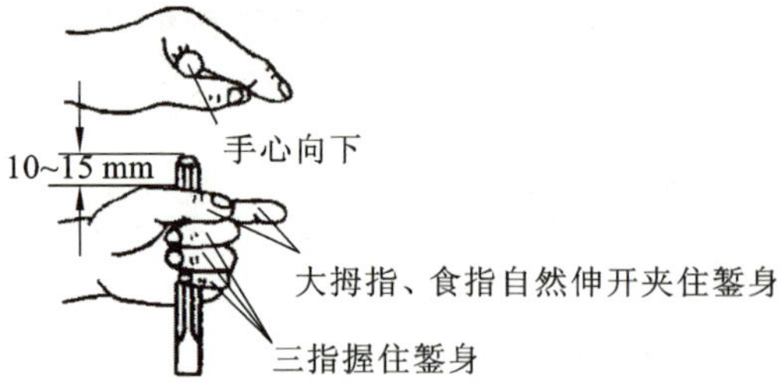

(a) 正握法

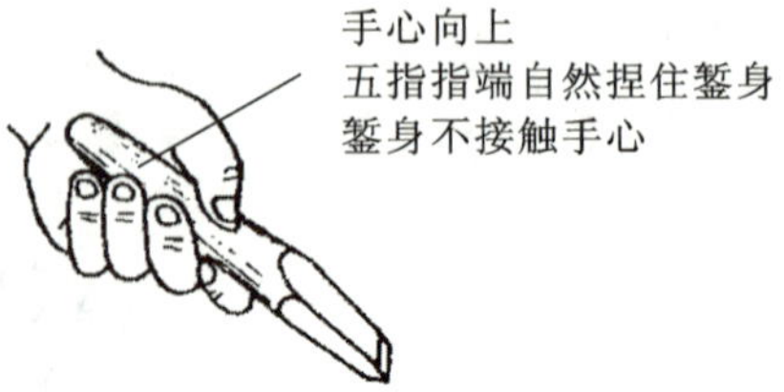

(b) 反握法

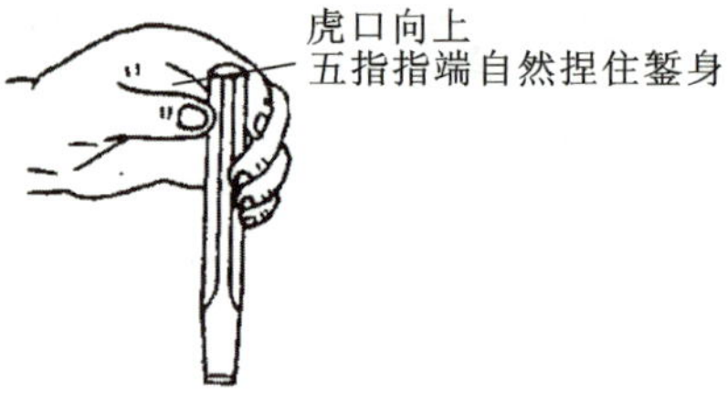

(c) 立握法

图 1-6-9 錾子的握法

五、錾削姿势

錾削时,操作者面对台虎钳站立,左脚跨前半步,右脚稍微朝后,如图 1-6-10(a)所示。身体自然站立,身体与台虎钳中心线约成 45°角,身体重心偏于右脚。右腿要站稳伸直,左腿的膝关节应稍微自然弯曲。眼睛注视工件錾削处。左手握錾使其在工件上保持正确的角度,右手挥锤,使锤头沿弧线运动,进行敲击,如图 1-6-10(b)所示。

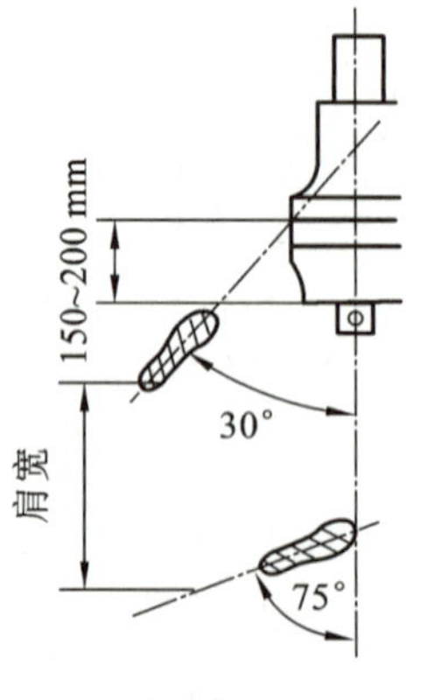

(a) 两脚的站立位置

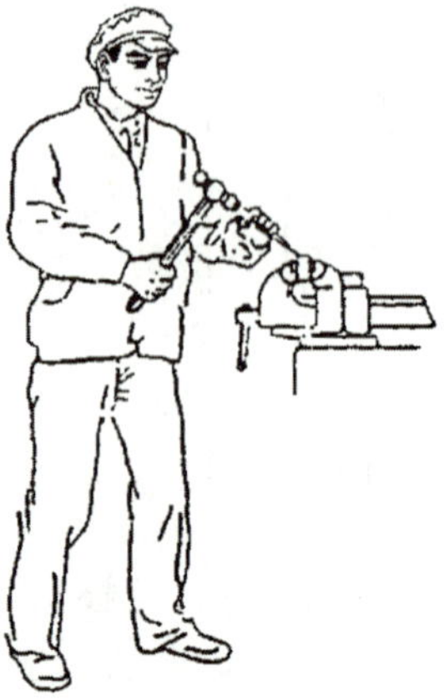

(b) 站立姿势

图 1-6-10 錾削姿势

任务3 学习錾削方法

一、起錾

起錾方法有尖角处起錾法和正面起錾法。操作时，可根据加工件的具体情况选用。

1. 尖角处起錾法

錾削方形工件的表面时，一般在工件的尖角处起錾。尖角处起錾法的具体操作是：将扁錾斜放在工件的尖角处，且与工件表面成一负角，用手锤沿錾子的中心轴线方向敲击。当錾出一个三角形小斜面时，将錾子的切削刃放置在小平面上，再按正常的錾削角度逐渐向中间錾削，如图 1-6-11 所示。

2. 正面起錾法

开直槽时，应采用正面起錾法。起錾时，全部刃口贴住工件錾削位置的端面，且与工件形成一个负角，用手锤敲击錾子，錾出一个斜面，然后在斜面上按正常角度錾削，如图 1-6-12 所示。

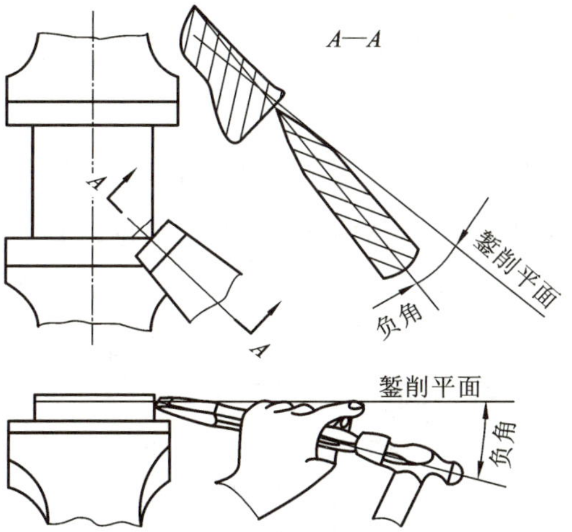

图 1-6-11 尖角处起錾法

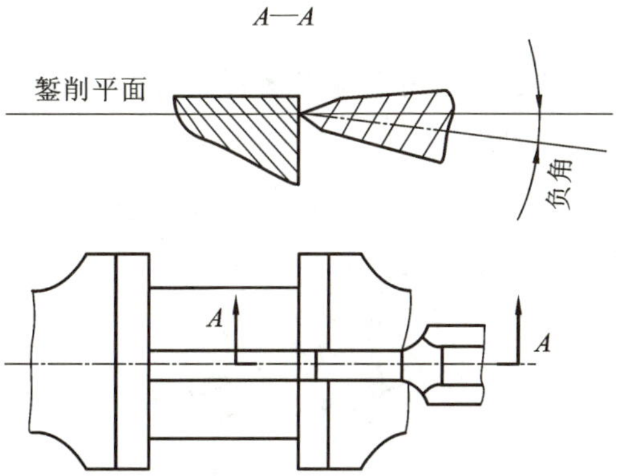

图 1-6-12 正面起錾法

二、錾削平面的操作要领

(1) 握錾平稳，后角不变。是否平稳控制錾子，直接影响到錾削平面的平直度。若握錾不平稳，后角忽大忽小，就会造成加工面凹凸不平。

(2) 錾子前后移动。在錾削过程中，一般每击錾两三次后，应将錾子沿已錾削表面退回，观察錾削表面的平整情况。

(3) 分层錾削。錾削时，应根据加工余量分层錾削。若一次錾得过厚，不但消耗体力，而且也不易錾得平整；若一次錾得过薄，錾子又容易从工件表面上滑脱。

(4) 开槽錾削大平面。在錾削较大的平面时，可先用尖錾开槽，然后用扁錾錾平，如图 1-6-13 所示。

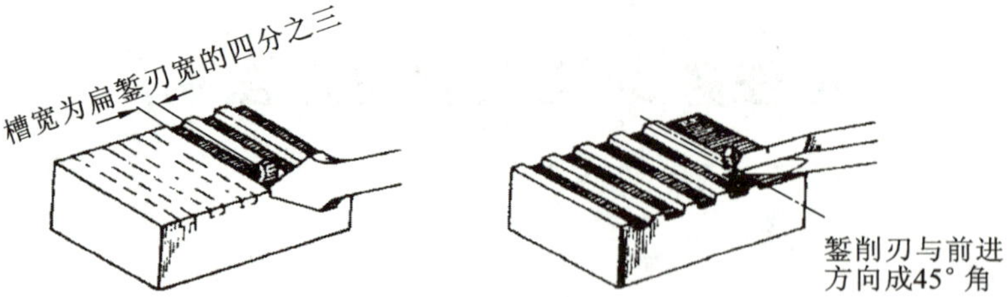

图 1-6-13　开槽錾削大平面

(5) 工件尽头掉头錾削。在錾削过程中,当錾削到距离工件尽头 10~15 mm 时,必须掉头重新起錾来錾削余下部分。对于脆性材料,如铸铁、黄铜等,更应如此,否则,工件尽头会崩裂,如图 1-6-14 所示。

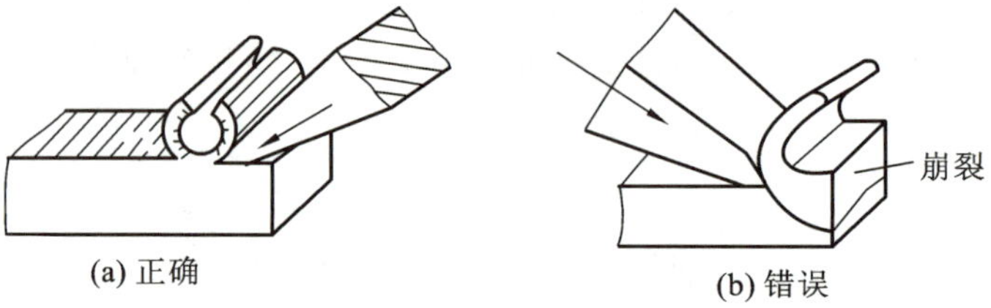

图 1-6-14　工件尽头掉头錾削

三、薄板錾削

1. 在台虎钳上錾切板料的方法

錾切厚度 3 mm 以下的小块板料可夹持在台虎钳上錾切,其操作方法如图 1-6-15 所示。

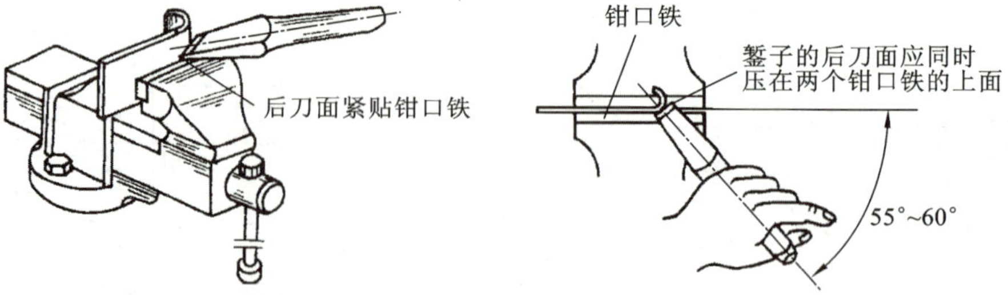

图 1-6-15　在台虎钳上錾切板料

2. 在砧铁上錾切板料的方法

錾切厚度 3 mm 以下的大块板料或錾切曲线时,应在砧铁上进行,并且采用立握法进行錾切,其操作方法如图 1-6-16 所示。

四、錾削速度

錾削时,要注意挥锤速度,挥锤动作要有节奏。一般情况下,肘挥时的挥锤速度应在 40 次/分左右,腕挥时的挥锤速度为 50 次/分左右较适宜。

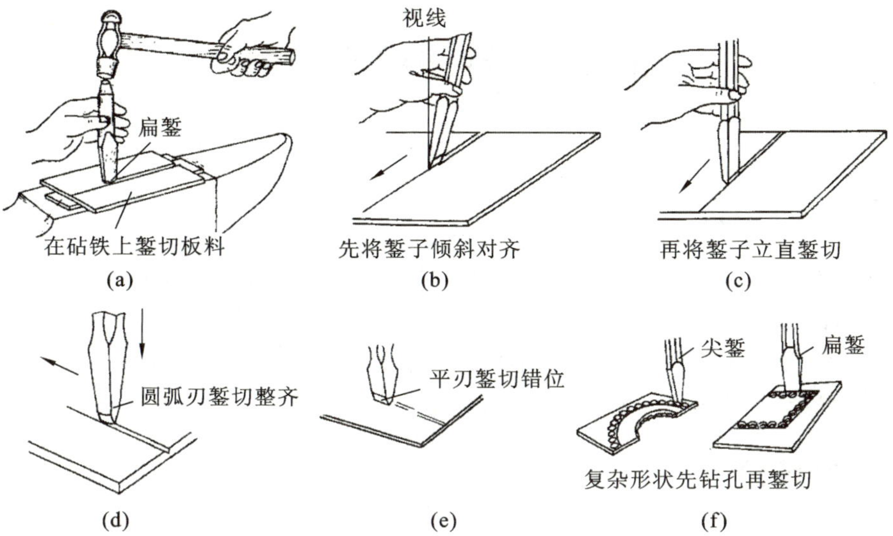

图 1-6-16 在砧铁上錾切板料

五、錾削的安全文明生产

(1) 要防止锤头飞出伤人，发现木柄松动或损坏时，必须立即装牢或更换。握手锤的手不准戴手套，木柄上不应沾油。

(2) 錾子头部如有明显毛刺时，应及时磨掉。

(3) 工作地点周围应设有安全网，靠近操作人员时应先提醒其注意。

(4) 錾削过程中，要始终保持正确后角，快要錾到工件尽头时应减小锤击力量，工件尽头应掉头完成錾削。

(5) 每次工作完成应做到：工完、料净、场地清。

(6) 每次工作完成应将虎钳和钳桌清理干净，并将台虎钳的钳口合到 3～5 mm 缝隙，手柄自然下垂。

六、錾削质量缺陷及其产生原因

(1) 錾过了尺寸界线：起錾方向未把握好或未按照划线錾削。

(2) 錾崩了棱角或棱边：錾削量过大或錾削尽头未掉头錾削。

(3) 錾削表面高低不平：錾削时錾子后角不稳定或錾削力大小不一。

(4) 夹坏了工件表面：工件夹持不当或未衬软铁。

七、心理因素对錾削的影响

錾削质量的高低取决于錾子的后角和錾削力的大小。长时间的錾削是对操作者精神、毅力的考验。始终保持冷静、细致的工作态度，可以避免操作过程中出现不必要的失误，可以避免造成安全事故或者錾削质量低下。

任务4　学习錾子刃磨

一、錾子的结构

錾子的切削部分由两个刀面和一条切削刃组成,如图1-6-17(a)所示。

(1) 前刀面:錾子工作时与切屑接触的表面。

(2) 后刀面:錾子工作时与切削表面相对的表面。

(3) 切削刃:錾子前刀面与后刀面的交线。

二、切削角度

錾子錾削时,形成的切削角度有楔角 β、后角 α 和前角 γ,如图1-6-17(b)所示。其中,楔角和后角的大小是影响錾削效率和錾削质量的主要因素。

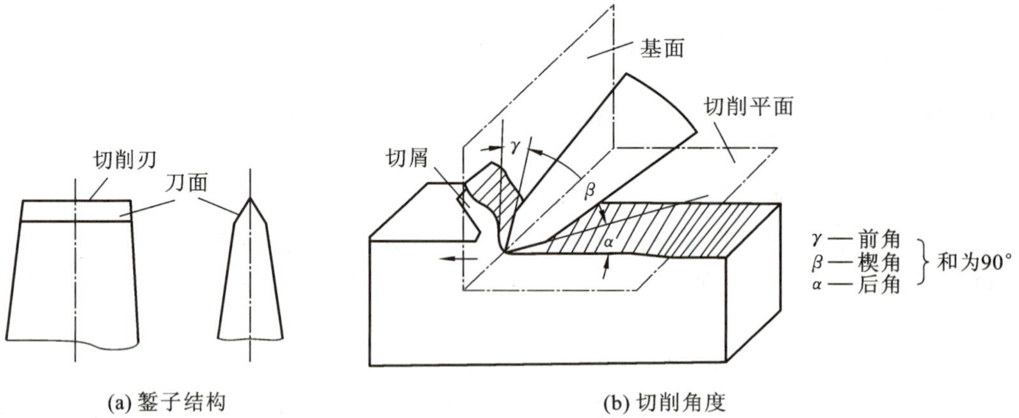

图1-6-17　錾子结构和切削角度

(1) 前刀面与后刀面所夹的锐角称为楔角。楔角的大小由錾削工件的硬度决定,材质硬的角度大,材质软的角度小。可以根据工件材料软硬不同,采取不同的楔角数值,如表1-6-2所示。

表1-6-2　錾子楔角的选择

工件材料	楔角
中碳钢、高碳钢、铸钢	65°～70°
低碳钢、软铸铁	60°
铜合金	45°～60°
铅、铝、锌	35°

(2) 后刀面与切削平面之间的夹角称为后角。錾削时,后角的大小应适宜(一般取5°～8°)。后角过大,会使錾子切入过深,造成錾削困难;后角过小,錾子易滑出工件表面,如图1-6-18所示。

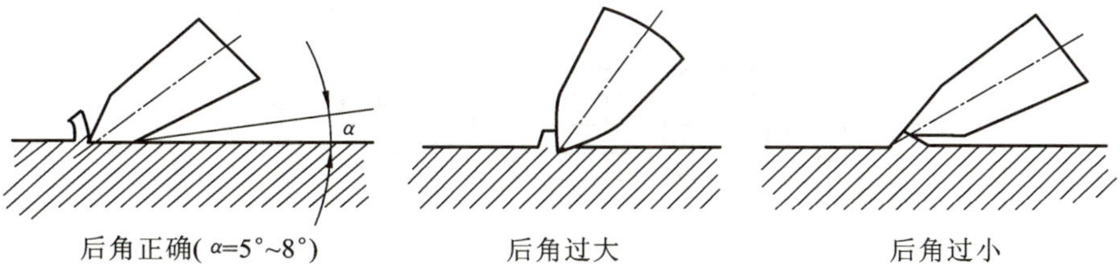

图 1-6-18 錾削后角

三、扁錾的刃磨要求

扁錾的两刀面与切削刃是用砂轮机刃磨出来的。刃磨要求：①切削刃与錾子的中心线垂直；②两刀面平整且对称；③楔角大小适宜，如图 1-6-19 所示。

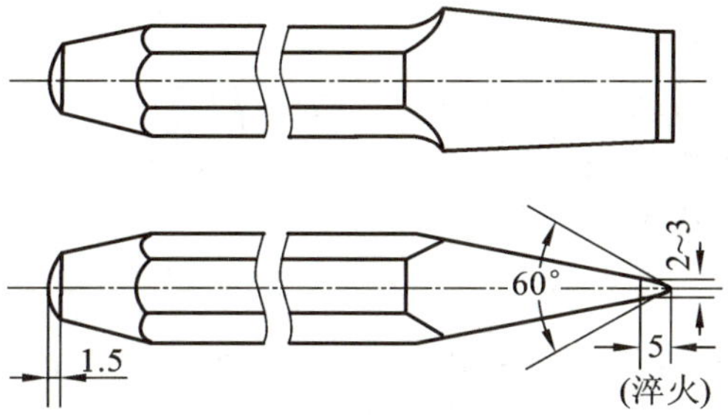

图 1-6-19 扁錾的楔角

刃磨扁錾时，两刀面与切削刃常出现的缺陷如图 1-6-20 所示。

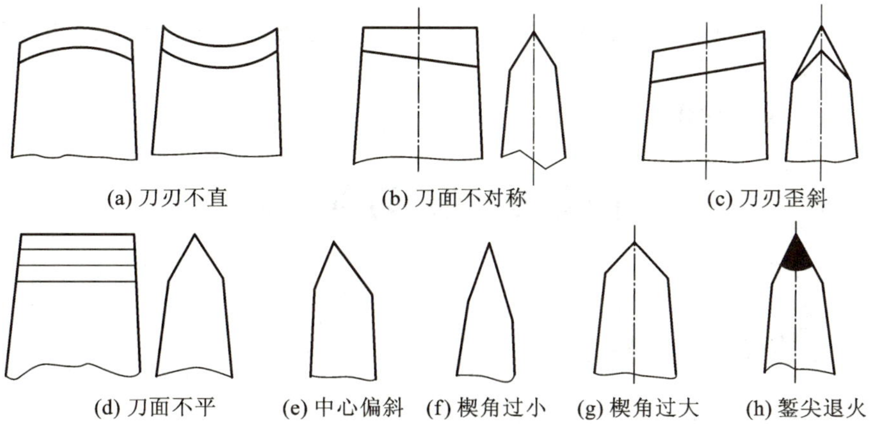

图 1-6-20 扁錾的刃磨缺陷

四、尖錾的刃磨要求

刃磨尖錾时，錾刃宽度由其錾削的直槽宽度决定，如图 1-6-21 所示。錾刃的其他几何形状要求同扁錾。

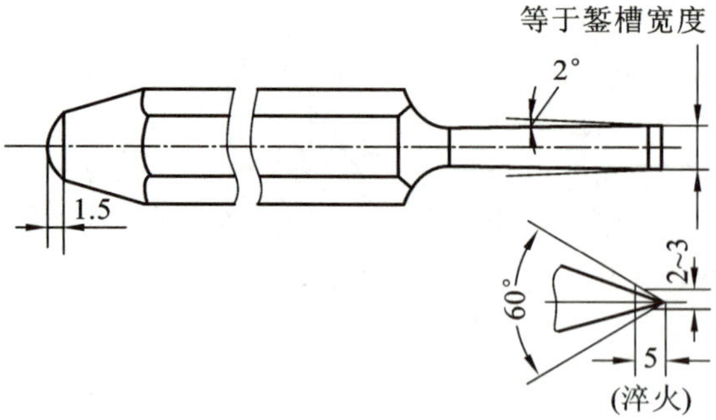

图 1-6-21 尖錾的刃磨要求

五、錾子的刃磨方法

1. 站立位置及握錾方法

刃磨錾子时,要求操作者站立在砂轮片的侧面。如果站在砂轮片的左侧,用左手大拇指和食指捏住錾子的后端,食指外侧轻轻靠在砂轮机托架的外缘,右手指捏住錾身。若站在砂轮片的右侧,应交换两手的位置。

2. 刃磨錾子

錾子两刀面的前端平放在高于砂轮中心的位置,保持錾子的中心线垂直于水平面并对其轻加压力,左右平行移动錾子。移动錾子时要平稳,并且要控制好錾子的磨削位置和方向,以保证刀面平整且对称、切削刃平直、楔角适当,楔角的大小可用角度样板检查。

3. 蘸水冷却

为防止錾子在刃磨过程中退火,刃磨开始前及刃磨过程中錾子应经常蘸水冷却,以防止温度过高造成錾子退火。

备注:砂轮机安全操作规程见项目1任务2。

任务5 练习錾削

练习一:錾子刃磨练习

1. 练习要求

(1) 能按照砂轮机操作规程正确使用砂轮机,并具备判断异常情况、处理异常情况的能力。

(2) 掌握扁錾的刃磨方法。要求錾子移动平稳,能消除刃磨中出现的缺陷。

(3) 掌握扁錾的几何形状的刃磨方法,确保刃磨过程中錾子不发热。

2. 练习步骤

(1) 錾子刃磨练习件如图1-6-22所示。刃磨200 mm×20 mm×4 mm扁铁。

(2) 开砂轮机,确认转动正常。

(3) 模拟刃磨两刀面,使其夹角、几何形状符合图纸要求。

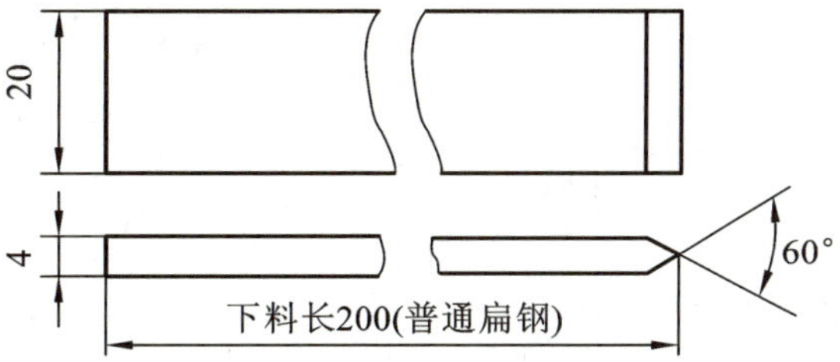

图 1-6-22 錾子刃磨练习件

3. 评分标准

錾子刃磨练习的评分标准如表 1-6-3 所示。

表 1-6-3 錾子刃磨练习的评分标准

序号	项目名称与技术要求	配分	评定方法	实际得分
1	60°楔角	30	每超差 1°扣 5 分	
2	两刀面一次成形	20	一面不符合要求扣 10 分	
3	两刀面的平面度、形状符合要求	20	每项不符合要求扣 5 分	
4	錾刃不发热	10	发热扣 10 分	
5	錾刃与轴心线垂直	10	每超差 0.2 mm 扣 5 分	
6	时间 10 分钟	10	每超过 1 分钟扣 2 分	
7	安全生产与文明生产	扣分	违章 1 次扣 3 分	

练习二:平面錾削练习

1. 练习要求

(1) 进行握錾、握锤及站立姿势练习。

(2) 进行腕挥、肘挥练习。

(3) 分组进行平面錾削练习。

2. 练习步骤

(1) 錾削圆钢:錾削 $\phi40\times103$ 的 45 号钢,图 1-6-23 所示是錾削圆钢工件图。

(2) 錾削基准面 A,达到平面度要求。

(3) 錾削基准面 A 的对面,达到尺寸、平面度、平行度要求。

(4) 全面检查,精修。

3. 评分标准

平面錾削练习的评分标准如表 1-6-4 所示。

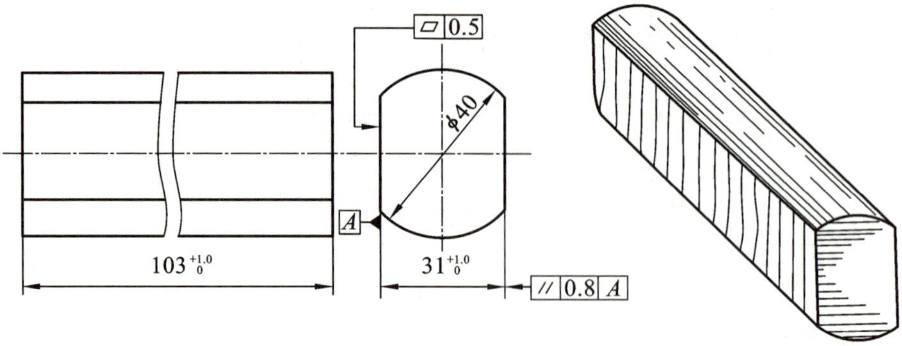

图 1-6-23　錾削圆钢工件图

表 1-6-4　平面錾削练习的评分标准

序号	项目名称与技术要求	配分	评 定 方 法	实际得分
1	31 mm 尺寸	40	每超差 0.2 mm 扣 5 分	
2	两錾面的平面度符合要求	20	每超差 0.5 mm 扣 5 分	
3	两錾面的平行度符合要求	20	每超差 0.5 mm 扣 5 分	
4	时间 180 分钟	20	每超过 10 分钟扣 5 分	
5	安全生产与文明生产	扣分	违章 1 次扣 3 分	

课后练习

一、填空题

1. 常用的錾子有扁錾、________、油槽錾三种。

2. 錾削时，握榔头的手________戴手套，木柄上不应沾油。

3. 在水平放置的砧铁上錾断薄板料采用的握錾方法是________法。

4. 刃磨錾子时，应站立在砂轮片的________面，并经常蘸水冷却。

5. 錾削时，錾子的后刀面与切削平面之间的夹角称为后角，后角的大小一般取________较适宜。

二、选择题

1. 普通扁錾由________钢制成。

A. Q345　　B. T8　　C. T12

2. 手锤的规格用________表示。

A. 手柄的长度　　B. 锤头部分的质量　　C. 锤头部分的直径

3. 錾削 30 号钢材料的工件时，錾子的楔角取________。

A. 50°　　B. 60°　　C. 70°

4. 錾削接近工件尽头 10～15 mm 时，必须________錾削余下部分。

A. 直接　　B. 减小錾削厚度　　C. 掉头起錾

5. 刃磨时，錾子两刀面的前端平放在________砂轮中心的位置上，保持錾子的中心线垂直于水平面并对其轻加压力，左右平行移动錾子。

A. 低于 B. 等于 C. 高于

6. 刃磨尖錾的切削刃时，切削刃的宽度由________决定。

A. 榔头大小 B. 錾槽宽度 C. 錾子长度

三、判断题

1. 錾削过程中，錾子的卷边可以增大锤击面积，所以不能磨掉。（ ）
2. 尖錾切削刃的宽度是由工件宽度决定的。（ ）
3. 錾削过程中，当有人靠近时应先提醒操作人员。（ ）
4. 錾削45号钢时，錾子的楔角应选择50°角。（ ）
5. 錾削时，手锤的握法应采用紧握法以提高锤击力量。（ ）

四、简答题

1. 简述錾削直槽时起錾的方法。
2. 简述刃磨錾子时两手的握法。
3. 錾削时，手锤的握法和挥锤的方法有哪些？

课后练习答案

项目7 孔 加 工

认识“大国工匠”——航空手艺人胡双钱

胡双钱,1980年毕业于上海飞机制造厂技校,从事钳工工作已有38年。参与过运-10、麦道MD-82、波音B-737、国产ARJ-21、C919等飞机的生产工作。曾在钛合金加工中总结出“胡双钱标准作业法”,并在中国商用飞机有限责任公司范围内推广使用。身为钳工组组长,胡双钱带过组里的每一名年轻钳工。

一块手掌大的钛合金材料毛坯,采用精锻锻造而成,价值就有一百多万元。上面要打36个孔,孔的直径大小不一,但对精度的要求都是0.024 mm。胡双钱每打好一个孔,就用千分尺测量检查一遍,确认无误后再打下一个孔。打孔完成之后,这个钛合金零件能一次性通过检验。越是难的零件、越是复杂的零件,胡双钱在完成工件加工之后,就越有成就感。

【学习目标】

- 认识常用的孔加工设备和钻头装夹工具的结构和作用。
- 了解钻头的基本结构,掌握钻孔操作的方法。
- 熟悉钻孔质量问题产生的原因及预防的方法。
- 掌握安全操作钻床的规程。

【安全提示】

- 机械运行过程中操作不当会危及人的生命安全。
- 刃磨钻头过程中产生的砂粒进入眼睛,会对眼睛造成严重伤害且难以清除。
- 钻削产生的切屑会扎伤或划伤操作者。
- 钻床夹具或工件掉落会砸伤操作者。

【知识准备】

在实体材料上加工出圆孔或对已有的圆孔进行精细化加工的操作称为孔加工。选择适当的方法加工圆孔是钳工操作中重要的工作之一,钳工常用到的孔加工方法有钻孔、扩孔、铰孔、锪孔等。在利用钻床进行孔加工时,一般将工件固定,钻头(或铰刀、锪钻、扩孔钻等)做旋转运动(称为主运动),并沿着钻床主轴的轴线做直线运动(称为进给运动)。

通过多种孔加工方法的组合,可以加工出高精度的圆孔和各种形状要求的圆孔。通过小孔排钻可以去除各种形状孔洞的余料,以便进行后续的精加工。孔加工主要依靠台钻或立钻等机械设备进行,也有一些铰孔作业采用手工操作。必须说明,在钳工加工过程中,孔的位置精度主要依靠划线精度来保障。因此,使用钻头直接钻削加工出的孔,其位置精度相对较低,必须依靠其他形式的加工方法来提高孔的位置精度。

任务 1 认识孔加工设备、工具

常用的孔加工设备、工具：台钻、立钻等设备，麻花钻、扩孔钻、铰刀、锪钻、莫氏锥套等工具，如表 1-7-1 所示。

表 1-7-1 常用的孔加工设备、工具

序号	名 称	规格型号	单位	规格型号注解
1	台钻	台式钻床，Z4025	台	Z——钻床，4——台式，0——圆柱，25——最大钻孔直径为 25 mm
2	立钻	立式钻床，Z5150	台	Z——钻床，5——立式，1——方柱，50——最大钻孔直径为 50 mm
3	麻花钻	ϕ10.2	支	ϕ10.2——钻孔直径为 10.2 mm
4	扩孔钻	ϕ8	支	ϕ8——扩孔直径为 8 mm
5	铰刀	手用铰刀，ϕ8	支	手用铰刀，ϕ8——铰孔直径为 8 mm
6	锥面锪钻	直柄，120°，ϕ16×56	支	直柄——圆柱形钻柄，120°——120°锥角，ϕ16——公称直径为 16 mm，56——总长为 56 mm
7	莫氏锥套	4×2	件	4×2——莫氏锥度 4(外径)变莫氏锥度 2(内孔)
8	钻夹头	2.5～13	件	2.5～13——可夹持钻头直径范围为 2.5～13 mm

台式钻床与立式钻床的相关介绍见项目 1 任务 1 所述。

一、标准麻花钻

标准麻花钻的规格用其钻孔直径表示。

标准麻花钻主要由工作部分、颈部和柄部组成，它一般用高速钢(W18Cr4V 或 W9Cr4V2)制成，淬火后硬度为 HRC 62～68。标准麻花钻的结构如图 1-7-1 所示。

直柄麻花钻

柄部是标准麻花钻的夹持部分，按结构不同分为直柄和锥柄两种。锥柄为莫氏锥度。通常情况下，直径小于或等于 13 mm 的钻头选用直柄，直径大于 13 mm 的钻头选用锥柄。钻孔时，柄部安装在钻床主轴上，用来传递扭矩和轴向力。

颈部是工作部分和柄部之间的连接部分。磨制钻头时，颈部供砂轮退刀用。钻头的规格、材料、商标刻在颈部。

锥柄麻花钻

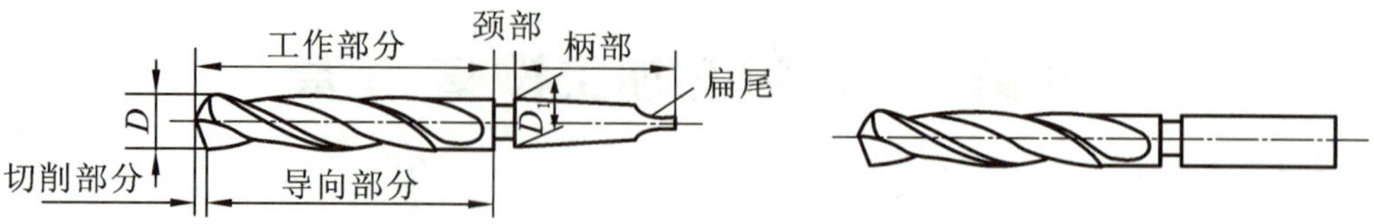

(a) 锥柄钻头　　(b)直柄钻头

图 1-7-1　标准麻花钻的结构

二、扩孔钻

扩孔钻的规格用其加工直径表示。扩孔钻按刀体结构不同可分为整体式扩孔钻和镶片式扩孔钻两种；按装夹方式不同可分为直柄扩孔钻、套式扩孔钻和锥柄扩孔钻三种，如图 1-7-2 所示。

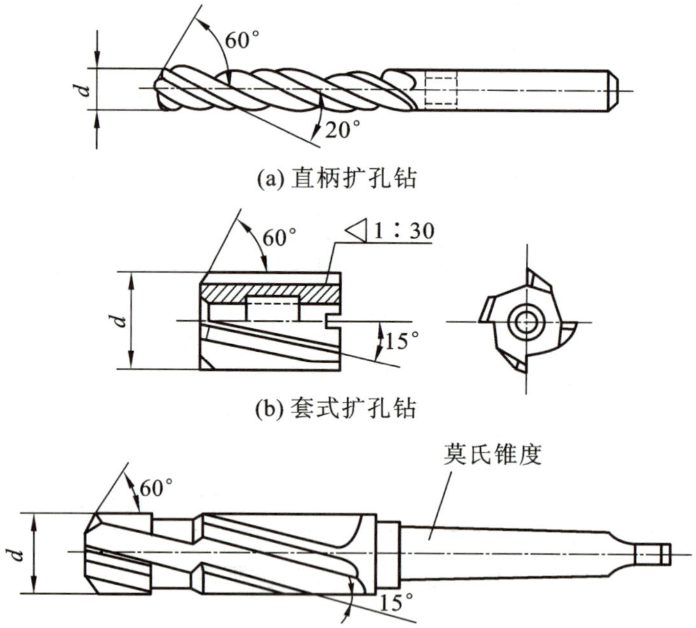

(a) 直柄扩孔钻

(b) 套式扩孔钻

(c) 锥柄扩孔钻

图 1-7-2　扩孔钻的分类

扩孔钻的结构特点如下。

由于扩孔条件的改善，扩孔钻的结构与麻花钻的结构相比有较大的不同之处，部分扩孔钻的结构如图 1-7-3 所示。扩孔钻的结构有以下一些特点。

① 由于扩孔钻中心不用来切削，因此扩孔钻没有横刃，切削刃只有外缘处的一小段。

② 钻心较粗，可以提高刚性，使切削更加平稳。

③ 扩孔产生的切屑体积小，容屑槽比较浅，因此扩孔钻可做成多刀齿，以增强导向作用。

④ 扩孔时切削深度较小，切削角度可取较大值，使切削省力。

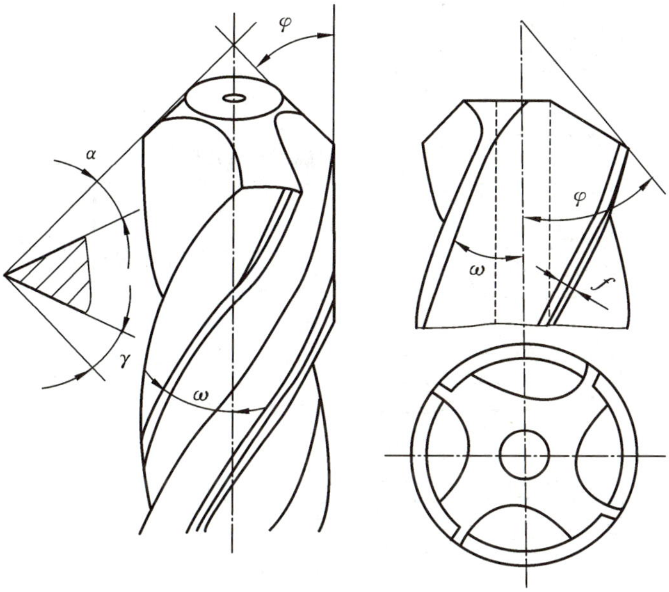

图 1-7-3 部分扩孔钻的结构

三、铰刀

铰刀的规格用其加工直径表示，它分为手用铰刀和机用铰刀两种类型。

1. 铰刀的种类

铰刀按刀体结构可分为整体式铰刀、焊接式铰刀、镶齿式铰刀和装配可调式铰刀；按外形可分为圆柱铰刀和圆锥铰刀；按使用场合可分为手用铰刀和机用铰刀；按刀齿形式可分为直齿铰刀和螺旋齿铰刀；按柄部形状可分为直柄铰刀和锥柄铰刀，如图 1-7-4 所示。

2. 铰刀的结构特点

铰刀由柄部、颈部和工作部分组成。

1）柄部

柄部是用来装夹工件、传递扭矩和进给力的部分，有直柄和锥柄两种类型。

2）颈部

颈部是磨制铰刀时供砂轮退刀用的，同时也是刻制商标和规格的地方。

3）工作部分

工作部分包括切削部分和校准部分。

① 切削部分：在切削部分磨有切削锥角 2φ，其决定铰刀切削部分的长度，对切削时进给力的大小、铰削质量和铰刀寿命也有较大的影响。

一般手用铰刀的 $\varphi=30'\sim1°30'$，以提高定心作用，减小进给力。机用铰刀铰削碳钢和塑性材料通孔时，取 $\varphi=15°$；铰削铸铁及脆性材料时，取 $\varphi=3°\sim5°$；铰削不通孔时，取 $\varphi=45°$。

② 校准部分：校准部分主要用来导向和校准铰孔的尺寸，也是铰刀磨损后的备磨部分。

③ 铰刀齿数一般为 6～16 齿，这样可使铰刀切削平稳、导向性好。为克服铰孔时出现

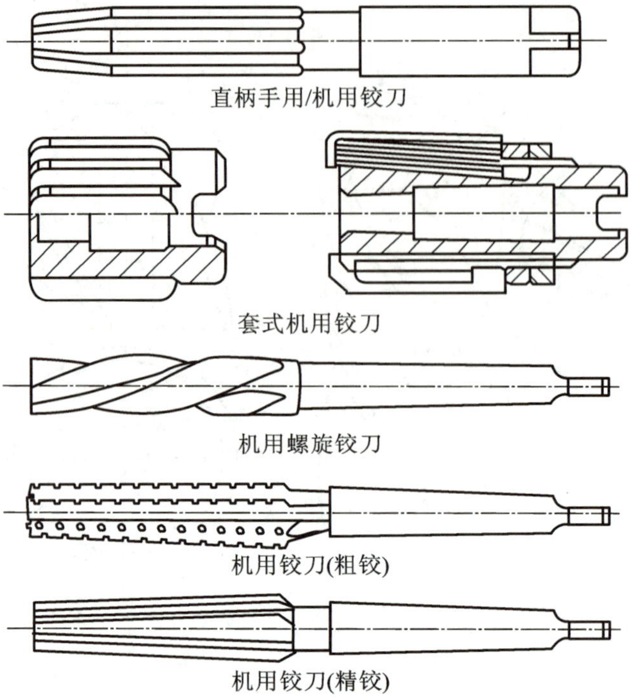

图 1-7-4　部分铰刀的形状

的周期性振纹,手用铰刀采用不等距分布刀齿的方法。

3. 可调节式手用铰刀

普通铰刀主要用来铰削标准系列的孔。在单件生产和修配工作中,经常需要铰削非标准孔,此时采用可调节式手用铰刀,通过调节手用铰刀两端的螺母来使楔形刀片沿刀体上的斜底槽移动,以改变铰刀的直径尺寸,如图 1-7-5 所示。

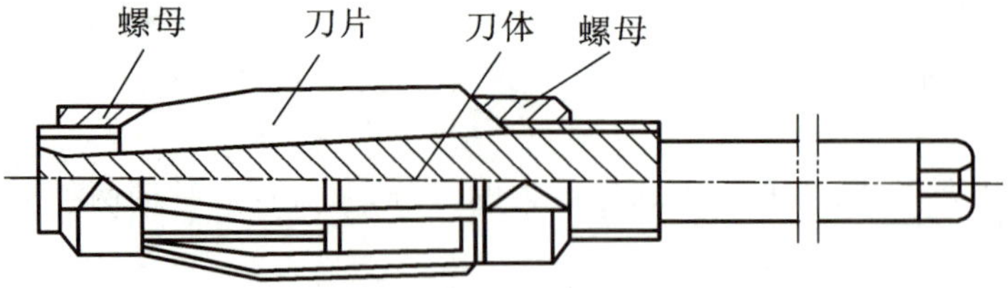

图 1-7-5　可调节式手用铰刀

四、锪钻

锪钻的规格用其加工形状、加工角度及加工直径表示。锪钻按加工形状分为柱形锪钻、锥形锪钻和端面锪钻三种,如图 1-7-6 所示。

1. 柱形锪钻

柱形锪钻主要用于锪圆柱形埋头孔,其结构如图 1-7-7 所示。

柱形锪钻的前端结构有带导柱、不带导柱和带可换导柱之分。导柱与工件已有孔为间

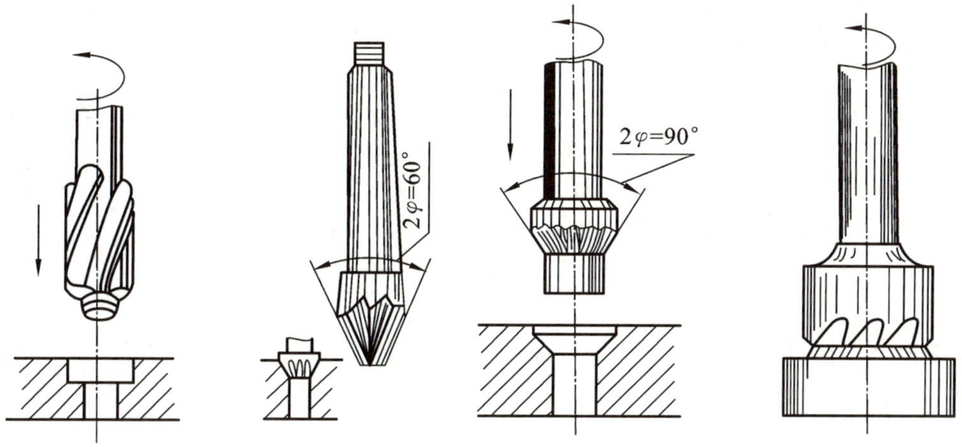

(a) 柱形锪钻　(b) 锥形锪钻　(c) 端面锪钻

图 1-7-6　锪钻

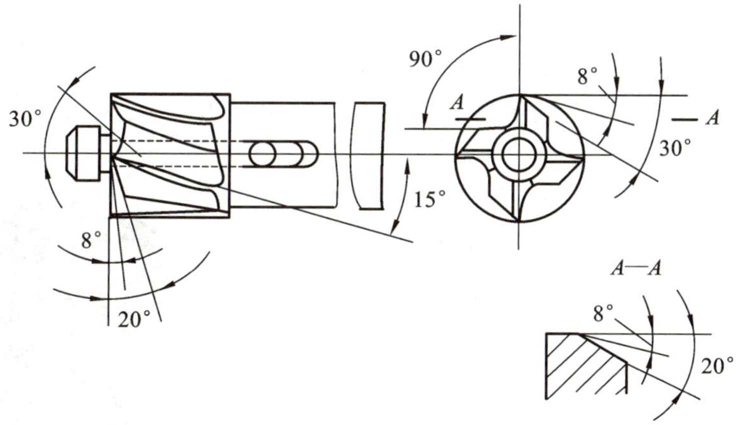

图 1-7-7　柱形锪钻

隙配合，起定心和导向作用。柱形锪钻的螺旋槽斜角就是它的前角（$\gamma=\beta=15°$），后角 $\alpha=8°$，端面刀刃起主要切削作用。

2. 锥形锪钻

锥形锪钻主要用于锪锥形埋头孔，其结构如图 1-7-8 所示。

锥形锪钻的锥角按工件的不同加工要求分为 60°、75°、90°、120°四种。锥形锪钻的前角 $\gamma=0°$，后角 $\alpha=6°\sim8°$，齿数为 4～12 个。锥形锪钻为改善钻尖处的容屑条件，钻尖处每隔一齿将刀刃磨去一块。

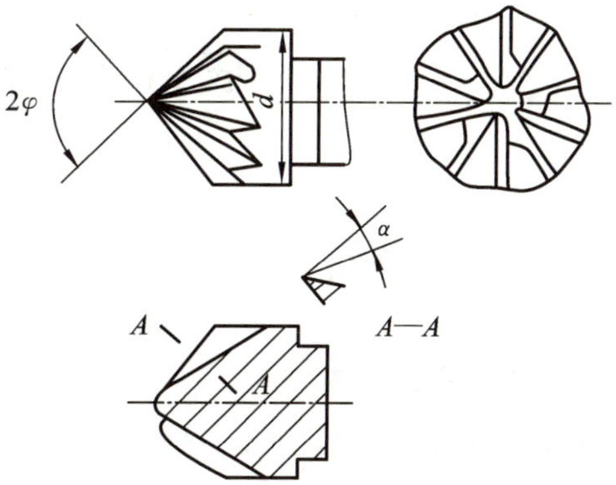

图 1-7-8　锥形锪钻

3. 端面锪钻

端面锪钻专门用于锪平孔口的端面，

如图 1-7-6(c)所示。端面锪钻的端面刀齿为切削刃,前端的导柱起定心与导向的作用,以保证孔的端面与孔中心线的垂直度。

五、莫氏锥套

莫氏锥套

莫氏锥套也称为莫氏变径套,其规格用其外径莫氏锥度和内孔莫氏锥度表示,内外径锥度号有相邻的,也有间隔几号的。例如 MT1/MT2 表示内径为莫氏 1 号,外径为莫氏 2 号;MT1/MT5 表示内径为莫氏 1 号,外径为莫氏 5 号。

莫氏锥套是协助锥柄钻头和钻床主轴相连接的过渡工具,具有安装牢靠、装卸迅速和结构简单等特点,用于安装直径大于 13 mm 的钻头及其他孔加工工具,其结构如图 1-7-9 所示。

六、钻夹头

钻夹头及专用扳手

钻夹头的规格用其可夹持的钻头直径范围和安装孔的莫氏短锥号表示。

钻夹头用于夹持直径小于 13 mm(2.5~13 mm 钻夹头)的钻头和其他直径小于 13 mm 的直柄孔加工工具。钻夹头采用专用扳手(钻床钥匙)装夹钻头,如图 1-7-10 所示。

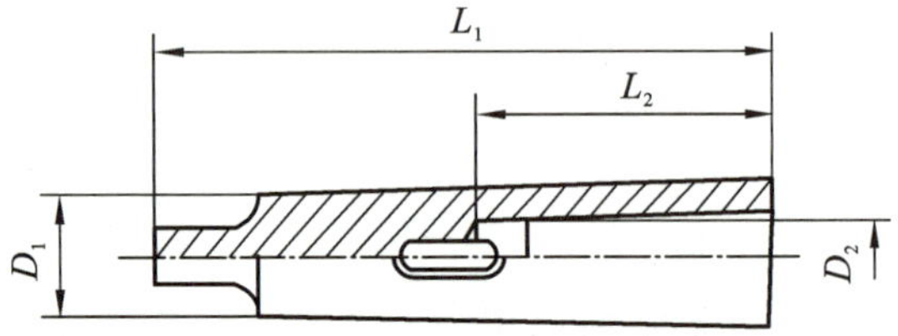

图 1-7-9　莫氏锥套

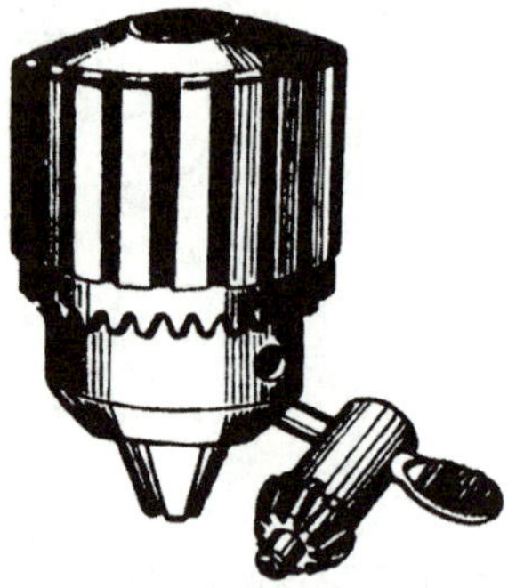

图 1-7-10　钻夹头及专用扳手

任务2　学习孔加工方法

一、钻孔操作

钻孔操作

1. 钻削用量组成

钻削用量包括切削速度、进给量和切削深度三要素,如图 1-7-11 所示。

① 切削速度(v):钻孔时钻头直径上某一点的线速度。其计算公式为:

$$v=\pi Dn/1000$$

式中：D—钻头直径(mm)；

n—钻床主轴转速(r/min)。

② 钻削时的进给量(f)：主轴每转一转，钻头沿轴线的相对移动量，单位是 mm/r。

③ 切削深度(α_p)：已加工表面与待加工表面之间的垂直距离。对于钻削而言，$\alpha_p=D/2$。

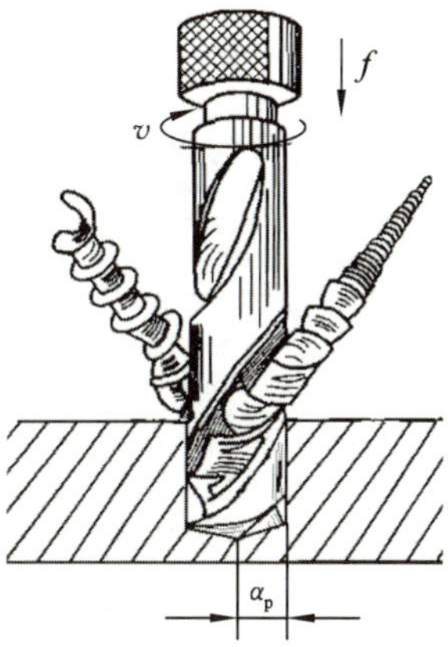

图 1-7-11 钻削用量

2. 钻削用量的选择

1) 钻削用量的选择原则

选择钻削用量的目的是：在保证加工精度和表面粗糙度及刀具合理使用寿命的前提下，使生产效率得到提高。

钻孔时，由于切削深度已经由钻头直径确定，因此只需要选择钻削速度和进给量即可，二者对钻孔生产效率的影响是相同的。对钻头使用寿命的影响，钻削速度比进给量大；对孔的表面粗糙度的影响，进给量比钻削速度大。因此，选择钻削用量的基本原则是：在允许的范围内，尽量选择较大的进给量，当进给量受到工件表面粗糙度和钻头刚度限制时，选用较大的钻削速度。

2) 钻削用量的选择方法

① 自动进刀钻床：对于厂家提供钻头切削速度参数表和钻头进刀量参数表的自动进刀钻床，钻孔时应按照钻床参数表调节钻头切削速度和钻头进刀量。

② 手动操作台钻钻削结构钢件：当钻孔直径小于或等于 13 mm，并且在台钻上进行手动钻孔操作时，可参照表 1-7-2 选择手动操作台钻钻削结构钢件参数。

表 1-7-2 手动操作台钻钻削结构钢件的参考参数

钻孔直径/mm	钻床转速/(r/min)	进刀量判断
<3	约 1400	钻头不弯曲变形，缓慢进刀，进刀量即合适
3~8(不包括 8)	约 800	若钻孔产生连续的金属铁屑，进刀量即合适
8~13	约 400	钻孔产生连续的金属铁屑后，仍可增加进刀量，只要钻床转速不降低，进刀量即合适

③ 当自动进刀钻床没有厂家提供的钻头切削速度参数表和钻头进刀量参数表时，可按以下方法选择钻削参数。

钻头切削速度的选择：切削速度对钻头使用寿命影响较大，应选取一个合理的数值。在实际应用中，钻头切削速度往往按经验数值选取(见表 1-7-3)，再将选定的钻头切削速度换算为钻床转速 n，则 $n=1000v/(\pi D)$。

表 1-7-3 标准麻花钻的钻头切削速度

钻削材料	切削速度/(m/min)	钻削材料	切削速度/(m/min)
铸铁	12~30	合金钢	10~18
中碳钢	12~22	铜合金	30~60

进给量的选择：孔的表面粗糙度要求较小和精度要求较高时，应选择较小的进给量；钻

孔较深、钻头较长时,应选择较小的进给量,如表1-7-4所示。

表1-7-4　标准麻花钻的进给量

钻头直径 D/mm	<3	3~6	6~12	12~25	>25
进给量 f/(mm/r)	0.025~0.05	0.05~0.1	0.1~0.18	0.18~0.38	0.38~0.62

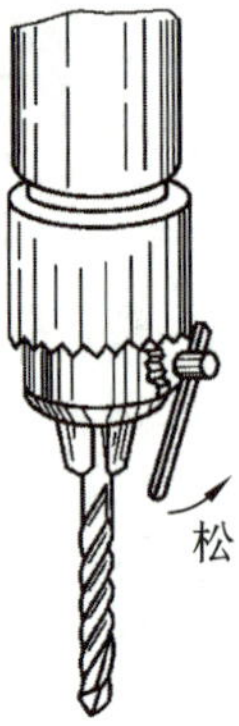

图1-7-12　钻夹头夹持直柄麻花钻

3. 钻头的拆装

1) 直柄麻花钻的拆装

直柄麻花钻直接用钻夹头夹持。将直柄麻花钻的柄部塞入钻夹头的三个卡爪内,然后用钻夹头钥匙旋转外套,带动三只卡爪移动,夹紧钻头,如图1-7-12所示。

2) 锥柄麻花钻的拆装

锥柄麻花钻用其柄部的莫氏锥体直接与钻床主轴连接。安装前,必须将钻头的柄部与主轴锥孔擦拭干净,并使钻头锥柄上的矩形舌部与主轴上腰形孔的方向一致。安装时,用手握住钻头,利用向上的冲力一次安装完成,如图1-7-13(a)所示。当钻头锥柄小于主轴锥孔时,可添加莫氏锥套来连接,如图1-7-13(b)所示。锥柄麻花钻的拆卸是利用斜铁完成的,使用斜铁时,斜铁的斜面要放在下面,利用斜铁斜面向下的分力来使钻头与锥套或主轴分离,如图1-7-13(c)所示。

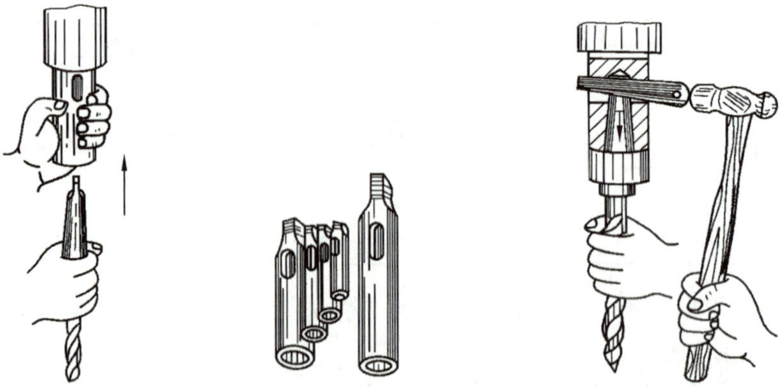

(a) 安装锥柄麻花钻　(b) 添加莫氏锥套　(c) 拆卸锥柄麻花钻

图1-7-13　锥柄麻花钻的拆装

4. 工件的装夹

在工件上钻孔时,为保证钻孔的质量和安全,应根据工件的不同形状和钻削力的大小,采用不同的装夹方法。

(1) 对于外形平整的工件,可采用平口钳进行装夹,如图1-7-14(a)所示。

装夹工件时的注意事项如下。

① 装夹时,应使工件的表面与钻头的轴线垂直。

② 钻孔直径小于或等于 12 mm 时，平口钳可以不固定；钻孔直径大于 12 mm 时，必须将平口钳固定。

③ 平口钳夹持工件钻通孔时，工件底部应垫上垫铁，空出钻孔部位，以免钻坏平口钳。

(2) 对于圆柱形工件，可用 V 形铁进行装夹，如图 1-7-14(b)所示。钻头的轴心线必须与 V 形铁的对称平面垂直，避免出现钻孔不对称的现象。

(3) 对于钻孔直径在 12 mm 以上的较大工件，可用螺旋压板夹持的方法进行钻孔，如图 1-7-14(c)所示。使用螺旋压板装夹工件时应注意以下几点。

① 螺旋压板厚度与锁紧螺栓直径的比例应适当，不要造成螺旋压板弯曲变形而影响夹紧力。

② 锁紧螺栓应尽量靠近工件，垫铁高度应略超过工件夹紧表面，以保证对工件有较大的夹紧力，并可避免工件在夹紧过程中产生移动。

③ 当夹紧表面为已加工表面时，应添加衬垫，防止压出印痕。

(4) 对于加工基准在侧面的工件，可用角铁进行装夹，如图 1-7-14(d)所示。由于此时的轴向钻削力作用在角铁安装平面以外，因此角铁必须固定在钻床工作台上。

(5) 在薄板或小型工件上钻小孔时，可将工件放在定位块上，用手虎钳夹持，如图 1-7-14(e)所示。

(6) 在圆柱形工件的端面上钻孔时，可用三爪自定心卡盘进行装夹，如图 1-7-14(f)所示。

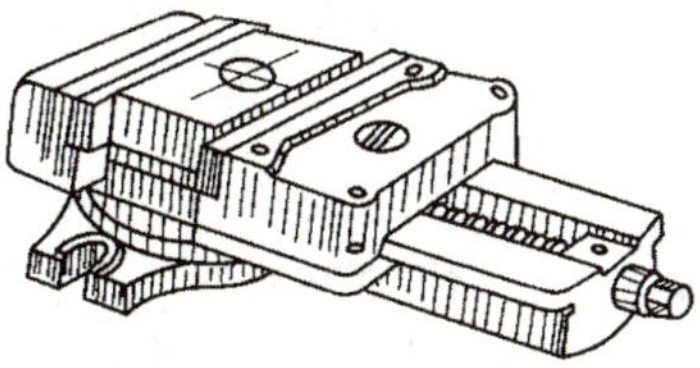

(a) 用平口钳

(b) 用V形铁

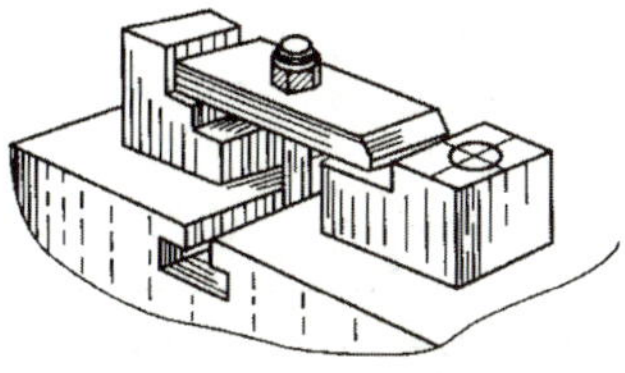

(c) 用螺旋压板

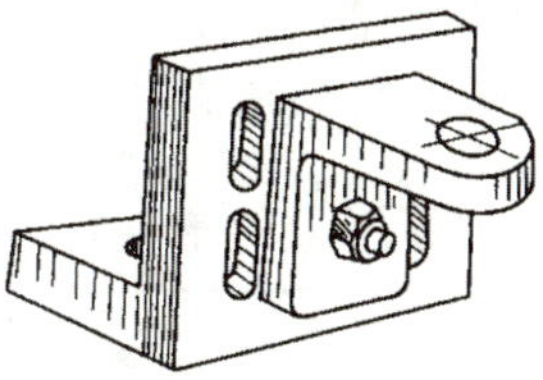

(d) 用角铁

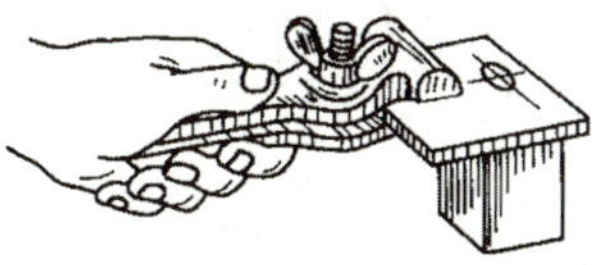

(e) 用手虎钳

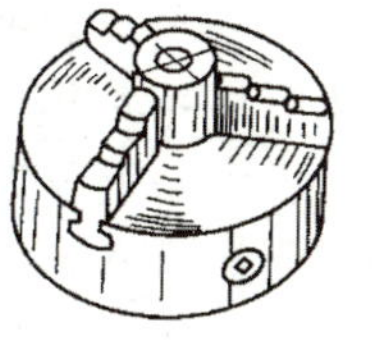

(f) 用三爪自定心卡盘

图 1-7-14 工件的装夹

5. 钻孔的操作方法

钻孔操作前应先学习钻床安全操作规程(见 P9),并严格按照安全操作规程操作。

1) 起钻

钻孔前,应在工件钻孔中心位置处用样冲冲出样冲眼,以便找正。钻孔时,先将钻头对准钻孔中心并轻轻钻出一个浅坑,观察钻孔位置是否正确,如有误差,及时校正,保证浅坑与中心同轴。校正方法:如位置偏差较小,可在起钻的同时用力将工件向偏移的反方向推移,逐步校正;当位置偏差较大时,可在借正方向上打几个样冲眼或錾出几条槽,以减小此处的钻削阻力,达到校正的目的。无论采用何种方法,都必须在锥坑外圆直径小于钻头直径之前完成校正,否则,孔位偏差将很难校正过来。用錾槽校正钻偏的孔如图 1-7-15 所示。钻削直径较大的孔时,先钻削一个较小直径的孔,此孔可以起到与样冲眼一样的定中心作用。

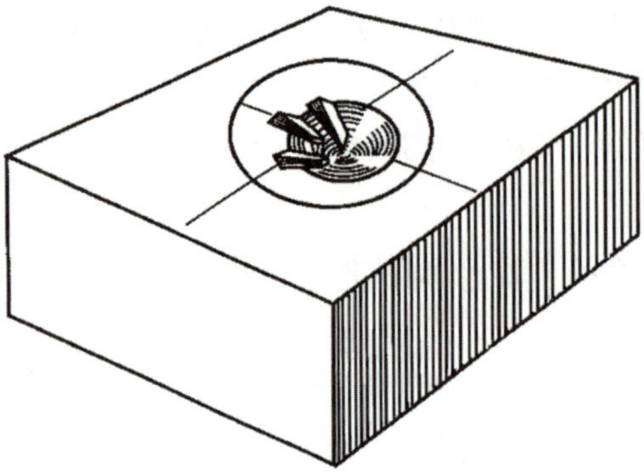

图 1-7-15 用錾槽校正钻偏的孔

2) 手动进给操作

当起钻达到钻孔位置要求后,即可进行钻孔。

① 进给时用力不可太大,以防钻头弯曲,造成钻孔轴线歪斜。

② 钻深孔或小直径孔时,进给力要小,并要经常退钻排屑,防止切屑阻塞而折断钻头。

③ 孔快要钻通时,必须减小进给力,以免进给力过大造成钻头折断或工件随钻头转动造成事故。

3) 钻孔时的切削液

钻孔时应加注足够的切削液,以达到钻头散热、减少摩擦、消除积屑瘤、降低切削阻力、提高钻头使用寿命、改善孔的表面质量的目的。一般情况下,钻钢件时用 3%~5%的乳化液,钻铸铁时可以不加切削液或用煤油进行冷却润滑。

6. 钻孔时常见的缺陷

钻孔时常见的缺陷及其产生的原因如表 1-7-5 所示。

表 1-7-5 钻孔缺陷及其产生原因

钻孔缺陷	产生的原因
孔径大于规定尺寸	① 钻头两切削刃的长度不等,高低不一致; ② 钻床主轴径向偏摆或工作台未锁紧有松动; ③ 钻头本身弯曲或没装夹好,致使钻头有过大的径向跳动现象
孔壁粗糙	① 钻头两切削刃不锋利; ② 进给量太大; ③ 切屑堵塞在螺旋槽内,擦伤孔壁; ④ 切削液供应量不足或选用不当; ⑤ 钻头过短,排屑不畅

续表

钻孔缺陷	产生的原因
孔位超差	① 工件划线不正确； ② 钻头横刃太长，定心不准； ③ 起钻过偏且没有校正
孔的轴线歪斜	① 钻孔平面与钻床主轴不垂直； ② 工件装夹不牢固，钻孔时歪斜； ③ 工件表面有气孔、砂眼； ④ 进给量过大，使钻头产生变形
孔不圆	① 钻头两切削刃不对称； ② 钻头后角过大
钻头使用寿命低或折断	① 钻头已经磨损仍继续使用； ② 切削用量选择过大； ③ 钻孔时没有及时退屑，使切屑阻塞在钻头螺旋槽内； ④ 工件未夹紧，钻孔时松动； ⑤ 孔快要钻通时没有减小进给量； ⑥ 切削液供给不足

二、扩孔操作

用扩孔工具将工件上已加工好的孔径扩大的操作称为扩孔。扩孔具有切削阻力小、产生的切屑小、排屑容易、避免了横刃切削所引起的不良影响等特点。扩孔公差可达IT10～IT9级，表面粗糙度可达 $Ra3.2$ μm。因此，扩孔常作为孔的半精加工和铰孔前的预加工。

用扩孔钻扩孔时，必须选择合适的预钻孔直径和切削用量。一般情况下，预钻孔直径为扩孔直径的9/10，扩孔进给量为同直径钻孔进给量的1.5～2倍，扩孔切削速度为同直径钻孔切削速度的1/2。

三、铰孔操作

用铰刀从工件孔壁上切除微量的金属层，以提高孔的尺寸精度和降低孔内壁的表面粗糙度的加工方法称为铰孔。铰孔是对孔的精加工，一般铰孔的尺寸公差可达到IT9～IT7级(手铰可达IT6级)，表面粗糙度可达 $Ra3.2$～0.8 μm。

1. 铰削余量

铰削余量是指上道工序(钻孔或扩孔)留下的直径方向上的加工余量。铰削余量不宜过大，否则会增加铰刀刀齿的负荷，加剧切削变形，致使工件的被加工表面产生撕裂纹，降低尺寸精度，增大表面粗糙度数值，同时也会加速铰刀的磨损。但铰削余量也不宜过小，否则，上道工序残留的变形难以纠正，无法保证铰削质量。

选择铰削余量时，应考虑孔径尺寸、工件材料、精度要求、表面粗糙度要求、铰刀类型及上道工序的加工质量等因素的综合影响。具体选择参照表1-7-6。

表 1-7-6 铰削余量的选择

铰刀直径/mm	<8	8～20	21～32	33～50	51～70
铰削余量/mm	0.1	0.15～0.25	0.25～0.3	0.35～0.5	0.5～0.8

2. 机铰切削用量

机铰切削用量包括切削速度和进给量。当采用机动铰孔时，应选择适当的切削用量。铰削钢材时，切削速度应小于 8 m/min，进给量控制在 0.4 mm/r；铰削铸铁材料时，切削速度应小于 10 m/min，进给量控制在 0.8 mm/r。

3. 铰孔时切削液的选用

铰孔时，因为铰削产生的切屑细碎，易黏附在刀刃上或挤在铰刀与孔壁之间，致使孔壁表面产生划痕，影响表面质量，因此，铰孔时应选用适当的切削液进行清洗、润滑和冷却，选用原则参照表 1-7-7。

表 1-7-7 铰孔时切削液的选用原则

工件材料	切削液
钢材	① 10%～20%乳化液； ② 铰孔精度要求较高时，采用 30%菜油加 70%乳化液； ③ 高精度铰孔时，用菜油、柴油、猪油
铸铁	① 可以不用切削液； ② 用煤油，但会引起孔径缩小，最大收缩量可达 0.04 mm； ③ 低浓度乳化液
铜	① 2 号锭子油； ② 乳化液
铝	① 2 号锭子油； ② 2 号锭子油与蓖麻油的混合油； ③ 煤油与菜油的混合油

4. 铰孔方法

铰孔的方法分为手动铰孔和机动铰孔两种。

1）铰刀的选用

铰孔时，首先要使铰刀的直径规格与所铰孔的直径规格相符合，其次要确定铰刀的公差等级。标准铰刀的公差等级分为 h7、h8、h9 三个级别。对于铰削精度要求较高的孔，必须对新铰刀进行研磨，然后进行铰孔。

2）铰削操作方法

① 手铰起铰时，右手应沿铰孔轴线方向施加压力，左手转动铰刀。两手用力要均匀、平稳，不应施加侧向力，保证铰刀能够顺利引进，避免孔口呈喇叭形或孔径扩大。

② 在铰孔过程中和退出铰刀时，为防止铰刀磨损或切屑挤入铰刀与孔壁之间划伤孔壁，铰刀不能反转。

③ 铰削盲孔时，应经常退出铰刀，清除切屑。

④ 机铰时，应尽量使工件一次装夹完成钻孔、扩孔、铰孔等全部工序，以保证铰刀中心

与孔中心的一致性。铰孔完毕后，应先退出铰刀，然后停车，防止划伤孔壁表面。

3）铰孔时常见的缺陷

铰孔过程中经常出现的问题及其产生的原因如表1-7-8所示。

表1-7-8　铰孔缺陷及其产生原因

缺陷	产生原因
加工表面粗糙度超差	① 铰孔余量选取不当； ② 铰刀刃口有缺陷； ③ 切削液选择不当； ④ 切削速度过高； ⑤ 铰孔完成后反转退刀； ⑥ 没有及时清除切屑
孔壁表面有明显棱面	① 铰孔余量留得过大； ② 底孔不圆
孔径缩小	① 铰刀磨损，直径变小； ② 铰铸铁件时未考虑尺寸收缩量； ③ 铰刀已钝
孔径扩大	① 铰刀规格选择不当； ② 切削液选择不当或切削液供应量不足； ③ 手铰时两手用力不均； ④ 铰削速度过高； ⑤ 机铰时主轴偏摆过大或铰刀中心与钻孔中心不同轴； ⑥ 铰锥孔时，铰孔过深

四、锪孔操作

锪孔操作的要点：在锪孔过程中，锪钻的振动会使锪出的端面出现振纹，为避免出现这种现象，锪孔时应注意以下事项。

① 尽量减小锪钻的前角和后角。如果采用麻花钻改制锪钻，应尽量选择短钻头，并适当修磨前刀面，防止“扎刀”和振动。

② 应选择较大的进给量（一般取钻孔时的2～3倍）和较小的切削速度（一般取钻孔时的1/3～1/2）。精锪时，可利用钻床停车的惯性来锪孔。

③ 锪钢件时，应保证导柱与切削表面间有良好的冷却和润滑。

备注：孔加工应严格按照钻床安全操作规程（见项目1任务2所述）操作。

任务3　练习孔加工

练习一：练习钻孔

如图1-7-16所示，根据工件图的要求，使用Z4025台式钻床完成工件的钻孔（材料：45号钢）。

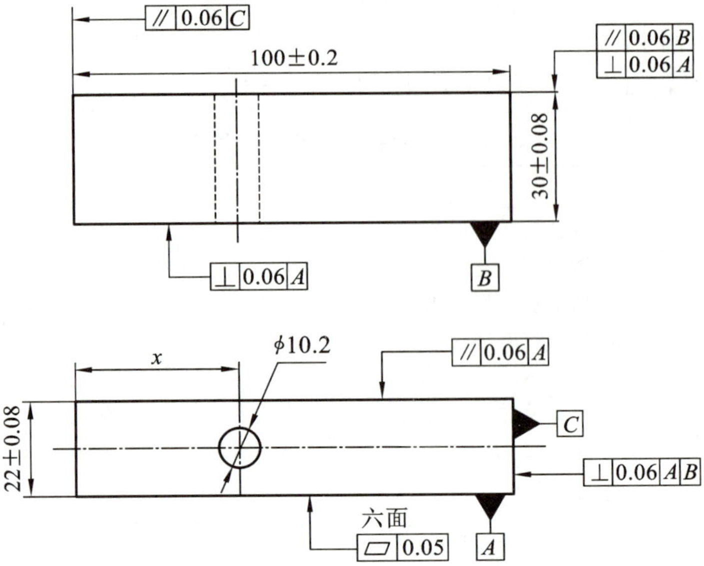

备注：ϕ10.2孔与基准B的垂直度为0.05 mm。

图 1-7-16　钻孔的练习图样

1. 练习步骤

(1) 练习钻床的调整、钻头及工件的装夹。

(2) 练习钻床的空车操作。

(3) 在练习件上进行划线钻孔(图中 x 值按各组设计确定)练习。

(4) 先钻直径为 3 mm 的定心孔，后钻直径为 10.2 mm 的孔。

2. 注意事项

(1) 用钻夹头装夹钻头时要用钻夹头钥匙，不得用手锤敲击的方式装卸钻头，以免损坏钻夹头。工件装夹应牢固、可靠。

(2) 装夹工件时，应用手掌轻轻震打机用虎钳扳手，进行夹紧或松开的操作。严禁双手同时扳动机用虎钳扳手，以防机用虎钳翻落伤人。

(3) 在钻头中心与孔中心的对中心操作过程中，应使用铜棒轻轻震打机用虎钳进行调整。

(4) 钻孔时，手动进给的压力大小应根据钻头的直径大小和切削状态进行调控。

(5) 钻头用钝后应及时修磨，保证孔的加工质量和加工速度。

(6) 掌握钻孔时的安全文明生产要求。

3. 评分标准

钻孔练习的评分标准如表 1-7-9 所示。

表 1-7-9　钻孔练习的评分标准

序号	项目名称与技术要求	配分	评 定 方 法	实际得分
1	孔的位置精度(2 个方向)	40	每超差 0.2 mm 扣 10 分	
2	孔的直径精度	20	每超差 0.05 mm 扣 5 分	

续表

序号	项目名称与技术要求	配分	评 定 方 法	实际得分
3	孔的垂直度精度	20	每超差 0.05 mm 扣 5 分	
4	时间 3 分钟	20	每超过 1 分钟扣 5 分	
5	安全生产与文明生产	扣分	违章 1 次扣 3 分	

练习二：练习铰孔

1. 练习图样

铰孔的练习图样如图 1-7-17 所示（材料：30 号钢）。

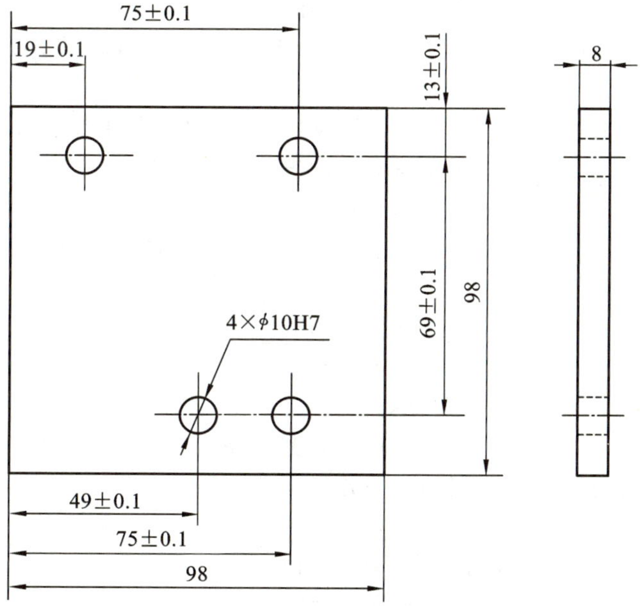

备注：4×ϕ10H7孔与被钻端面的垂直度为0.06 mm。

图 1-7-17 铰孔的练习图样

2. 练习步骤

(1) 在练习件上按要求划线。

(2) 钻孔和扩孔时，预留适当的铰孔余量。

(3) 铰孔须符合图样要求。

3. 注意事项

(1) 铰刀是精加工工具，要避免碰撞，对于其刀刃上的毛刺或积屑瘤，可用油石磨去。

(2) 熟悉铰孔过程中常出现的问题及其产生原因，在练习中应加以防范。

4. 评分标准

铰孔练习的评分标准如表 1-7-10 所示。

表 1-7-10　铰孔练习的评分标准

序号	项目名称与技术要求	配分	评 定 方 法	实际得分
1	孔的位置精度(4 组)	40	每超差 0.1 mm 扣 10 分	
2	孔的直径精度(4 个)	40	每超差 0.06 mm 扣 10 分	
3	孔的垂直度精度(4 个)	8	每超差 0.06 mm 扣 5 分	
4	时间 30 分钟	12	每超过 5 分钟扣 4 分	
5	安全生产与文明生产	扣分	违章 1 次扣 3 分	

课后练习

一、填空题

1. 标准麻花钻主要由工作部分、________和________组成。

2. 标准麻花钻的直径小于或等于________ mm 时做成直柄式,大于该直径时做成锥柄式。

3. 钻削时钻头的主运动是指________运动,它的速度主要由钻孔直径的大小来决定。

4. 铰孔的作用是____________和降低孔内壁的表面粗糙度,常用工具有机用铰刀和手用铰刀。

5. Z4025 台式钻床的输出转速是通过调节__________在两个塔轮中的位置来改变的。

二、选择题

1. 钻孔时,给钻头和工件加切削液的目的是________。

A. 给钻头降温　　B. 冲走切屑　　C. 洗净工件

2. 钻床需要夹持工件、更换钻头或变换转速时先停车是为了________。

A. 降低能源消耗　　B. 适当休息一下　　C. 防止发生事故

3. 清洁钻床上的切屑时应采用的工具是________。

A. 手　　B. 棉纱　　C. 毛刷

4. 钻削直径较大的孔时,先打一个小直径孔的作用是________。

A. 定中心　　B. 练习操作　　C. 排冷却液

5. Z4025 台式钻床的机用虎钳放在钻床的工作平台上是为了便于__________。

A. 装夹工件　　B. 清理铁屑　　C. 对孔中心

三、判断题

1. 孔快要钻通时,由于孔底壁厚变薄,且孔底金属温度升高、塑性增大,因此进给力必须减小。(　　)

2. 钻削时钻头的进给运动越快越好,这样钻削加工的工作效率高。(　　)

3. 铰削直径为 10 mm 的圆柱孔时,钻削的底孔直径应该比铰孔直径小 0.5 mm。(　　)

4. 铰孔时,铰刀正转、反转相结合可以提高孔壁精度。(　　)

四、简答题

1. 手动控制进刀量在结构钢件上钻削直径为 10.2 mm 的孔时,如何判断进刀量的大小?

2. 钻孔时,孔的位置精度是如何保障的?

课后练习答案

项目 8 攻螺纹和套螺纹

【学习目标】

- 认识攻螺纹、套螺纹的工具。
- 掌握攻螺纹底孔直径的计算和套螺纹圆杆直径的计算。
- 掌握攻螺纹、套螺纹的操作方法。
- 熟悉丝锥崩断、板牙崩齿的原因及预防的方法。
- 熟悉螺纹质量问题产生的原因及预防的方法。

【安全提示】

- 攻螺纹、套螺纹过程中丝锥或板牙有可能断裂,会对操作人员造成磕碰伤害。
- 攻螺纹底孔不倒角易使孔口产生毛刺而扎伤操作人员。
- 套螺纹方法不正确易使螺纹产生毛刺而扎伤操作人员。

【知识准备】

用丝锥在工件的孔中加工出内螺纹的操作方法称为攻螺纹。用板牙在圆杆上加工出外螺纹的操作方法称为套螺纹。

螺纹被广泛应用于各种机械设备、仪器仪表中,起连接、紧固、传动、调整的作用。根据牙型断面的形状,将螺纹分为三角螺纹、梯形螺纹、锯齿形螺纹和圆形螺纹等类型。其中,用于连接或紧固的螺纹主要为三角螺纹。通用螺纹连接所用的螺栓、螺帽都属于标准件。无论在哪里或者是哪家企业生产的螺栓、螺帽都具备互换性。只有所有生产者都按照统一标准操作,才能保证螺纹的几何形状、尺寸、螺纹圆心的同心度等精度达到标准,进而保证生产出可以任意互换的标准件。作为电力职业院校的一名学生,我们未来就业的岗位是有统一的岗位责任和要求的,因此在校期间应该学好每一门课程,锻炼出强健的体魄,通过学校这把"工具",将自己"加工"成一个标准的"螺丝钉",为进入电力企业这个"大机器"打下坚实基础。

一、三角螺纹的标准

1. 米制螺纹

米制螺纹也称普通螺纹,分粗牙普通螺纹与细牙普通螺纹两种,牙型角为 60°。粗牙普通螺纹主要用于紧固与连接。细牙普通螺纹由于其具有螺距小、螺旋升角小、自锁性好的特点,除用于承受冲击、振动和变载的连接外,还可用于螺旋调整机构。普通螺纹应用非常广泛,其规格均有国家标准。

2. 英制螺纹

英制螺纹的牙型角为55°,目前只用于修配等场合,新产品已不再使用。

二、三角螺纹的种类

1. 圆柱形螺纹

圆柱形螺纹是用于连接的通用型螺纹,通用型螺纹是标准件,其规格用螺纹的公称直径表示,即用螺纹的大径表示。螺纹的大径、小径、牙型角和螺距等参数,都由国家标准规定。

2. 圆锥形管螺纹

圆锥形管螺纹是一种用于管道连接的英制螺纹,其规格用管道的公称直径表示,即用连接管道的内径表示。牙型角有55°和60°两种,锥度为1∶16。螺纹带有轴向锥度,当相配合的内外螺纹旋紧时,锥度可以使螺纹紧密咬合而起到密封的作用。

任务1　认识攻螺纹、套螺纹工具

攻螺纹与套螺纹的常用工具有丝锥、圆板牙、铰杠和板牙架等,如表1-8-1所示。

表1-8-1　攻螺纹、套螺纹常用工具

序号	名　　称	规格型号	单位	规格型号注解
1	丝锥	M12	套	M12——螺纹大径为12 mm的标准螺纹
2	圆板牙	M12	只	M12——螺纹大径为12 mm的标准螺纹
3	铰杠	280 mm(M6～M14)	把	280 mm——铰手长度, M6～M14——适用螺纹范围
4	板牙架	ϕ38 mm×10 mm(M12～M15)	把	38 mm——圆板牙的外径, 10 mm——圆板牙的厚度, M12～M15——适用螺纹范围

一、丝锥

丝锥

丝锥是加工内螺纹的工具,主要分为机用丝锥与手用丝锥。

1. 丝锥的构造

丝锥由工作部分和柄部构成,其中工作部分包括切削部分和校准部分,如图1-8-1所示。

丝锥沿轴线方向开有几条容屑槽,用于排屑并形成切削部分锋利的切削刃(起主切削作用)。切削部分的前角 $\gamma=8°\sim10°$,后角磨成 $\alpha=6°\sim8°$(机用丝锥的后角磨成 $\alpha=10°\sim12°$)。工作部分前端磨出切削锥角,切削力分布在几个刀齿上,这样切削省力,便于切入。丝锥的校准部分有完整的牙型,用于修正和校准已切出的螺纹,并引导丝锥沿轴向前进,其后角 $\alpha=0°$。丝锥校准部分的大径、中径、小径均有(0.05～0.12)/100的倒锥,以减小丝锥与螺孔的摩擦,减小螺孔的扩张量。丝锥的柄部做有方榫,便于夹持。

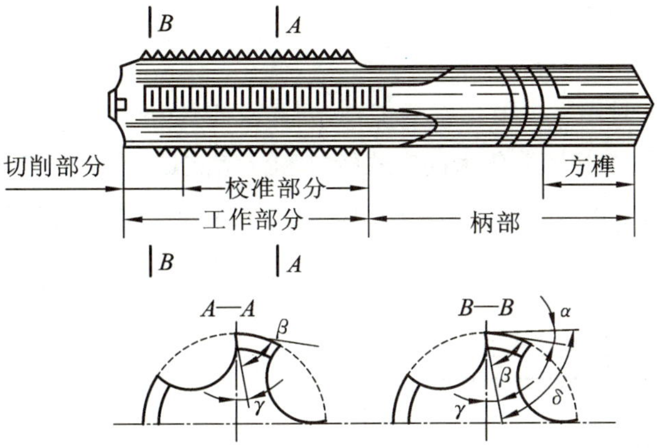

图 1-8-1　丝锥的结构

2. 丝锥的选用

丝锥分为机用丝锥和手用丝锥。

机用丝锥由高速钢制成，其螺纹公差带分 H1、H2 和 H3 三种；手用丝锥指碳素工具钢滚牙丝锥，其螺纹公差带为 H4。丝锥的选用原则参考表 1-8-2。

表 1-8-2　丝锥的选用原则

丝锥的公差代号	被加工螺纹的公差等级	丝锥的公差代号	被加工螺纹的公差等级
H1	5H、6H	H3	7G、6H、6G
H2	6H、5G	H4	7H、6H

3. 丝锥的成组分配

为减小切削阻力，延长丝锥的使用寿命，一般将整个切削工作分配给几支丝锥来完成。通常情况下，M6～M24 的丝锥每组有两支；M6 以下和 M24 以上的丝锥每组有三支；细牙普通螺纹丝锥每组有两支。圆柱管螺纹丝锥与手用丝锥相似，只是其工作部分较短，一般每组有两支。

每组丝锥在使用前应先确定丝锥的先后顺序，即头锥和二锥的确定。区分头锥与二锥是以螺纹起头处的刃磨状态来确认的。头锥的螺纹起头处螺纹刃磨五牙以上，如图 1-8-2 所示。二锥的螺纹起头处螺纹刃磨二至三牙，如图 1-8-3 所示。

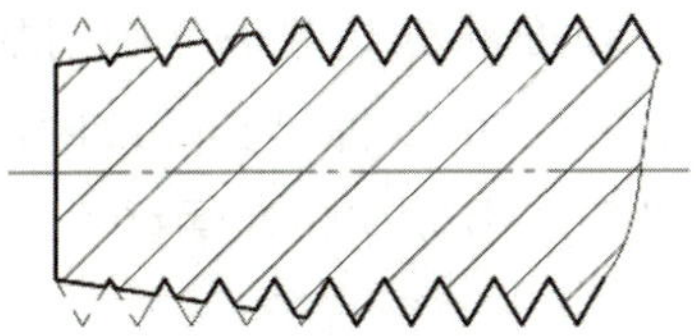

图 1-8-2　头锥

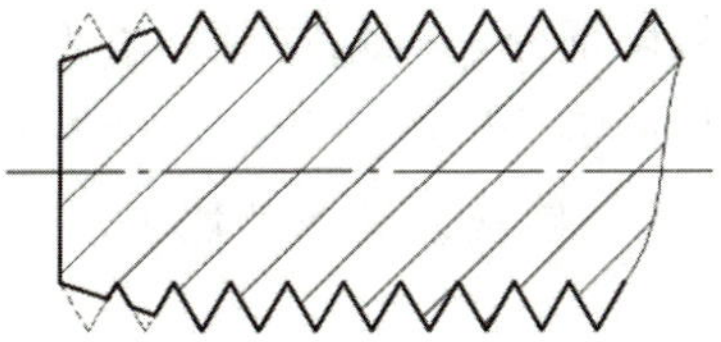

图 1-8-3　二锥

二、铰杠

铰杠是手工攻螺纹时用来夹持丝锥的工具，分普通铰杠（见图 1-8-4）、丁字铰杠（见图 1-8-5）两类。各类铰杠又分为固定式铰杠和活络式铰杠两种。丁字铰杠主要用于攻工件凸台旁的螺纹或箱体内部的螺纹。活络式铰杠可以调节夹持多种型号丝锥的方榫。

铰杠

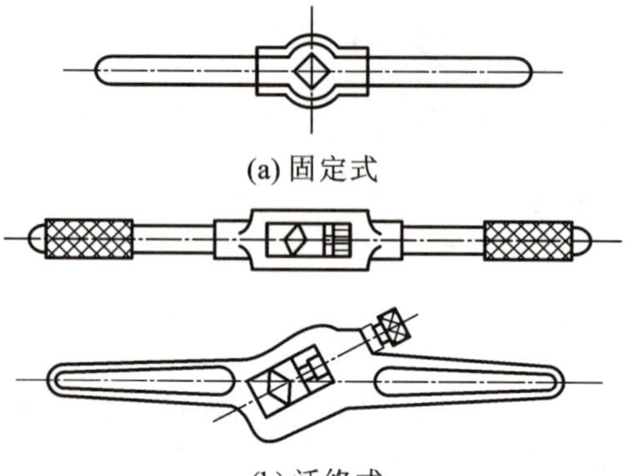

(a) 固定式

(b) 活络式

图 1-8-4　普通铰杠

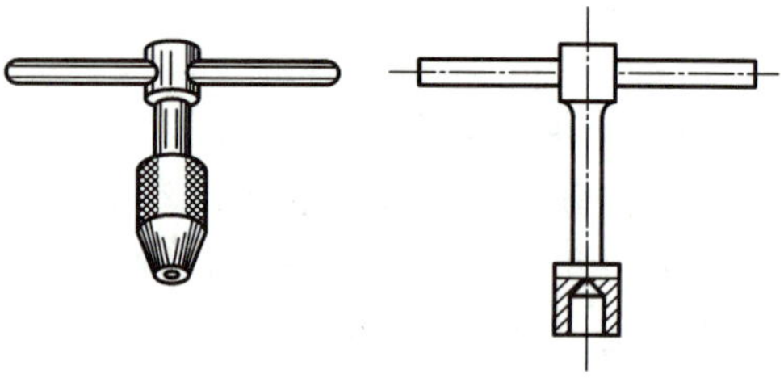

图 1-8-5　丁字铰杠

铰杠的长度应根据丝锥的尺寸选择，以便攻螺纹时更好地控制扭矩，选择方法参考表 1-8-3。

表 1-8-3　铰杠长度的选择

丝锥直径/mm	≤6	8～10	12～14	≥16
铰杠长度/mm	150～200	200～250	250～300	400～450

三、圆板牙

圆板牙是加工外螺纹的工具，由合金工具钢制作而成，并经淬火处理。

圆板牙由切削部分、校准部分和排屑孔组成。切削部分是圆板牙两端有切削锥角的部分，它不是圆锥面，而是阿基米德螺旋面，能形成后角。圆板牙两端面均有切削部分，一面磨损后，可换另一面使用。校准部分是圆板牙中间的一段，也是套螺纹时的导向部分。在板牙的前面对称钻有四个排屑孔，用以排出套螺纹时产生的切屑，如图 1-8-6 所示。圆板牙为单件加工，一个圆板牙即可加工出标准的外螺纹。

圆板牙

四、板牙架

板牙架是装夹圆板牙用的工具，其结构如图 1-8-7 所示。放入圆板牙后，用螺钉紧固。

板牙架

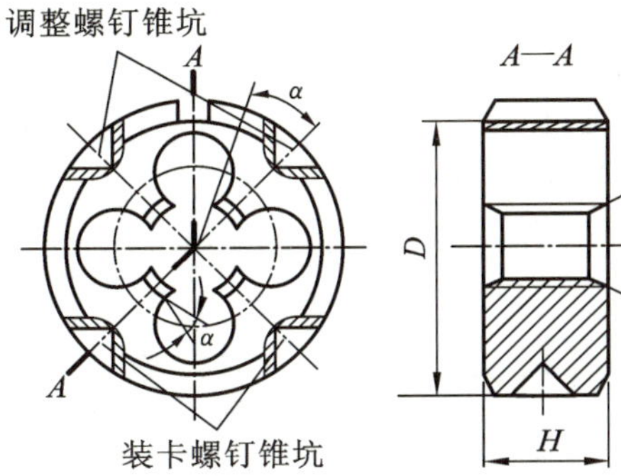

图 1-8-6 圆板牙

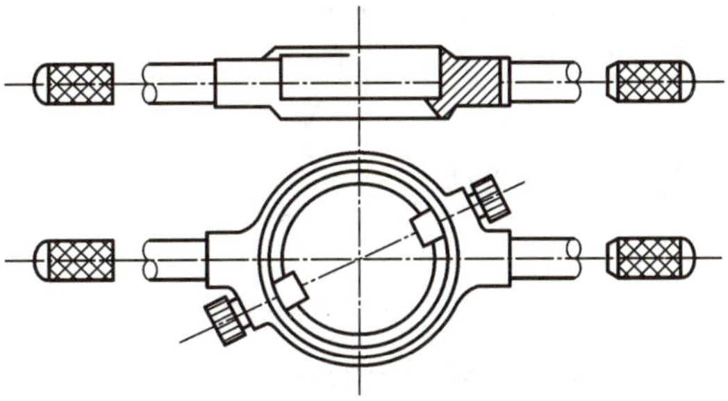

图 1-8-7 板牙架

任务 2 学习攻螺纹、套螺纹操作

一、攻螺纹操作

攻丝操作

1. 攻螺纹前底孔直径的计算

用丝锥攻螺纹时，每一个切削刃在切削金属的同时也在挤压金属，因此会将金属挤到螺纹牙尖，这种现象对于韧性材料尤为突出。若攻螺纹前底孔直径等于螺纹小径，被丝锥挤出的金属会卡住丝锥甚至将其折断，因此底孔直径应略大于螺纹小径，这样被丝锥挤出的金属正好形成完整的螺纹，且不易卡住丝锥。但底孔直径也不宜过大，否则会造成螺纹的牙型高度不够，降低螺纹强度。对于普通螺纹来说，底孔直径可根据下列计算式计算得出。

脆性材料 $$D_{底}=D-(1.05\sim1.15)P$$

韧性材料 $$D_{底}=D-P$$

式中：$D_{底}$——底孔直径(mm)；

D——螺纹大径(mm)；

P——螺距(mm)。

【例 1-8-1】 分别在中碳钢和铸铁上攻 M10×1.5 的螺纹，求各自的底孔直径。

解：因为中碳钢是韧性材料，所以底孔直径为

$$D_{底}=D-P=10\ \text{mm}-1.5\ \text{mm}=8.5\ \text{mm}$$

因为铸铁是塑性材料，所以底孔直径为

$$D_{底}=D-1.05P=10\ \text{mm}-1.05\times1.5\ \text{mm}=8.425\ \text{mm}$$

2. 攻螺纹前底孔深度的计算

攻不通孔螺纹时，由于丝锥的切削部分有锥角，在螺纹前端不能切出完整的牙型，所以钻孔深度应大于螺纹的有效深度，具体可按下式计算。

$$H_{钻}=h_{有效}+0.7D$$

式中：$H_{钻}$——底孔深度(mm)；

$h_{有效}$——螺纹的有效深度(mm);

D——螺纹大径(mm)。

【例 1-8-2】 在中碳钢上攻 M10 的不通孔螺纹,螺纹的有效深度为 50 mm,求底孔深度。

解:底孔深度为

$$H_{钻}=h_{有效}+0.7D=50\ \text{mm}+0.7\times10\ \text{mm}=57\ \text{mm}$$

3. 攻螺纹时切削液的选择

攻螺纹时合理选择适当品种的切削液,可以有效提高螺纹精度,降低螺纹的表面粗糙度。具体选择切削液的方法参考表 1-8-4。

表 1-8-4 攻螺纹时切削液的选择

工件材料	切削液
结构钢、合金钢	乳化液
铸铁	煤油、75%煤油+25%植物油
铜	机械油、硫化油、75%煤油+25%植物油
铝	50%煤油+50%机械油、85%煤油+15%亚麻油、煤油、松节油

4. 攻螺纹方法

(1) 在螺纹底孔的孔口处要倒角,通孔螺纹的两端均要倒角,这样可以保证丝锥比较容易地切入,并防止孔口挤压出凸边。

(2) 起攻时应使用头锥。用一只手掌按住铰杠中部,并沿丝锥轴线方向施加压力,另一只手配合做顺时针旋转,或两只手握住铰杠两末端均匀用力,并将丝锥顺时针旋进,如图 1-8-8 所示。一定要保证丝锥的中心线与底孔的中心线重合,不能歪斜。当丝锥已旋入 2 圈时,应用 90°角尺在前后、左右两个方向上分别进行检查,并不断校正,如图 1-8-9 所示。当丝锥切入 3~4 圈后,不能继续校正了,否则容易折断丝锥。

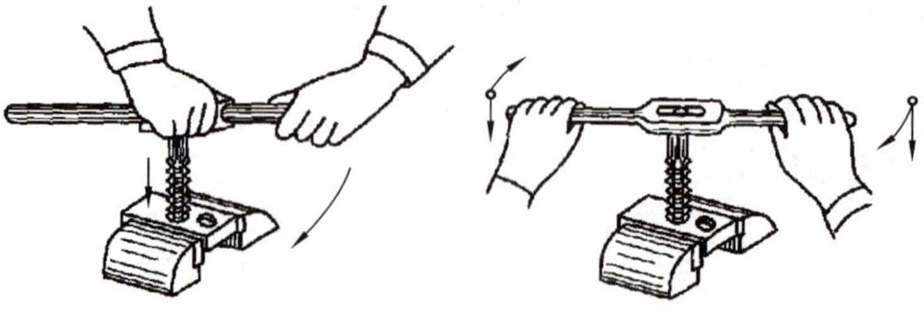
(a)　(b)

图 1-8-8 起攻螺纹

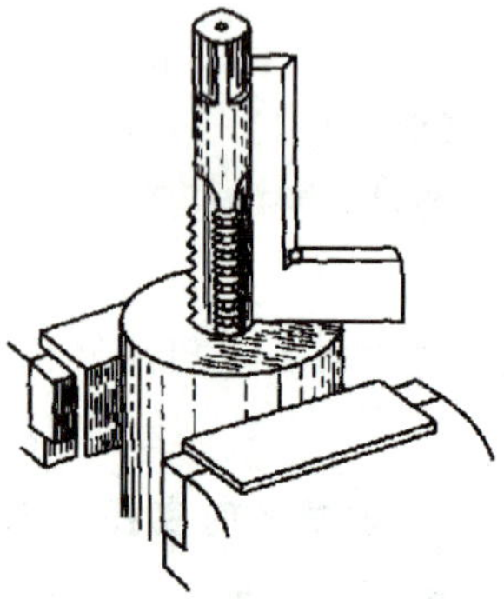

图 1-8-9 检查垂直度

(3) 当丝锥的切削部分全部进入工件时,不要再对其施加压力,只需靠丝锥自然旋进切削。此时,两手要均匀用力,铰杠每转 1/2~1 圈,应倒转 1/4~ 1/2 圈断屑。

（4）起攻前应在丝锥上涂抹切削液，攻螺纹过程中也应不断涂抹切削液。

（5）攻螺纹时必须按头锥、二锥、三锥的顺序进行攻削，以减小切削负荷，防止丝锥折断。

（6）攻不通孔螺纹时，可在丝锥上做深度标记，并要经常退出丝锥，将孔内的切屑清除，否则会因切屑堵塞而折断丝锥或攻不到规定深度。

5. 攻螺纹时常见缺陷及其产生原因

攻螺纹时常见缺陷及其产生原因如表 1-8-5 所示。

表 1-8-5　攻螺纹时常见缺陷及其产生原因

缺　陷	产 生 原 因
丝锥崩刃、折断	① 底孔直径小或深度不够； ② 攻螺纹时没有经常倒转断屑； ③ 用力过猛或两手用力不均； ④ 丝锥与底孔中心线未重合
螺纹烂牙	① 底孔直径小或孔口未倒角； ② 丝锥用钝； ③ 攻螺纹时没有经常倒转断屑； ④ 未加切削液
螺纹中径超差	① 螺纹底孔直径选择不当； ② 丝锥选用不当； ③ 攻螺纹时铰杠晃动
螺纹表面粗糙度超差	① 工件材料太软； ② 切削液选用不当； ③ 攻螺纹时铰杠晃动； ④ 攻螺纹时没有经常倒转断屑

二、套螺纹操作

1. 套螺纹前圆杆直径的确定

套丝操作

与攻螺纹一样，用板牙套螺纹的切削过程中也同样存在挤压作用。因此，圆杆直径应小于螺纹大径，其直径尺寸可通过下式计算得出。

$$d_{杆}=d-0.13P$$

式中：$d_{杆}$——圆杆直径；

d——螺纹大径；

P——螺距。

【例 1-8-3】 加工 M10 的外螺纹，求加工前的圆杆直径。

解：圆杆直径为

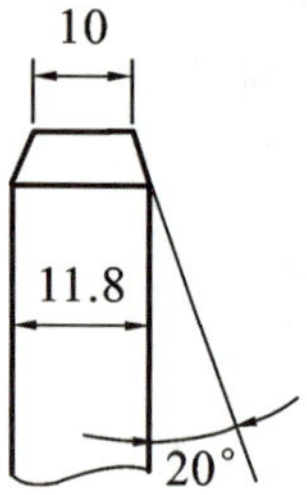

图 1-8-10 圆杆端面

$$d_{杆}=d-0.13P=10\ \text{mm}-0.13\times1.5\ \text{mm}=9.805\ \text{mm}$$

2. 套螺纹方法

(1) 为了使板牙容易切入工件，在起套前，应将圆杆端部做成15°～20°的倒角，如图 1-8-10 所示，且倒角小端的直径应小于螺纹小径。

(2) 由于套螺纹的切削力较大，且工件为圆杆，套削时应用 V 形夹板或在钳口上加垫铜钳口，保证装夹端正、牢固。

(3) 起套方法与攻螺纹时的起攻方法一样，用一只手掌按住板牙架中部，沿圆杆轴线方向施加压力，另一只手配合做顺时针旋转，动作要慢，压力要大，同时保证板牙端面与圆杆轴线相垂直。在板牙切入圆杆 2 圈之前及时校正。

(4) 板牙切入圆杆 4 圈后不能再对板牙施加进给力，让板牙自然旋进。当板牙自然旋进切削时，两手要均匀用力，圆板牙每转 1/2～1 圈，应倒转 1/4～ 1/2 圈断屑。

(5) 在钢件上套螺纹时应加切削液，以降低螺纹表面粗糙度和延长板牙寿命。切削液一般选用机油或较浓的乳化液，精度要求高时可用植物油。

3. 套螺纹时常见缺陷及其产生原因

套螺纹时常见缺陷及其产生原因如表 1-8-6 所示。

表 1-8-6 套螺纹时常见缺陷及其产生原因

缺　陷	产生原因
板牙崩齿或磨损太快	① 圆杆直径偏大或端部未倒角； ② 套螺纹时没有经常倒转断屑； ③ 用力过猛或两手用力不均； ④ 板牙端面与圆杆轴线不垂直； ⑤ 圆杆硬度太高或硬度不均匀
螺纹烂牙	① 圆杆直径太大； ② 板牙用钝； ③ 强行矫正已套歪的板牙； ④ 套螺纹时没有经常倒转断屑； ⑤ 未正确使用切削液
螺纹中径超差	① 圆杆直径选择不当； ② 板牙切入圆杆 4 圈后仍施加进给力
螺纹表面粗糙度超差	① 工件材料太软； ② 切削液选用不当； ③ 套螺纹时板牙架左右晃动； ④ 套螺纹时没有经常倒转断屑
螺纹歪斜	① 板牙端面与圆杆轴线不垂直； ② 套螺纹时板牙架左右压力不均匀； ③ 圆杆端部倒角歪斜

任务 3 练习攻螺纹、套螺纹

练习一：攻螺纹

1. 攻螺纹

攻螺纹的图纸如图 1-8-11 所示（材料：45 号钢）。

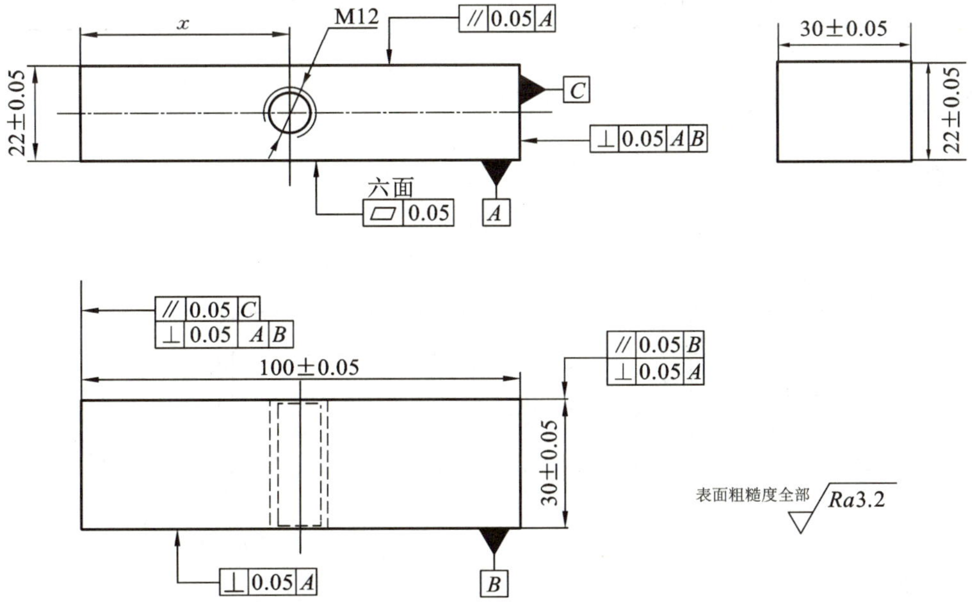

图 1-8-11 攻 M12 螺纹的图纸

2. 练习步骤

（1）按图纸要求完成倒角的工作。

（2）加工 M12 螺纹，并用相应的螺杆进行检验。

3. 注意事项

（1）起攻时，一定要从两个方向检验垂直度并及时校正，这是保证螺纹质量的重要环节。

（2）控制两手用力均匀是攻螺纹的基本功，必须努力掌握。

4. 评分标准

攻螺纹练习的评分标准如表 1-8-7 所示。

表 1-8-7 攻螺纹练习的评分标准

序号	项目名称与技术要求	配分	评定方法	实际得分
1	螺纹中心与孔中心重合	40	每超差 0.1 mm 扣 10 分	
2	螺纹表面光滑、连续	20	每有 1 处断丝扣 5 分	
3	孔口无毛刺、卷边	10	一侧有扣 5 分	
4	螺纹配合自如	10	配合不自如扣 10 分	
5	操作时间 10 分钟	20	每超过 2 分钟扣 5 分	
6	安全生产与文明生产	扣分	违章 1 次扣 3 分	

练习二:套螺纹

1. 套螺纹

套螺纹的图纸如图 1-8-12 所示(材料:45 号钢)。

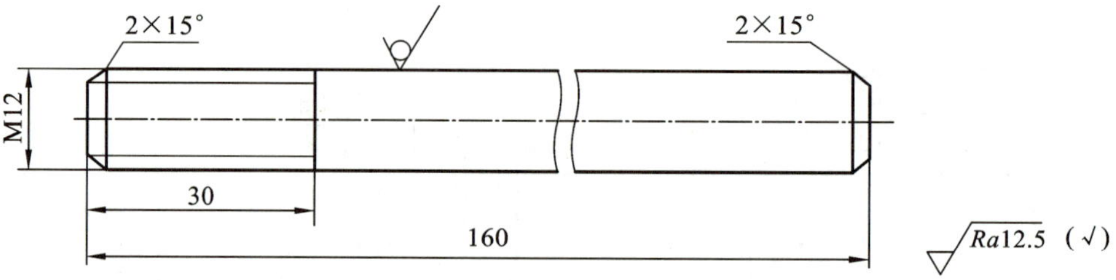

图 1-8-12 套 M12 螺纹的图纸

2. 练习步骤

(1) 按图纸要求完成下料、倒角工作。

(2) 加工 M12 螺纹,并用相应的螺孔进行检验。

3. 注意事项

(1) 起套时,一定要从两个方向检验垂直度并及时校正,这是保证螺纹质量的重要环节。

(2) 控制两手用力均匀是套螺纹的基本功,必须认真掌握。

(3) 选择适当的切削液。

4. 评分标准

套螺纹练习的评分标准如表 1-8-8 所示。

表 1-8-8 套螺纹练习的评分标准

序号	项目名称与技术要求	配分	评定方法	实际得分
1	螺纹中心与圆杆中心重合	40	每超差 0.2 mm 扣 10 分	
2	螺纹表面光滑、连续	20	每有 1 处断丝扣 5 分	

续表

序号	项目名称与技术要求	配分	评 定 方 法	实际得分
3	圆杆端头无毛刺、卷边	10	一侧有扣 5 分	
4	螺纹配合自如	10	配合不自如扣 10 分	
5	操作时间 10 分钟	20	每超过 1 分钟扣 5 分	
6	安全生产与文明生产	扣分	违章 1 次扣 3 分	

课后练习

一、填空题

1. 用 M12 板牙在普通钢件上套螺纹时，圆杆直径应加工至________mm。

2. 圆锥形管螺纹应用于________连接，具有自锁紧性能和密封性能。

3. 同型号螺栓和螺帽的螺纹大径和________相同。

4. M12 丝锥的头锥起头处的螺纹刃磨________以上。

二、选择题

1. 在普通钢件上攻 M12 的标准螺纹时，底孔直径应选择________。

A. 9.8 mm　　B. 10.2 mm　　C. 10.8 mm

2. 在套螺纹前，应将圆杆端部做成________的倒角，且倒角小端的直径应小于螺纹小径。

A. 45°　　B. 30°　　C. 15°

3. M6～M24 的丝锥是________套，应先使用头锥。

A. 一件　　B. 两件　　C. 三件

4. 攻丝操作时，丝锥应与底孔的端面形成________状态。

A. 前后垂直　　B. 左右垂直　　C. 前后和左右同时垂直

三、判断题

1. 标准圆柱螺纹的大径和螺距由国家标准规定，而其小径和牙型角由企业自定。(　　)

2. 套螺纹时，应保证板牙端面与圆杆轴线垂直。(　　)

3. 普通标准螺纹的牙型角为 60°，牙型截面是正三角形。(　　)

4. 攻丝或套丝操作时，工具必须按照进半圈、退一圈的操作来排除切削物。(　　)

四、简答题

1. 简述加工内螺纹的操作方法。

2. 简述丝锥崩断的原因。

3. 简述套螺纹时螺纹歪斜的原因。

4. 攻丝、套丝操作过程中为什么要检查工件与工具之间的垂直状态？

课后练习答案

项目 9 研磨和刮削

认识“大国工匠”——“研磨师”宁允展

宁允展,铁路技校毕业的青岛小哥,中车青岛四方机车车辆股份有限公司职工,车辆钳工,高级技师。主要从事高速动车组转向架研磨装配工作。整个转向架其他所有的工序都可以用机器加工,唯独这个工序必须依靠手工加工。而转向架留给手工研磨的空间只有 0.05 mm。磨小了,转向架落不下去;磨大了,价值十几万元的主板就报废。就是在这样的精度加工要求下,宁允展创造了 11 年无次品的工作纪录!他和他们团队研磨的转向架安装在 1300 余列高速动车组上。

宁允展沉浸于技术的探索,在比头发丝还细的空间里,展现自己的绝技,树立自己的权威和自信。执着、匠心是宁允展的精神境界。

【学习目标】

- 认识研磨、刮削工具。
- 掌握研磨、刮削的操作方法。
- 掌握原始平板刮削的方法。
- 熟悉研磨、刮削的质量问题及其产生原因和预防方法。

【安全提示】

- 刮削平板放置不稳会掉落,可能会造成严重的伤害事故。
- 研磨平板和较重的工件时,操作不当会造成严重的伤害事故。
- 刮削过程中身体失稳会造成磕碰伤害。
- 刃磨刮刀的过程中,如果产生的砂粒进入眼睛,会对眼睛造成严重伤害且难以清除。

【知识准备】

研磨、刮削是两种相对独立的钳工操作技能。但是,刮削需要研磨作为辅助才可完成。

研磨可根据操作目的的不同,分为磨削研磨和显点研磨两种。磨削研磨是用研磨工具(研具)和研磨剂从工件表面磨去一层极薄金属的精加工操作技能。通过磨削研磨,可以使工件获得很高的加工尺寸精度、形状精度和位置精度,以及很好的表面粗糙度。磨削研磨根据操作形式的不同,分为手工研磨和机械研磨两种。显点研磨是为了配合刮削操作而采用的辅助操作,此时研磨的目的是显示刮削表面高凸的位置点(显示高点)。

刮削是使用刮刀在工件表面刮除一层极薄金属,从而使工件的表面形状或位置尺寸达到精度要求的精加工操作技能。刮削操作过程中,需要显点研磨来确定刮削操作的具体落刀位置点。刮削后的工件可以获得极高的尺寸精度、形状精度、位置精度和接触精度等。同时还可以刮出花纹,以使成品工件形成良好的润滑效果和美观的外表面。

研磨和刮削都属于高精度的加工方式,其切削量都非常小。只有通过反复精心和细致的操作,才能保证零件或设备的成品质量。因此,操作者一丝不苟的工匠精神对工作结果有着重要影响。

一、研磨的特点

(1) 研磨可以获得极高的加工精度和极好的表面粗糙度。

(2) 研磨可以使配合表面获得极高的配合性能。

(3) 研磨在低速、低压力下进行,产生的热量很小,研磨表面不会产生变质层。

(4) 研磨过程中,较硬的研磨材料容易嵌入较软的工件表面,进而影响工件使用寿命和光学特性。

(5) 研磨加工效率低。

二、研磨的应用

(1) 研磨通常作为机械加工的最终加工工序。

(2) 研磨作为表面光整加工技术使工件获得高质量的表面精度。

(3) 研磨用于获得极高精度的尺寸、形状、位置。

(4) 研磨在热电厂的热力设备制造、维修中用于高精度加工,可以使工件获得极高精度的配合表面,获得良好机械性能和密封性能。

三、刮削的特点

(1) 刮削具有切削量小、切削力小、切削热少和切削变形小的特点。

(2) 刮削时,刮刀反复对工件表面进行挤压,使工件表面获得良好的粗糙度,而且工件表面会变得比以前紧密,从而提高了工件表面的抗疲劳能力与耐磨性。

(3) 刮削后的工件表面上分布着均匀的微坑,从而改善了工件的润滑性能,减少了工件的摩擦磨损,延长工件的使用寿命。

(4) 刮削一般利用标准件或互配件对工件表面进行涂色显点来确定其加工部位,从而保证工件有较高的形位精度和精密配合。

四、刮削的应用

(1) 用于精密机械工件的配合滑动表面。

(2) 用于工件要求有较高的形位精度和尺寸精度。

(3) 用于获得良好的机械装配精度。

(4) 用于工件需要获得美观的表面。

任务1 认识研磨、刮削工具

研磨、刮削常用工具有研磨平板、研磨膏、研磨砂、平面刮刀、三角刮刀、红丹粉、油石、砂布等,如表 1-9-1 所示。

表 1-9-1　研磨、刮削常用工具

序号	名　　称	规 格 型 号	单位	规格型号注解
1	研磨平板	400 mm×600 mm,3 级	块	400 mm×600 mm ——外形尺寸, 3 级——精度等级为 3 级
2	研磨砂	金刚石,M8/16	克	M8/16 ——公称尺寸范围 8~16 μm
3	研磨膏	金刚石,M8/16,40 g	盒	M8/16 ——公称尺寸范围 8~16 μm, 40 g ——质量 40 g
4	平面刮刀	500 mm	把	500 mm ——长度尺寸为 500 mm
5	三角刮刀	250 mm	把	250 mm ——长度尺寸为 250 mm
6	红丹粉	四氧化三铅	千克	四氧化三铅——化学名称
7	油石	120/240 目 100 mm×50 mm×25 mm	块	两面的磨粒大小分别为 120 目和 240 目, 100 mm×50 mm×25 mm ——长度×宽度×高度
8	砂布	230 mm×280 mm,P100	张	230 mm×280 mm ——宽度×长度, P100 ——磨粒粒度号

一、研磨平板(磨削研磨工具)

研磨平板主要用来研磨一些有平面的工件表面,如研磨精密量具的平面和高精度接触表面等。研磨平板分为沟槽研磨平板和光滑研磨平板两种,如图 1-9-1 所示。沟槽研磨平板用于粗研,光滑研磨平板用于精研。研磨平板的规格以其外形尺寸和精度等级表示。

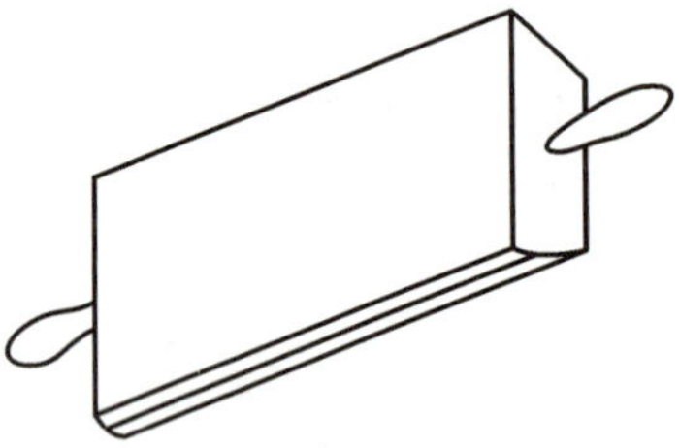

(a)光滑研磨平板

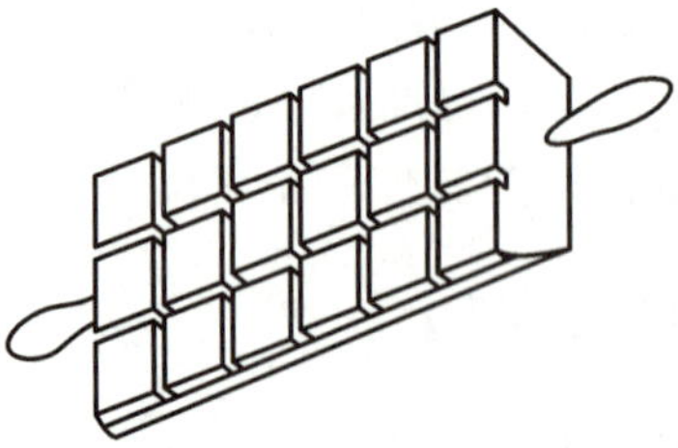

(b)沟槽研磨平板

图 1-9-1　研磨平板

除了研磨平板,还有研磨棒、研磨套等研磨工具。其中,研磨棒主要用来研磨套类工件的内孔,研磨套主要用来研磨轴类工件的外圆表面。

二、研磨砂(磨削研磨材料)

研磨砂根据磨粒的粗细分为磨粒、磨粉、微粉三种。研磨砂在研磨中起切削金属表面的作用，常用的磨料有氧化物系、碳化物系、超硬磨料、软磨料等几种。研磨砂的规格用磨粒粒度号表示，磨粒粒度号越大，磨粒越粗。研磨砂的种类、特性、用途如表1-9-2所示。

表1-9-2 研磨砂的种类、特性、用途

类别	名　称	代号	特　性	适用范围
氧化物	棕刚玉	A	棕褐色，硬度高，韧性大，价格低	研磨铸铁或硬青铜
	白刚玉	WA	白色，硬度高于棕刚玉，韧性低于棕刚玉	精研淬火钢、高速钢及有色金属
	铬刚玉	PA	玫瑰红或紫色，韧性大	研磨各种钢件、量具、仪表
	单晶刚玉	SA	淡黄色或白色，硬度、韧性比白刚玉高	研磨不锈钢、高钒高速钢等硬度高、韧性大的材料
碳化物	黑碳化硅	C	黑色，硬度比白刚玉高，脆而锋利，导电性、导热性良好	研磨铸铁、青铜、铝、耐火材料及非金属材料
	绿碳化硅	GC	绿色，硬度和脆性比黑碳化硅高	研磨硬质合金、硬铬、宝石、陶瓷、玻璃等
	碳化硼	BC	灰黑色，硬度次于金刚石	研磨和抛光硬质合金、人造金刚石等
超硬磨料	人造金刚石	MPD	无色透明或淡黄色，硬度高，比天然金刚石脆，表面粗糙	研磨硬质合金和天然宝石

三、研磨膏（磨削研磨材料）

研磨膏是用油脂（石蜡、甘油、三压硬脂酸等）和研磨粉调制而成的，应用方便。研磨膏的规格用磨粒粒度号表示，磨粒粒度号越大，磨粒越粗。JB/T 8002—2012《超硬磨料制品 人造金刚石或立方氮化硼研磨膏》中粒度的代表字母为“M”，例如M4/8，但研磨膏生产厂家普遍沿用老习惯，它们采用的粒度代表字母为“W”，例如W28。

四、刮刀

刮刀一般由碳素工具钢T10A、T12A或弹性好的轴承钢GCr15锻制而成，经热处理后其硬度可达60HRC左右。刮刀的规格用其长度尺寸表示。刮削淬火硬件时，可用硬质合金刮刀。刮刀刃口呈圆弧状、负前角，刮削时对工件表面起挤压作用，这是刮削能改善工件表面粗糙度和提高工件表面质量的原因之一。

根据刮削表面不同，将刮刀分为平面刮刀和曲面刮刀两大类。

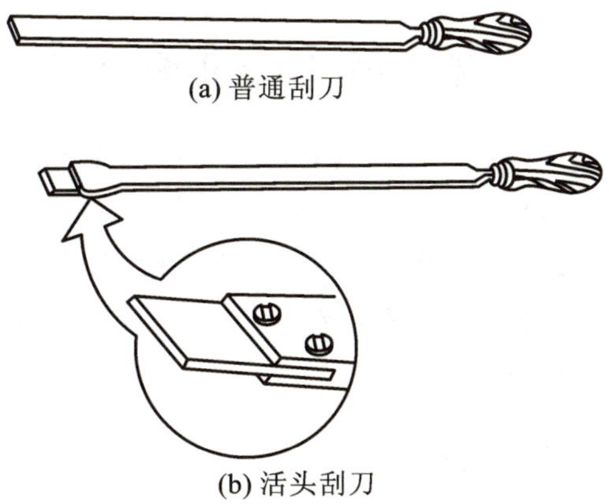

(a) 普通刮刀

(b) 活头刮刀

图1-9-2 平面刮刀

(1) 平面刮刀用来刮削平面和外曲面。平面刮刀又分为普通刮刀和活头刮刀两种,如图 1-9-2 所示。其中,普通刮刀按所刮表面精度的不同,又可分为粗刮刀、细刮刀和精刮刀三种。

(2) 曲面刮刀用来刮削内曲面,如滑动轴承等。曲面刮刀分为三角刮刀和蛇头刮刀两种,如图 1-9-3 所示。

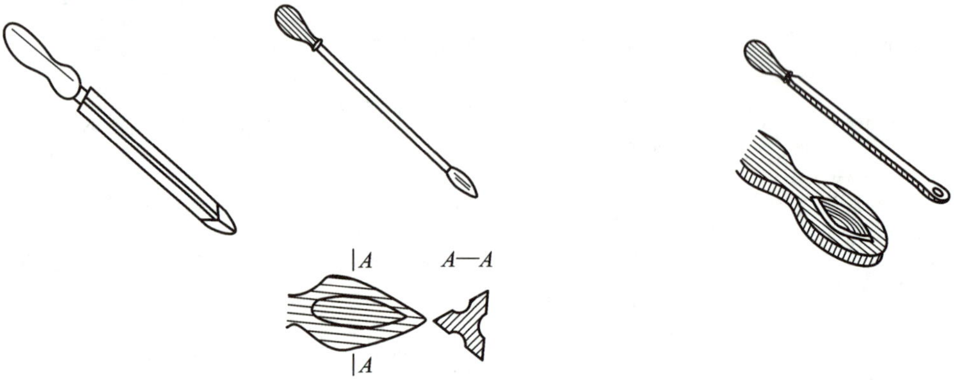

(a) 三角刮刀　　(b) 蛇头刮刀

图 1-9-3　曲面刮刀

五、校准工具

校准工具是用来研点和检验刮削表面准确情况的工具。常用的校准工具有校准平板、校准直尺、角度尺,如图 1-9-4 所示。

(a) 校准平板　　(b) 校准直尺　　(c) 角度尺

图 1-9-4　常用的校准工具

六、显示剂(显点研磨材料)

工件和校准工具对研时所加的涂料叫显示剂。

常用的显示剂:红丹粉(四氧化三铅)或氧化铁加机油调和,用于钢件和铸铁;蓝油,由蓝粉和蓖麻油调和而成,主要用于精密件和有色金属。使用显示剂时,常用砂布将显示剂包裹成球,这样便于擦拭涂抹显示剂。将显示剂涂在工件(或校准工具)上,经推研可显示出需要刮去的高点。

七、油石

油石是修磨刮刀的辅助工具,其规格用长宽尺寸和磨粒粒度号表示。在砂轮机上刃磨好的刮刀和用钝的刮刀，都需要在油石上进行修磨，以使刮刀符合刮削要求。

八、砂布（磨削研磨材料）

砂布是在研磨中用于粗研和中研的工具，其规格用长宽尺寸和磨粒粒度号表示，磨粒粒度号越大，磨粒越粗。使用砂布可使研磨速度加快，研磨表面保持干净。砂布也可用于工件表面的抛光，以提高工件表面的粗糙度精度。

任务2 学习研磨方法

一、研磨方法（任务2中所说研磨，均指磨削研磨）

（1）平面研磨。平面研磨应在非常平整的平板上进行，粗研在有槽的平板上进行，精研在无槽的平板上进行。研磨前，要根据工件的特点选择合适的研具、研磨剂、研磨运动轨迹、研磨压力和研磨速度。研磨按照粗研、半精研和精研三步骤完成。

第一步粗研：粗研要达到工件加工表面的机械加工痕迹基本消除，平面度接近图样要求的目标。

第二步半精研：半精研要达到工件加工表面的机械加工痕迹完全消除，工件精度达到图样要求的目标。

第三步精研：精研完成后，工件的精度和表面粗糙度要完全符合图样的要求。

（2）研磨外圆柱表面。研磨外圆柱表面时，一般采用手工与机械相配合的方法用研磨套对工件进行研磨。研磨时工件由车床或钻床带动。研磨前，要在工件上均匀涂抹研磨剂，套上研磨套并调整好研磨间隙，其松紧程度以手用力能转动研磨套为宜。通过工件旋转和研磨套在工件上沿轴线方向做往复运动进行研磨，如图1-9-5所示。研磨外圆柱表面时，工件的转速一般是：圆柱直径＜ϕ80 mm时，转速为100 r/min；圆柱直径＞ϕ100 mm时，转速为50 r/min。

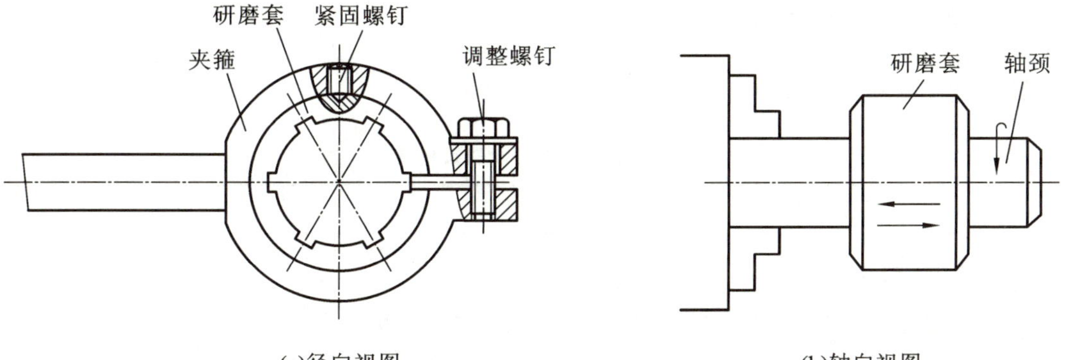

图1-9-5 研磨外圆柱表面

研磨过程中,当研磨套的往复运动速度适当时,工件上研磨出来的网纹呈 45°交叉线,往复运动速度太快时研磨出来的网纹与工件轴线之间的夹角较小,反之则夹角较大,如图 1-9-6 所示。

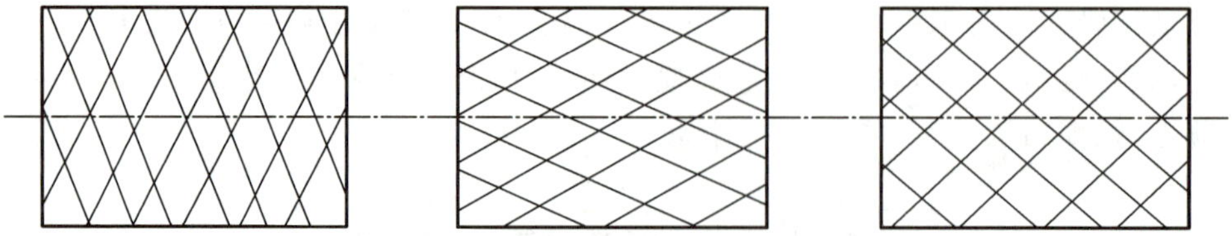

(a) 太慢　　(b) 太快　　(c) 适合

图 1-9-6　研磨外圆柱表面时的速度判断

(3) 阀门研磨。阀门研磨是将阀门的密封面研磨至贴合,且提高密封面的粗糙度精度。阀门研磨按照磨削量的大小分为粗研、中研、细研、精研四个阶段。粗研、中研采用胎具研磨,细研和精研采用门芯与门座对研。

① 粗研。阀门密封面上的锈蚀坑的直径大于 ϕ0.5 mm 时,应先车光,再进行研磨。具体做法是:在密封面上涂一层 280 号或 320 号磨粉,用约 15 N 的力压着胎具顺一个方向研磨,研到感到胎具中无砂颗粒时把旧磨粉擦去换上新磨粉再研,直至麻点、锈蚀坑完全消失。

② 中研。把粗研留下的砂擦干净,加上一层薄薄的 M28～M14 微粉,用 10 N 左右的力压着胎具顺着一个方向研磨,磨到无砂粒声或微粉发黑时换新微粉。经过几次换微粉后,若密封面基本光亮,隐约看见一条不明显、不连续的密封线,或者在密封面上用铅笔画几道横线,合上胎具轻轻转几圈,若铅笔线被磨掉,就可以进行细研了。

③ 细研。用 M7～M5 微粉研磨,用力要轻,先顺时针旋转 60°～100°,再逆时针旋转 40°～90°,来回研磨,研磨到微粉发黑时更换微粉,直至看到一圈又黑又亮的连续密封线(凡尔线),且该密封线占密封面宽度的 2/3 以上,就可进行精研了。

④ 精研。精研是研磨的最后一道工序,目的是降低表面粗糙度和研去嵌在金属表面的砂粒。研磨时不加外力也不加磨粉,只用润滑油进行研磨。具体研磨方法与细研相同,一直磨到加进去的润滑油磨后不变色为止。

二、研磨运动轨迹

研磨运动轨迹的选择参考表 1-9-3。

表 1-9-3　研磨运动轨迹的选择

轨迹	轨迹描述	特点	应用
直线	做直线往复运动	获得较高的精度和很小的粗糙度值	有台阶的狭长平面
直线与摆动	做直线运动的同时做横向摆动	可获得较好的平直度	刀口形直尺、刀口形直角尺
螺旋线	做螺旋线状滑移运动	获得较低的平面度值和很小的粗糙度值	圆形研磨表面

续表

轨迹	轨 迹 描 述	特 点	应 用
8字形	做8字形滑移运动	研具磨损均匀	量规类小表面
旋转	做绕轴心旋转运动	研磨表面相互贴合	环形研磨表面

三、研磨注意事项

(1) 研磨前，选择的研具材料的硬度要比工件的硬度低，并具有良好的嵌砂性、耐磨性和足够的刚性及较高的几何精度。

(2) 研磨时，研磨速度不能太快。精度要求高或易受热变形的工件，其研磨速度不超过30 m/min。手工粗磨时，每分钟往复40～60次；精研磨时，每分钟往复20～40次。

(3) 研磨外圆柱表面时，研磨套的内径应比工件的外径大0.025～0.05 mm，研磨套的长度一般是其孔径的1～2倍。

(4) 研磨外圆柱表面时，对于直径大小不一的情况，可在直径大的部位多研磨几次，直到直径相同为止。

(5) 研磨内圆柱表面时，研磨棒的外径应比工件内径小0.01～0.025 mm，研磨棒工作部分的长度为工件长度的1.5～2倍。

(6) 研磨内圆柱表面时，如果孔口两端积有过多的研磨剂，应及时清理。研磨后，应将工件清洗干净，冷却至室温后再进行测量。

四、研磨质量缺陷及其产生原因

研磨时，常见的质量缺陷及其产生原因如表1-9-4所示。

表1-9-4 研磨质量缺陷及其产生原因

缺 陷	产 生 原 因
表面粗糙度不合格	① 磨粒太粗或不同粒度磨粒混合； ② 研磨剂选择不当； ③ 嵌砂不足或研磨剂涂得薄而不匀； ④ 研磨过程中清洁工作未做好
薄工件拱曲变形	① 工件发热，温度过高； ② 研具的硬度不合适； ③ 工件夹持过紧
平面呈凸形或孔口扩大	① 研磨剂涂抹太厚； ② 研磨棒伸出孔口太长； ③ 孔口多余的研磨剂未及时清理； ④ 研具工作面的平面度差
孔的圆度和圆柱度不合格	① 研磨时没有及时更换方向； ② 研磨时没有应用研磨棒全长

续表

缺　　陷	产生原因
工件表面磨削一边多一边少	① 研磨时压力不均； ② 研具工作面倾斜
表面拉毛	研磨剂中混入了杂质

任务3　学习刮削方法

一、刮削余量(任务3中所说研磨、对研或配研，均指显点研磨)

刮削前，工件表面必须经过精铣或精刨等精加工。由于刮削的切削量小，因此刮削余量一般为0.05～0.4 mm，具体根据刮削面积而定，如表1-9-5所示。

表1-9-5　刮削余量

平面的刮削余量/mm					
平面宽度/mm	平面长度/mm				
	100～500	500～1000	1000～2000	2000～4000	4000～6000
<100	0.10	0.15	0.20	0.25	0.30
100～500	0.15	0.20	0.25	0.30	0.40
孔的刮削余量/mm					
孔径/mm	孔长/mm				
	<100	100～200	200～300		
<80	0.05	0.08	0.12		
80～180	0.10	0.15	0.25		
180～360	0.15	0.20	0.35		

二、平面刮削姿势

1. 平面刮削方法

平面刮削方法分为手刮法和挺刮法两种。

1）手刮法

右手握刮刀手柄方法与握锉刀手柄方法相同，如图1-9-7所示。左手四指朝下握在距刮刀头部50 mm处。左手靠近小拇指的掌部贴在刀背上，刮刀与刮削面成25°～30°角。左脚向前跨一步，身体重心靠向左腿。刮削时，刀头找准研点，身体重心往前送的同时，右手跟进刮刀；左手下压，落刀要轻并引导刮刀前进；在研点被刮削的瞬时，左手利用刮刀的反弹作用力迅速提起刀头，一般刀头被提起的高度为 5～10 mm，如此完成一个刮削动作。

2）挺刮法

身体姿势如图 1-9-8 所示，将刮刀柄顶在小腹右下部肌肉处，左手在前，手掌向下；右手在后，手掌向上，距刮刀头部 50～80 mm 处握住刀身。刮削时，刀头对准研点，左手下压，右手控制刀头的方向，利用腿部和臂部的合力往前推动刮刀；在研点被刮削的瞬间，双手利用刮刀的反弹作用力迅速提起刀头，刀头被提起的高度约为 10 mm。

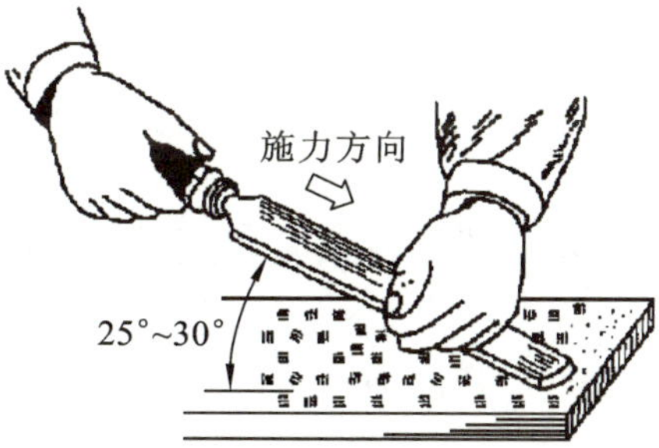

图 1-9-7 手刮法

图 1-9-8 挺刮法

2. 平面刮削的步骤

平面刮削包括粗刮、细刮、精刮、刮花四个步骤。工件表面的刮削方向应与前道工序的刀痕交叉，每刮削一遍后，在工件加工面上涂抹显示剂，用校准工具配研，以显示出工件加工面上的高低不平处，然后刮掉高点，如此反复进行。

1）粗刮

刮削前，工件表面上有较深的加工刀痕，若有严重的锈蚀或刮削余量较多时(0.2 mm 以上)需进行粗刮。粗刮时，应使用长柄刮刀且施力较大，刮刀痕迹要连成长片，不可重复。粗刮方向与加工刀痕约成 45°角，每次的刮削方向要交叉。粗刮到工件表面的研点增至每(25×25) mm^2 面积内有 3～4 个研点时转入细刮。

2）细刮

细刮用细刮刀刮去块状的研点。细刮采用短刮刀法，刀痕长度约为刀刃的宽度。随着研点的增加，刀痕逐步缩短。细刮也采用交叉刮削法，每次显示剂都要涂得薄而均匀，以便研点显示清晰。当整个工件表面上达到每(25×25) mm^2 面积内有 12～15 个研点时，细刮结束。

3）精刮

精刮采用点刮法，刮刀对准显示研点，落刀要轻，提刀要快，每一个研点只刮一刀。反复配研、刮削，直至工件表面上每(25×25) mm^2 面积内有 25 个研点以上。

4）刮花

刮花的目的：一是增加刮削表面的美观度，保证良好的润滑性；二是可根据刀花的消失情况判断平面的磨损程度。精度要求高的工件,不必刮出大块的花纹。常见的花纹如图 1-9-9 所示。

(a)斜花纹　(b)鱼鳞花　(c)半月花

图 1-9-9　常见的花纹

3. 刮削时的注意事项

(1) 每次刮削推研时要注意清洁工件表面,不要让杂质留在研合面上,以免划伤刮面或标准平板。

(2) 不论是粗刮、细刮还是精刮,对小工件的显示研点,都应当将标准平板固定,工件在标准平板上推研。推研时要求压力均匀,避免显示失真。

三、曲面刮削

曲面刮削与平面刮削相似,方法略有不同。曲面刮削过程中,进行内圆弧面的刮削操作时,刮刀做内圆弧运动,刀痕与轴线约成 45°角。粗刮时,用刮刀根部,用力大,切削量多,刮削面积大;精刮时,用刮刀端部,进行修整浅刮。

内孔刮削常用与其相配的轴或标准轴作为校准工具,将蓝油均匀涂抹在孔的表面,并使轴在孔中来回转动,以此显示出接触点,再根据接触点进行刮削。用三角刮刀刮削轴瓦,其操作如图 1-9-10 所示。

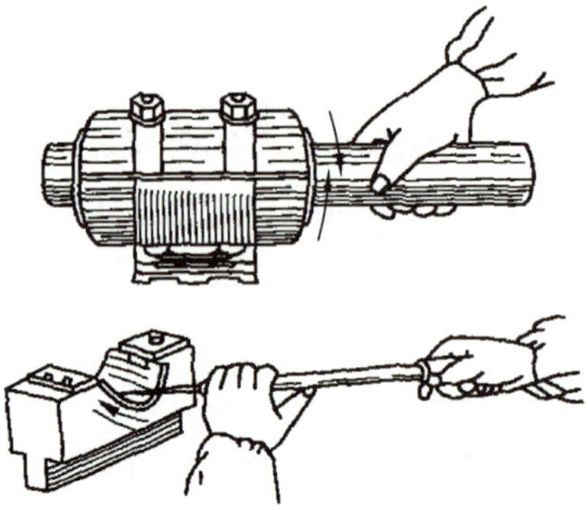

图 1-9-10　曲面刮削

四、刮削质量检验

1. 刮削精度的检验

刮削后的工件表面,根据接触斑点、平面度和直线度等来检验刮削精度,如图 1-9-11 所示。根据接触斑点检验时,将边长 25 mm 的正方形框罩在与校准工具配研过的被检查表面上,检测正方形框内的接触斑点数目。

合格件应达到表 1-9-6 所示的接触斑点要求。

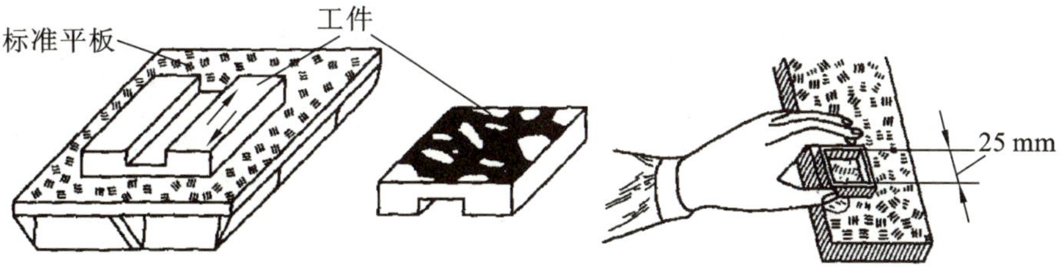

图 1-9-11 刮削精度检验

表 1-9-6 接触斑点要求

平面的接触斑点要求		
平面类型	接触斑点数目/个	应用范围
普通平面	8～12	普通基准面、密封接合面
	12～16	机床导轨面、工具基准面
精密平面	16～20	精密机床导轨面、直尺面
	20～25	精密量具表面、一级平板表面
超精密平面	＞25	零级平板表面、高精度机床导轨面

轴承的接触斑点要求							
轴承直径/mm	机床或精密机械的主轴轴承			锻压设备的轴承和通用的机械轴承		动力机械的轴承和冶金设备的轴承	
	高精度	精密	一般	重要	一般	重要	一般
≤120	25	20	16	12	8	8	5
＞120		16	10	8	6	6	2

2. 刮削的安全文明生产

(1) 刮削平板应放置平稳以防掉落，刮削时应防止工件摇晃。

(2) 研磨平板或较重的工件时应用力均匀，并保持研磨工件的重心在下平板的支撑面内。

(3) 刮削过程中，身体的重心始终由双腿支撑，以免身体失稳。

(4) 刃磨刮刀时，应严格执行砂轮机安全操作规程，防止发生事故。

(5) 红丹粉具有毒性，应避免其进入口、鼻、眼中。

3. 刮削的质量缺陷及其产生原因

刮削的质量缺陷及其产生原因如表 1-9-7 所示。

表 1-9-7　刮削的质量缺陷及其产生原因

缺　陷	缺陷特征	产生原因
深凹痕	刀迹很深	① 粗刮时，用力不均匀，局部落刀太用力； ② 多次落刀地方一样； ③ 刀刃的圆弧过小
梗痕	刀迹单边产生划痕	刮削时用力不均匀，致使刃口单边棱角切削
撕痕	刮削面上出现粗糙的刮痕	① 刀刃不光洁、不锋利； ② 刀刃有缺口或裂纹
落刀痕、起刀痕	刀迹在起点或终点处产生深刀痕	落刀时，左手压力大、动作太快，起刀不及时
振痕	刮削面上出现有规则的波纹	多次同向切削，刀迹没有交叉
划道	刮削面上划有深浅不一的直线	没清洁显示剂或研点时有砂粒、铁屑等杂物
刮削面的精度不高	显示研点的变化不规律	① 研点时压力不均匀，工件外露太多； ② 所用研具不正确； ③ 研点时工件放置不平稳

五、平面刮刀的刃磨

1. 平面刮刀的几何角度

平面刮刀按粗刮、细刮、精刮的要求分为粗刮刀、细刮刀、精刮刀，这三种平面刮刀的顶端角度如图 1-9-12 所示。粗刮刀的顶端角度为 90°～92.5°，其刀刃平直；细刮刀的顶端角度为 95°左右，其刀刃稍带圆弧；精刮刀的顶端角度为 97.5°左右，其刀刃带圆弧。刃磨后的刮刀，其平面应平整光洁，刃口无缺陷。

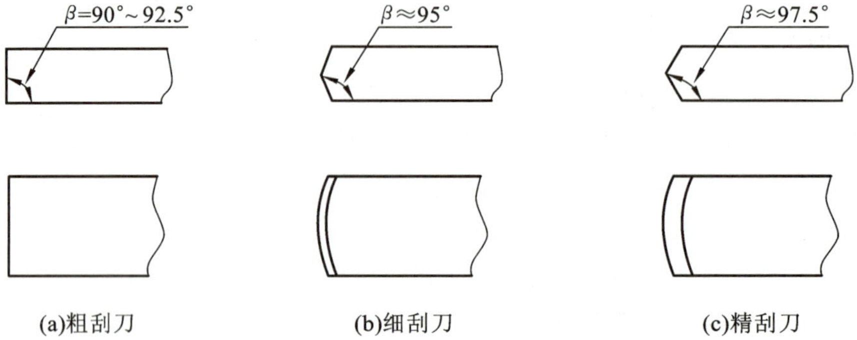

图 1-9-12　平面刮刀的顶端角度

2. 平面刮刀的刃磨

应在油石上刃磨刮刀。操作时，在油石上加适量机油，先磨刮刀的两侧平面(见图 1-9-13(a))，直至平面平整，然后磨刮刀的端面(见图 1-9-13(b))。刃磨端面过程中，左手扶住刮刀的手柄，右手紧握刀身，保持刮刀直立在油石上，刮刀略微前倾（前倾角度根据刮刀的 β 角确定）地向前移动。拉回刮刀时，略微提起刀身，以免磨损刮刀的刃口，如此反复，直到切削部分的形状、角度达到要求，且刃口锋利为止。初学者还可将刮刀的上部靠在肩上，两手握刀身，向后拉动刮刀来磨其端面，而向前时则将刮刀提起，如图 1-9-13(c)所示，此方法的刃磨速度较慢，容易掌握，待熟练掌握此方法后再采用前述磨法。

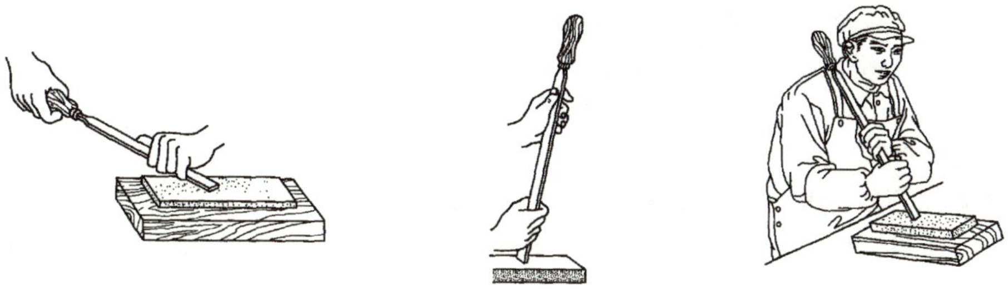

(a)磨两侧平面　　(b)磨端面　　(c)靠肩磨端面

图 1-9-13　平面刮刀的刃磨

任务 4　练习研磨、刮削

练习一：在研磨平板上研磨阀芯

1. 研磨要求

(1) 研磨出连续的密封线。

(2) 根据研磨需求正确地选择研磨膏。

(3) 正确使用研磨平板、量具、工具，正确进行研磨操作。

2. 研磨步骤

(1) 用煤油把研磨平板、阀芯清洗干净。

(2) 在密封面上均匀涂抹研磨膏，在研磨平板上进行研磨。

(3) 顺着一个方向旋转研磨，压力垂直于阀芯轴心线。

(4) 用煤油把研磨平板、阀芯清洗干净，进行全面的精度检查。

3. 注意事项

(1) 更换不同型号的研磨膏前应对阀芯和研磨平板进行清洗。

(2) 研磨时要控制好研磨速度和研磨压力。粗研时，速度可快一点，压力可大一些。中研时，速度要慢一点，压力要小一些。

4. 评分标准

将阀芯与研磨平板清洗干净，并用铅笔在密封面上均匀地画上几道横线，然后将阀芯在研磨平板上旋转几圈，如果密封面上的铅笔线被磨掉，则研磨的阀芯符合质量要求。

练习二:刮削原始平板

原始平板的刮削方式一般采用渐近法(不用标准平板,而是将三块平板(或三块以上)依照一定的次序进行循环的互研互刮,以此来达到平板的精度要求的一种传统刮研方法)。

1. 刮削要求

(1) 掌握挺刮法的正确操作姿势和用渐近法刮削平面的操作。

(2) 掌握原始平板的刮削步骤(渐近法)。

(3) 掌握粗刮、细刮、精刮的方法和质量要求。

(4) 掌握正确刃磨刮刀的方法。

(5) 能解决平面刮削中产生的简单问题。

(6) 刮削的精度要求:每(25×25) mm^2 面积内有 16~20 个接触斑点,无明显落刀痕迹。

2. 刮削步骤

(1) 对三块平板进行编号,分别编为 A、B、C,用锉刀倒角去除平板四周的毛刺。

(2) 对三块平板分别进行粗刮,去除机械加工产生的刀痕和锈斑。

(3) 按编号顺序对三块平板进行循环刮削,循环刮削步骤如图 1-9-14 所示。

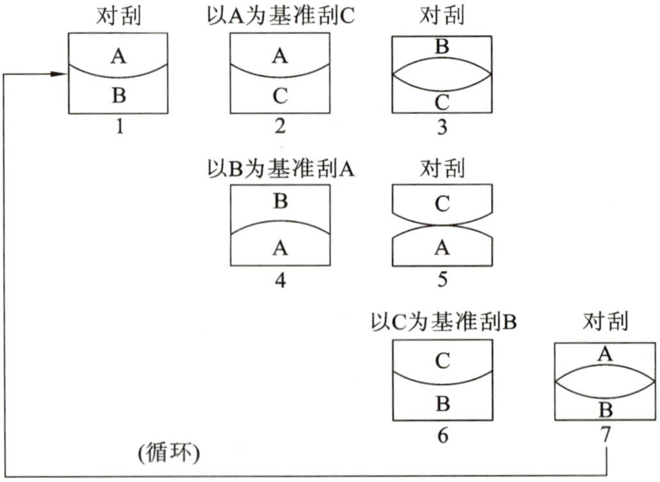

图 1-9-14　刮削原始平板的循环步骤

(4) 在确认三块平板已平整后,进行精刮工序,直至用各种研点方法得到相同的清晰接触斑点,且在任意(25×25) mm^2 面积内有 16~20 个接触斑点,即完成刮削。

3. 注意事项

(1) 刮削的站立姿势和刮削动作正确是本练习的重点。

(2) 重视刮刀的修磨,正确刃磨刮刀,以此提高刮削速度和刮削精度。

(3) 挺刮时,刮刀柄应安装牢靠,防止木柄破裂致使刀柄端穿过木柄伤人。

(4) 刮削过程中,研点方法是先直研(纵向、横向)后对角研。三块平板每轮刮一次调换一次研点方法。从粗刮到细刮的过程中,研点的移动距离应逐渐缩短,显示剂的涂层应逐步减薄,这样可使接触斑点真实、清晰。

(5) 刮削时，工件要装夹牢固，大型工件要安放平稳，搬动工件时要注意安全。

(6) 刮削至工件边缘时，不可用力过猛，以免发生事故。

(7) 在刮削过程中，要勤于思考、善于分析，随时掌握工件的实际误差情况，并选择适当的部位进行刮削修正，争取以最少的加工量和刮削时间达到技术要求。

4. 评分标准

每(25×25) mm^2 面积内有 16～20 个接触斑点，刮削痕迹在各个方向上分布均匀。

课后练习

一、填空题

1. 根据刮削表面的不同将刮刀分为平面刮刀和________两大类。

2. 不用标准平板，而是将三块平板(或三块以上)依照一定的次序进行循环的互研互刮，以此来达到平板的精度要求的一种传统刮研方法称为________刮削。

3. 研磨膏是用油脂和________ 调制而成的。

4. 刮刀由 T10A、__________ 或轴承钢 GCr15 等材料锻制而成。

二、选择题

1. 刮削过程中，检测接触斑点数量的方框尺寸是________。

A. 25 mm×25 mm　　B. 35 mm×35 mm　　C. 45 mm×45 mm

2. 钳工砂布用来加工表面粗糙度，砂布的规格用________表示。

A. 砂布的面积　　B. 砂布的硬度　　C. 磨粒粒度号

3. 平面刮削的细刮完成时，要求在标准检查框内的点子数量是________ 点。

A. 3～4　　B. 12～15　　C. 25～28

4. 平面刮削的精刮所用刮刀顶端角度为________ 。

A. 90°　　B. 95°　　C. 97.5°

三、判断题

1. 刮削时，研点用的显示剂通常用红丹粉和机油来调配。(　　)

2. 研磨膏的磨粒粒度号越大，磨粒越细。(　　)

3. 粗刮时刮刀的刃口形状是圆弧形。(　　)

4. 挺刮时刮刀柄应顶在右腿的大腿根上。(　　)

四、简答题

1. 简述平面刮削中精刮时刮刀刀刃的形状和几何角度。

2. 简述原始平板刮削过程中三块平板的刮削顺序。

课后练习答案

项目10 综合训练

任务1 加工长方体

一、任务要求

(1) 掌握长方体各表面的加工顺序及加工方法。
(2) 熟练掌握各种尺寸精度、位置精度、形状精度等的测量方法。

二、准备知识

(1) 确定加工顺序:长方体各表面的加工顺序主要根据表面大小来确定。工件加工过程中,随着工序的增加,表面的加工难度会越来越大。如图1-10-1所示,加工表面A时仅受平面度约束,加工表面B时受平面度约束的同时还受一个垂直度约束,加工表面C时受平面度约束的同时还受两个垂直度约束。加工过程中,约束条件越多,加工难度越大。因此,应先加工大表面,后加工小表面,以便调整尺寸精度、位置精度、形状精度等,使它们同时达到要求。

(2) 锉削成顺纹:各表面除了有尺寸精度、位置精度、形状精度等要求外,还有一个纹路要求叫作顺纹,顺纹要求加工产生的痕迹应和加工表面的长边相平行,这样的纹路符合大多数零件的装配要求,而且工件加工完成后也非常美观。

(3) 倒棱:工件的棱边全部要倒棱,锉去棱角处的毛刺、卷边。这样会使工件更顺滑,测量结果更准确,而且工件不会伤手。

三、任务内容

加工图1-10-1所示长方体。

四、加工步骤

(1) 锉削A面。划A面的加工线时,注意应合理分配其他几个表面的加工余量,并以A面为划线基准和测量基准。

① 沿加工线的外侧锯割掉余料。用14寸平板锉粗锉A面,采用交叉锉法锉平表面,锉去锯割痕迹并使A面的平面度误差小于0.1 mm。

② 用8寸平板锉沿工件的长度方向采用顺向锉削的方法进行锉削,使平面度误差达到0.06 mm。

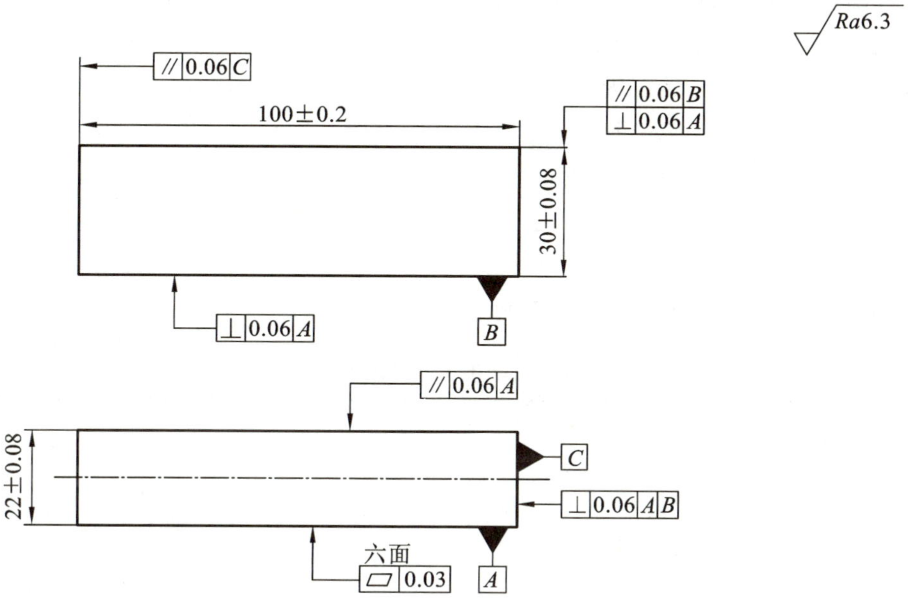

图 1-10-1 加工长方体

③ 用6寸平板锉或整形锉精锉 A 面，使 A 面的平面度误差达到 0.03 mm，表面粗糙度误差达到 $Ra \leqslant 6.3$ μm。

④ 用刀口形直尺在工件的长边上、两条对角线上和短边上总共不少于8处检查平面度。检查时，通过判断光隙的大小来确定 A 面的平面度是否合格。

(2) 锉削基准面 A 的对边，以 A 面为基准划出 22 mm 尺寸的加工线。

① 沿加工线外侧 0.5 mm 处锯割去除余料，用14寸平板锉粗锉 A 面的对面，采用交叉锉法锉平表面，锉去锯割痕迹并使 A 面对面的平面度误差小于 0.1 mm，22 mm 尺寸有 0.2 mm 余量。

② 用8寸平板锉沿工件的长度方向采用顺向锉削的方法进行锉削，使平面度误差达到 0.06 mm，22 mm 尺寸有 0.1 mm 余量。

③ 用6寸平板锉或整形锉精锉 A 面的对面，使 A 面对面的平面度误差 <0.03 mm、表面粗糙度误差 $Ra \leqslant 6.3$ μm、22 mm 的尺寸偏差为 ±0.08 mm、平行度误差 $\leqslant 0.06$ mm。

(3) 锉削基准面 B，以 A 面的长边最低点为基准划出基准面 B 的加工线条。注意应合理分配 B 面和其对面的加工余量。

① 锯割去除余料，锉削 B 面至其平面度误差为 0.03 mm、表面粗糙度误差 $Ra \leqslant 6.3$ μm。

② 用 90°角尺检查 A 面对 B 面的垂直度，垂直度误差应 $\leqslant 0.06$ mm。

(4) 锉削基准面 B 的对面，以 B 面为基准划出 30 mm 尺寸的加工线。

① 锯割去除余料，锉削 B 面的对面至其平面度误差为 0.03 mm、表面粗糙度误差 $Ra \leqslant 6.3$ μm、30 mm 的尺寸偏差为 ±0.08 mm、平行度误差 $\leqslant 0.06$ mm。

② 以 A 面为基准，用 90°角尺检查 A 面与 B 面对面的垂直度，垂直度误差应 $\leqslant 0.06$ mm。

(5) 锉削基准面 C，以 A 面的短边最低点为基准划出基准面 C 的加工线条。注意应合理分配 C 面和其对面的加工余量。

① 锯割去除余料，锉削 C 面至其平面度误差为 0.03 mm、表面粗糙度误差 $Ra \leqslant 6.3$ μm。

② 用 90°角尺检查 A 面对 C 面的垂直度和 B 面对 C 面的垂直度，垂直度误差应 $\leqslant 0.06$ mm。

(6) 锉削基准面 C 的对面,以 C 面为基准划出 100 mm 尺寸的加工线。

① 锯割去除余料,锉削 C 面的对面至其平面度误差为 0.03 mm、表面粗糙度误差 $Ra \leqslant 6.3\ \mu m$、100 mm 的尺寸偏差为±0.2 mm、平行度误差≤0.06 mm。

② 分别以 A 面、B 面为基准,用 90°角尺检查 A 面与 C 面对面的垂直度、B 面与 C 面对面的垂直度,垂直度误差应≤0.06 mm。

五、评分标准

加工长方体的评分标准如表 1-10-1 所示。

表 1-10-1　加工长方体的评分标准

序号	项目名称与技术要求	配分	评定方法	实际得分
1	平面度误差小于 0.03 mm (A 面、B 面、C 面及它们的对面,共 6 面)	20	每面超差 0.03 mm 扣 2 分	
2	22 mm 的尺寸误差小于 0.08 mm	20	每超差 0.08 mm 扣 3 分	
3	30 mm 的尺寸误差小于 0.08 mm	20	每超差 0.08 mm 扣 3 分	
4	100 mm 的尺寸误差小于 0.2 mm	10	每超差 0.2 mm 扣 5 分	
5	垂直度误差小于 0.06 mm (B 面及其对面、C 面及其对面,共 4 处)	12	每面超差 0.06 mm 扣 2 分	
6	平行度误差小于 0.06 mm, 22 mm、30 mm、100 mm 3 组	18	每组超差 0.06 mm 扣 2 分	
7	安全生产与文明生产	扣分	违章 1 次扣 3 分	

任务 2　加工鸭嘴锤

一、任务要求

(1) 掌握复杂零件的加工过程、综合作业时各种加工工艺的前后顺序和工艺要求。

(2) 熟练运用所学的各种技能和工具设备,能独立完成每一项加工任务。

二、准备知识

(1) 黄金分割是一种数学上的比例关系。美国数学家基弗于 1953 年首次提出黄金分割,20 世纪 70 年代华罗庚提倡在中国推广黄金分割。把一条线段分割为两部分,其中一部分的长度与全长之比等于另一部分的长度与这部分长度之比,该比值是一个无理数,用分数表示为 $(\sqrt{5}-1)/2$,取其前三位小数得近似值 0.618。由于按此比例关系设计的造型十分美丽,因此将该比例关系称为黄金分割,也称中外比。在手锤设计中可以灵活运用黄金分割,以提高手锤的视觉美感。利用线段上的两个黄金分割点,还可作出正五角星,画出正五边形。

(2) 编排复杂工件各表面的加工顺序时，除了考虑加工难度外，还应考虑加工过程中工件的夹持是否可行，以及夹持过程中是否会对工件造成损伤。

(3) 加工内圆弧的过程中，粗锉一般用圆锉或半圆锉，沿圆弧中心线方向采用内圆弧锉法锉削到线，再采用推锉的方法沿弧线方向将内圆弧修整到精度要求。

(4) 已加工好的大表面可用钳口软铁保护。对于已加工好的小表面还应考虑夹紧力的大小，避免夹持变形。

(5) 抛光是使用砂布加工表面粗糙度的一种操作方法。加工时，砂布紧紧缠绕到与抛光面相似的锉刀表面，并沿着工件的长边或圆的圆弧方向采用推锉的方法进行加工。

三、任务内容

加工鸭嘴锤，图样如图 1-10-2 所示。

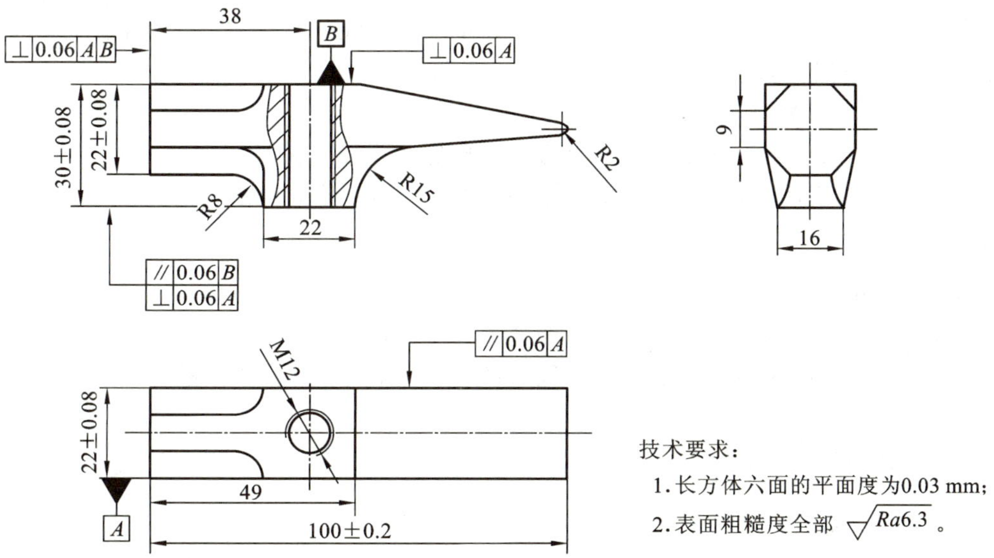

图 1-10-2 加工鸭嘴锤图样

四、加工步骤

鸭嘴锤的加工步骤如下。

1. 錾、锯、锉长方体(任务 1 已完成)

(1) 复查来料尺寸和划线尺寸。

(2) 锯割并锉削基准面 *A*，使其平面度符合要求(详见图 1-10-1)，加工基准面 *A* 的对面，使其尺寸、平行度、平面度符合要求。

(3) 锯割并锉削基准面 *B*，使其平面度、垂直度符合要求，加工基准面 *B* 的对面，使其尺寸、平行度、平面度、垂直度符合要求。

(4) 锉削基准面 *C*。

锉削长方体，使其达到图 1-10-1 所示的要求。

2. 加工锤孔

(1) 采用立体划线方法划出孔位的中心线和加工线。(平行于工件长边的孔中心线应以工件的实际尺寸为准划线。例如：22 mm 的实际尺寸为 21.80 mm，则中心线尺寸为 10.90 mm。)

(2) 孔中心打样冲眼，先用 $\phi3$ mm 钻头钻导引孔，再用 $\phi10.2$ mm 钻头钻底孔。

(3) 攻丝：用 M12 丝锥攻丝，在手柄孔内加工出 M12 内螺纹。

3. 加工正八边形

(1) 锉削正方形 22 mm 尺寸至符合精度要求(如果长方体 22 mm 尺寸有偏差，则应以实际尺寸为准)，划出正八边形和 $R8$ 圆弧加工线。

(2) 锉削正八边形和 $R8$ 圆弧(每一边先锉 $R8$ 圆弧，再锉与 $R8$ 圆弧相切的平面到位置尺寸)。

(3) 锉削手柄孔外侧的两斜面并修整 16 mm 尺寸至符合要求。

4. 加工鸭嘴

(1) 用手锤样板在基准面 A 及其对面划出外形加工线后打上样冲眼(样板与基准面 B 和基准面 C 对齐进行划线)。

(2) 划线后锯掉多余部分。

(3) 先锉削 $R15$ 圆弧，使其弧度达到要求；再锉削与 $R15$ 圆弧相切的平面至位置尺寸。

(4) 锉削鸭嘴锤的斜面，加工至斜面与基准面 A 垂直，轮廓清晰，曲面与平面连接圆滑。

5. 精修外形

(1) 锉削鸭嘴锤头部 $R2$ 圆弧。

(2) 精修外形各面，使其达到图样上的各项技术要求。

(3) 修整纹路，保证各种平面的加工纹路都与长边相平行，圆弧面的走向与工件长边的走向相同。

(4) 用细锉和砂布抛光。

五、评分标准

加工鸭嘴锤的评分标准如表 1-10-2 所示。

表 1-10-2 加工鸭嘴锤的评分标准

序号	项目名称及技术要求	测量记录	配分	得分
1	尺寸(22±0.08) mm(2处)		20	
2	尺寸(30±0.08) mm		10	
3	尺寸(100±0.2) mm		10	
4	$R8$ 圆弧(5处)		18	
5	$R15$ 圆弧		8	
6	$R2$ 圆弧		4	
7	平行度 0.06 mm(2组)		3	
8	垂直度 0.06 mm(3处)		3	
9	斜面棱边与八方棱边重合(2处)		8	

续表

序　　号	项目名称及技术要求	测 量 记 录	配　　分	得　　分
10	M12 螺纹		6	
11	表面粗糙度 $Ra \leqslant 6.3\ \mu m$		10	
12	安全文明生产		违规 1 次扣 5 分	
13	时间定额		每超 30 min 扣 5 分	
14	总分			

课后练习

一、填空题

1. 用台虎钳夹持已加工好的零件表面时，应在台虎钳钳口加垫________进行保护。

2. 使用砂布加工表面粗糙度时，砂布紧紧缠绕到与抛光面相似的锉刀表面，并沿着工件的长边或圆的圆弧方向采用________的方法进行加工。

二、选择题

1. 黄金分割是一种数学上的比例关系。把一条线段分割为两部分，其中一部分的长度与全长之比等于另一部分的长度与这部分长度之比，其比值的近似值是________。

A. 0.618　　B. 2/3　　C. 4/5

2. 修整纹路时，要保证各种平面的加工纹路与长边相________，圆弧面的走向与工件长边的走向相同。

A. 相交　　B. 平行　　C. 垂直

3. 加工基准面 *B* 时，垂直度测量应以________为基准。

A. 基准面 *A*　　B. 基准面 *A* 的对面　　C. 基准面 *C*

三、判断题

1. 零件图中，“// | 0.06 | *A*”的含义是对边尺寸的允许偏差值为 0.06 mm。(　　)

2. 内圆弧加工过程中，粗锉一般用圆锉或半圆锉，沿圆弧中心线方向采用内圆弧锉法锉削到线，再采用推锉的方法沿弧线方向将内圆弧修整到精度要求。(　　)

3. 平面与内圆弧相切时应先加工内圆弧。(　　)

四、简答题

1. 简述长方体六面的加工顺序。

2. 长方体的三个基准面精度要求有何不同？

课后练习答案

模块2 焊接操作

焊接是机械制造业中不可缺少的一种加工形式，尤其是在重工业的生产过程中，更是起到决定性作用。1856年，人类成功利用电阻热进行熔化焊接。目前，已有50余种焊接操作方法，其中绝大多数的焊接形式是熔化焊。焊接具有其他工艺(如铆接、铸造)难以具备的优点：不受形状、材料和环境的影响。但焊接也有一些缺点：产生焊接应力、引起结构变形、存在焊接缺陷、焊接过程中会产生毒气等。另外，焊接质量主要由焊接过程的工艺方案和焊接操作人员的技能水平决定。因此，每一名合格的焊工都是企业的宝贵财富。

认识“大国工匠”——火箭“心脏”焊接人高凤林

高凤林，中国航天科技集团有限公司第一研究院首都航天机械有限公司高凤林班组组长，航天特种熔融焊接工。他攻克的火箭技术难题有200多项，为国防和航天科技现代化做出了杰出的贡献。他从事焊接工作30余年，用精湛的技艺和对极致完美的追求来展现“工匠”的含义。

0.16 mm是火箭发动机的焊点宽度。高凤林要把数百根直径几毫米、壁厚0.33 mm的空心管线，通过3万多次精密的焊接操作，编织到火箭发动机的喷嘴上。焊缝总长度相当于两个标准足球场的周长。

火箭的研制离不开众多的科学家，但火箭从蓝图落到实物，靠的是一位位像高凤林一样的普通工人的咫尺匠心！

项目 1 焊接入门知识

【学习目标】

- 熟悉焊接作业场地布局及场地要求。
- 学习焊接安全技术，养成按操作规程作业的习惯。
- 了解与焊接接头、坡口相关的知识。
- 认识焊接设备、工具。

【安全提示】

- 在焊接场地，设备、工具、焊接材料较多，且均为金属材质。一旦发生磕碰，会造成严重的伤害。
- 焊接设备输入端和输出端的电流都会对人体造成致命的伤害。
- 焊接过程中产生的高温有可能引起爆炸、火灾、烧伤、烫伤等危害。
- 焊接过程中产生的弧光可以灼伤眼睛、皮肤。
- 焊接过程中产生的有毒气体会对人体造成严重伤害。

【知识准备】

将两个或两个以上的焊件在外界某种能量的作用下，借助各焊件接触部位原子间的相互结合力，将各焊件连接成一个不可拆的整体，这个过程中所用的加工方法称为焊接。被连接焊件的材料包括金属与金属、金属与非金属、非金属与非金属。通常所说的焊接都是指金属与金属之间的连接。常见的焊接接头、工件焊接前及工件焊接后的情形如图 2-1-1 所示。焊接过程中，除了需要被焊材料和填充材料外，还需要相应的焊接设备和必要的焊接工具。要想实现焊接连接，特别是要想获得优质的焊接接头，既要有合理的焊接工艺，又要有熟练的操作技能。

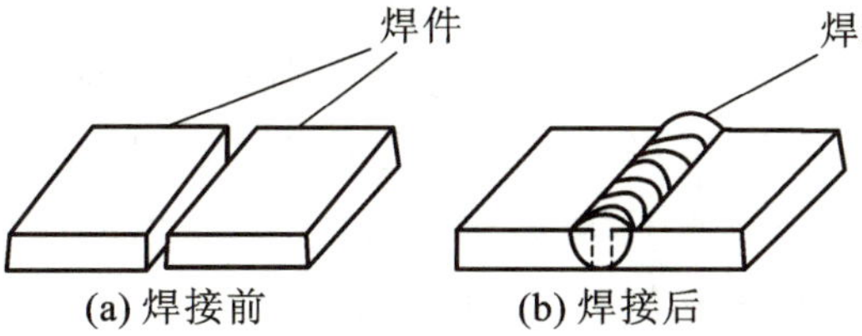

图 2-1-1 焊接工件

由于焊接操作的工作环境异常恶劣，操作人员既要有熟练的操作技能，又要有强健的体魄，更要有孜孜不倦、精益求精的工作作风，才能保证每一个焊口都能达到质量标准。

常用焊接设备的热量来源有气体燃烧热源和电能热源两大类。气体燃烧热源有氧气-

乙炔气火焰和氧气-液化石油气火焰等，其中氧气-乙炔气充分燃烧产生的火焰(中性焰)的温度可以达到 3300 ℃，可以满足金属的焊接与切割要求。因此，气体燃烧热源常用气体为氧气、乙炔气的混合气，其有焊接设备简单(见图 2-1-2)、操作方便、成本低、无需电源等优点，但相对于电能热源，气体燃烧热源具有火焰温度低、加热分散、热影响区宽、焊接变形大等缺点。电能热源利用电流形成的电弧或电流通过电阻产生的热能进行焊接，现代工业大多采用电能热源进行焊接操作。

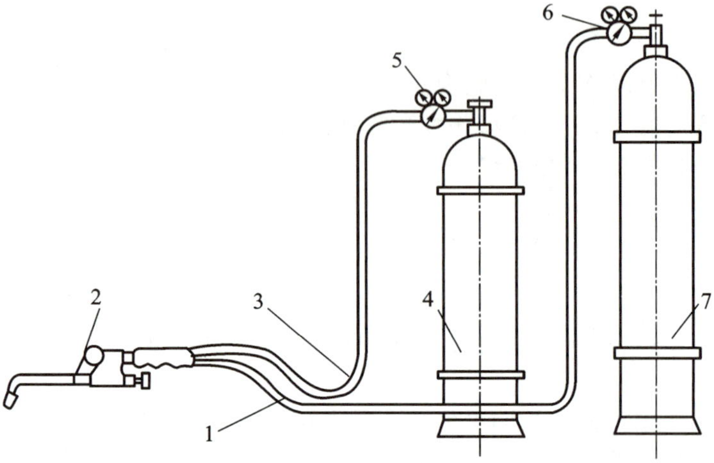

图 2-1-2　氧气-乙炔气焊接设备

1—氧气管道；2—焊炬；3—乙炔管道；4—乙炔瓶；5—乙炔减压器；6—氧气减压器；7—氧气瓶

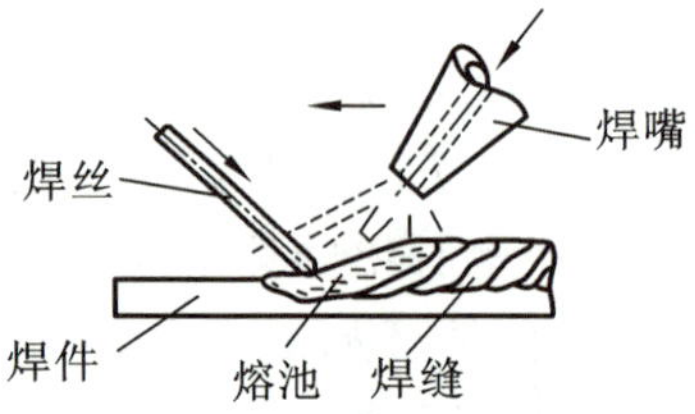

图 2-1-3　熔焊

根据焊接过程中金属所处的不同状态，焊接可分为熔焊、压焊和钎焊三大类。

熔焊是将焊接部位的金属加热至熔化状态，但不施加压力完成焊接的方法。熔焊过程中，熔化的金属形成熔池，并同时向熔池中加入(或不加入)填充金属，待熔池冷却凝固后形成牢固的焊缝，如图 2-1-3 所示。手工电弧焊、埋弧自动焊、气焊、二氧化碳气体保护焊、氩弧焊、电渣焊等都属于熔焊。

压焊是在焊接时对焊件施加一定的压力和电流，以促使各焊件接触处的金属相结合的焊接方法。通过施加压力和电流，促使各焊件接触处加热到熔化状态，如点焊和缝焊；也可以加热到塑性状态，如电阻对焊、锻焊和摩擦焊；也可不加热，如冷压焊、爆炸焊。

钎焊是被焊金属不熔化的状态下，将熔点较低的钎料金属加热到熔化状态，使之填充到各焊件的间隙中并与被焊金属相互扩散，以使各焊件互相结合的焊接方法。根据加热方法不同，常见的钎焊分为烙铁钎焊、火焰钎焊、炉中钎焊及高频感应钎焊等；根据钎料不同，钎焊分为锡焊、铜焊、银焊等。

随着工业生产和科学技术的发展，焊接结构越来越复杂，焊接工作量越来越大，因而人们对焊接技术现代化和提高生产效率的要求也日益迫切。例如，制造一辆小轿车要焊 5000～12000 个焊点，30 万吨油轮要焊 1000 *km* 长的焊缝，一架大型飞机的焊点多达数十万甚至百万,这些焊接行为如果没有高效率的焊接工艺是难以完成的。为进一步提高焊接质量和生产率,各国除了从常用的焊接方法中挖掘潜力外,还在不断提高焊接生产的机械化水平和自动化水平,扩大专用焊机的应用,开拓新能源应用到焊接领域。可以设想,新的焊接技术在各行业的应用将会与日俱增,有着广阔的前景。

任务 1 学习焊接安全技术

在焊接生产作业中,凡是影响安全生产的因素均被称为焊接作业的危险因素。

在焊接生产过程中,所使用的能源有电能、光能、化学能、机械能等。在能量转换过程中,焊接现场的作业人员经常与焊接作业过程中产生的有毒气体、易燃易爆气体、物料、带电运行的设备等接触,故焊接作业人员容易中毒、烧伤、触电、发生机械事故等。同时,由于作业环境恶劣,如焊接作业场所的空间狭小,高空作业时安全防护不当,在管道、容器内焊接,在地下隧道内焊接,在水下焊接等,所以焊接生产过程中存在许多危险因素(如火灾、烫伤、爆炸、急性中毒、高空坠落、碰伤、触电等)。

在焊接生产作业中,凡是影响作业人员身体健康的因素均被称为焊接作业的有害因素。

在焊接生产作业中,产生的有害因素分两类:一类是物理有害因素,如电弧辐射、热辐射、金属飞溅、高频电磁场、噪声和射线等;另一类是化学有害因素,如焊接过程中产生的焊接烟尘和有害气体等。

手工电弧焊过程中,最容易出现的事故为触电、眼睛被弧光伤害、烧伤、烫伤、有害气体中毒及爆炸、火灾等。

因此,安全防护在焊接工作中非常重要,所有焊接作业人员都必须加强防护,严格执行有关的安全制度和规定。

一、预防触电

(1) 电焊机外壳必须接地线,与电源连接的导线都要有可靠的绝缘。开始作业前,要检查电焊机的引出线是否有绝缘损伤、短路或接触不良等现象,以防漏电带来危险。

(2) 使用手提行灯时,其电压不得超过 36 V。在金属容器内或潮湿的沟道内作业时,手提行灯的电压不得超过 12 V。

(3) 推拉闸刀时,作业人员必须戴干燥的焊工手套,手不得按在电焊机的外壳上。同时作业人员的面部要偏斜些,避免推拉闸刀时出现电弧火花灼伤脸部。

(4) 电焊钳应有可靠的绝缘,不允许采用绝缘外壳不完整的焊钳。为防止电焊钳与焊件之间发生短路而烧坏电焊机,焊接工作开始或结束前,先将电焊钳放置在能有效绝缘的地方,然后打开或切断电源。

(5) 更换焊条时,应该戴好焊工手套。高温环境工作身体出汗后,衣服潮湿,切勿靠在金属构件上,以防触电。

(6) 清理焊渣时,必须戴上平光眼镜,并避免对着他人敲打焊渣。

(7) 在容积小的金属仓室内(如锅炉、油罐)、狭小的构件内焊接时,焊工要采用橡皮垫或其他绝缘衬垫,并穿胶底鞋,戴焊工手套,以保证自身与焊件间绝缘。此外,应安排两人轮换工作,以便互相监护。

(8) 焊接电缆必须有完好的绝缘,不可将电缆放在焊接电弧附近或炽热的焊件上,以免烧坏绝缘层,同时也要避免其他锐器损伤电缆的绝缘层。焊接电缆如有破损应立即进行修理或调换。

(9) 严禁在雨雪天露天焊接,如果必须操作则应有良好的防雨雪措施。

(10) 遇到焊工触电时,不可赤手去救护触电者,应先迅速切断电源,或用木棍等绝缘物将电线从触电者身上挑开。如果触电者呈现无心跳、呼吸状态,应立即施行人工呼吸救助,并尽快联系医疗急救。

(11) 在搬运电焊机、改变极性、改变二次回路的布设(粗调电流)时,必须切断电源开关。电焊工离开工作场所时,必须切断电源。

(12) 不准将带电的绝缘电线搭在身上或踏在脚下。电焊导线经过通道时,应采取保护措施,防止外来损坏。若发现电缆的绝缘层破损,应立即用胶布绑扎好或更换。

(13) 电焊工操作时所坐的椅子,需用木材或其他绝缘材料制成。

(14) 焊接电缆应轻便柔软,能任意弯曲和扭转,便于操作。焊接电缆外包胶皮绝缘层的绝缘电阻不得小于1兆欧。

(15) 焊接电缆的截面积应根据焊接电流的大小来选取,长度一般为20~30米,以保证电缆不致过热而损伤绝缘。

(16) 焊接电缆用一整根为宜,如需要接长,接头不要超过两个。接头宜采用铜导体,连接接头要牢固,接头电阻要小,要保证绝缘良好。

(17) 严禁将厂房的金属结构、管道、轨道及其他搭接起来的金属物作为焊接回路的导体。

二、预防金属飞溅和弧光灼伤

焊接电弧产生的紫外线对人的眼睛和皮肤有较大的刺激性,它能引起电光性眼炎和皮肤灼伤。炽热的飞溅金属最易造成灼伤,应切实注意预防,具体的防范措施如下。

(1) 焊接时,必须使用有电焊防护玻璃的面罩,并且面罩要完全罩住脸部。

(2) 工作时,操作人员应穿帆布工作服、绝缘鞋,戴绝缘手套、安全帽,工作衣不能束在裤腰里,裤腿不应卷起。

(3) 操作时,应注意保护周围人员,必要时应提醒他人,以免强弧光伤害他人。

(4) 在室内或人多的地方进行焊接时,尽可能使用遮光屏,避免周围人员遭受弧光伤害。

三、预防爆炸和火灾

爆炸的诱因除了易燃易爆物品外,密闭的空间也是主要因素。因此,焊接前应对立体的空间、环境和焊接部位进行认真的检查,并做好必要的防护措施。

(1) 对于密封容器,施焊前应查明容器内是否有压力,当确认安全时,方可焊接。严禁在内有压力的容器上进行焊接。

(2) 当补焊盛过易燃易爆物品的容器(如油箱、油桶等)时,焊前应仔细清理,并在打开封口后方能焊接,且不得站在打开的封口处焊接。

(3) 当必须靠近易燃易爆物品焊接时,这些物品离焊接处必须有 5 米远,并应有防火材料遮盖。

(4) 焊接工作间严禁堆放木屑、木材、油漆、油料及其他易燃易爆物品。

(5) 焊工进行高空焊接作业时,应佩戴高空防护安全带,并且应高挂低用。

(6) 焊接位置下部有易燃易爆物品时,应将易燃易爆物品转移至安全区域。

四、预防中毒

焊接时,熔化金属有时会分解出有毒的金属蒸气,焊条药皮经化学反应也能释放出有毒的烟雾,这些有毒物质都可能侵入人体而导致人中毒,故应有所预防。

(1) 室内焊接场地,若无良好的自然通风条件,必须配置可靠的通风设备。

(2) 在狭小的工作场地或容器内焊接时,应装有抽风设备,以便更换新鲜空气。此外,要考虑轮换作业,保证操作人员可以适当休息。

(3) 焊接铝、黄铜、铅及锌时,产生的有害气体甚多,操作人员应佩戴防毒面具或防尘口罩。

(4) 夏天进行焊接时,天气炎热,应注重防暑降温工作。露天作业应搭临时凉棚,室内作业应可通风,焊接操作人员应有降温饮料。

任务 2　了解焊接接头、坡口

一、焊接接头、坡口

两个或两个以上零件用焊接方法连接的接头称为焊接接头,焊接接头主要起连接和传递力的作用,是焊接结构最基本的要素。

根据设计需要或工艺需要,在焊件的待焊部位加工并装配成的具有一定几何形状的沟槽称为坡口。开坡口是为了保证电弧能深入接头根部,使接头根部焊透且便于清渣,以获得较好的焊缝成形。此外,坡口还能起到调节焊缝金属中母材金属与填充金属比例的作用。开坡口是保证焊接接头质量的主要焊接操作工艺之一。

二、坡口的类型

坡口根据其形状不同可分为基本型坡口、组合型坡口和特殊型坡口三类,如表 2-1-1 所示。

表 2-1-1　坡口的类型

序号	坡口类型	图示
1	基本型:形状简单,加工容易,应用普遍	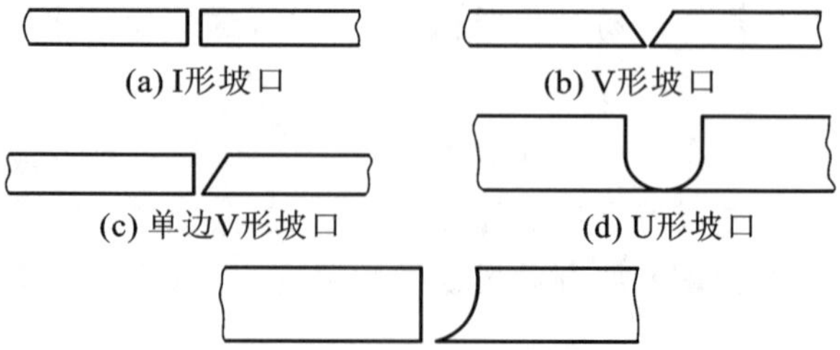 (a) I形坡口　(b) V形坡口　(c) 单边V形坡口　(d) U形坡口　(e) J形坡口
2	组合型:由两种或两种以上基本型组合而成	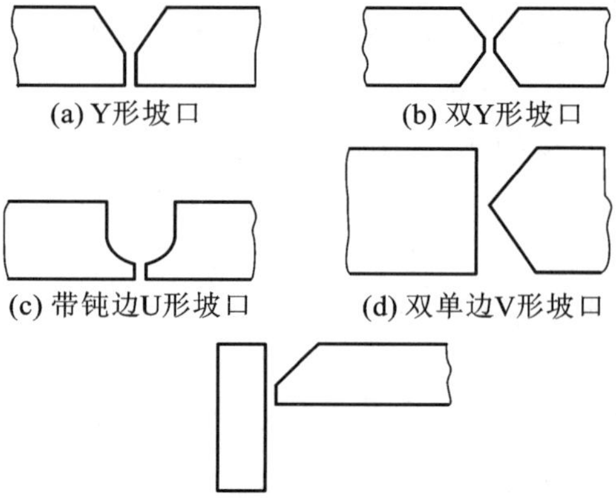 (a) Y形坡口　(b) 双Y形坡口　(c) 带钝边U形坡口　(d) 双单边V形坡口　(e) 带钝边单边V形坡口
3	特殊型:既不属于基本型又不同于组合型的特殊坡口	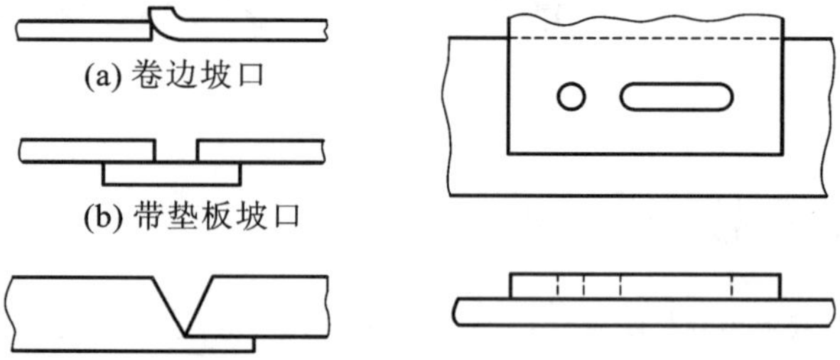 (a) 卷边坡口　(b) 带垫板坡口　(c) 锁边坡口　(d) 塞焊、槽焊坡口

三、坡口的尺寸及符号

1. 坡口面角度和坡口角度

两坡口面之间的夹角叫坡口角度,用 α 表示,如图 2-1-4(a)所示。待加工坡口的端面与坡口面之间的夹角叫坡口面角度,用 β 表示,如图 2-1-4(b)所示。坡口面为待焊件上的坡口表面。

2. 根部间隙

焊前在接头根部之间预留的空隙叫根部间隙,又叫装配间隙,用 b 表示,如图 2-1-4(c)所示。根部间隙的作用在于打底焊时保证根部焊透。

3. 钝边

焊件开坡口时，沿焊接接头坡口根部的端面直边部分叫钝边，其高度用 p 表示，如图 2-1-4(d)所示。钝边的作用是防止根部烧穿。

4. 根部半径

在 J 形坡口、U 形坡口底部的圆角的半径叫根部半径，用 R 表示，如图 2-1-4(e)所示。根部半径的作用是增大坡口根部的空间，以便焊透根部。

5. 坡口深度

焊件上开坡口部分的高度叫坡口深度，用 H 表示，如图 2-1-4(f)所示。

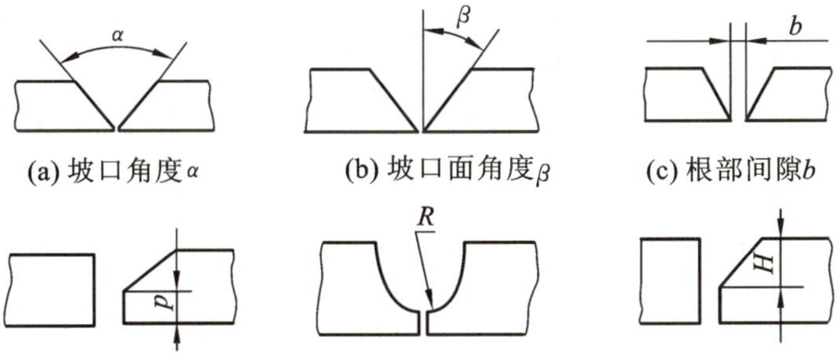

(a) 坡口角度 α　(b) 坡口面角度 β　(c) 根部间隙 b

(d) 钝边高度 p　(e) 根部半径 R　(f) 坡口深度 H

图 2-1-4　坡口的尺寸符号

四、焊接接头的类型

焊接中，由于焊件的厚度、结构及使用条件不同，其焊接接头的类型也不同，一般可以将焊接接头归纳为对接接头、T 形接头、角接接头、搭接接头和端接接头五种基本类型，如表 2-1-2 所示。

表 2-1-2　焊接接头的类型

接头类型	图示
对接接头：两焊件表面构成大于等于 135°、小于等于 180°夹角的接头。对接接头从受力的角度来看，是比较理想的接头形式，其受力状况好、应力集中程度较小、材料消耗较少。但对接接头对焊件的边缘加工及装配要求较高	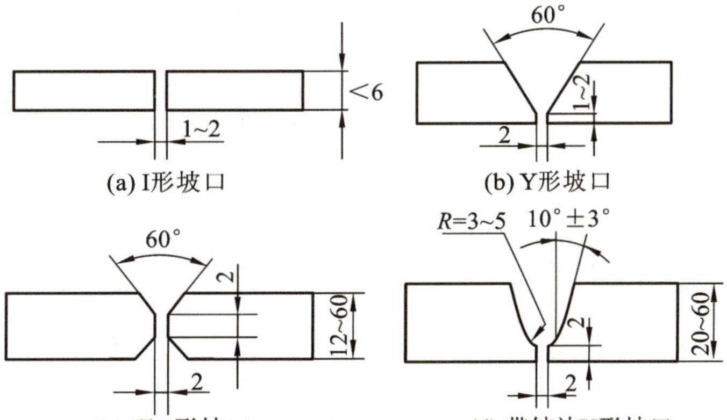 (a) I形坡口　(b) Y形坡口 (c) 双Y形坡口　(d) 带钝边U形坡口

续表

接头类型	图示
T形接头:一个焊件的端面与另一个焊件的表面构成直角或近似直角的接头。T形接头是一种典型的电弧焊接头,能承受各个方向的力和力矩	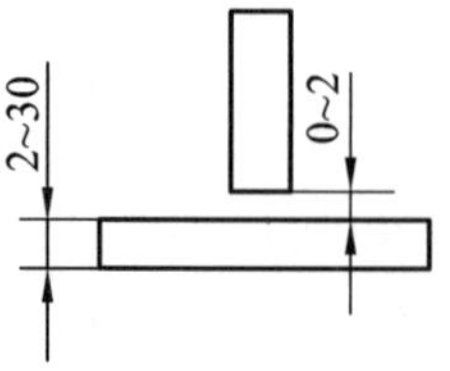 (a) I形坡口 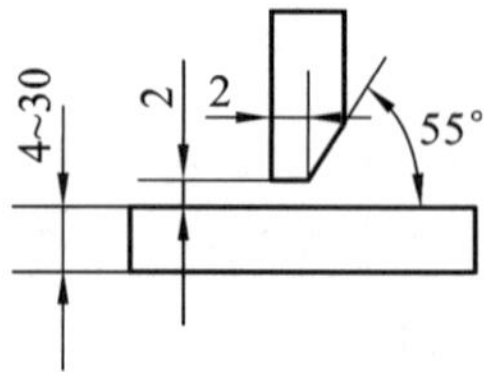 (b) 带钝边单边V形坡口 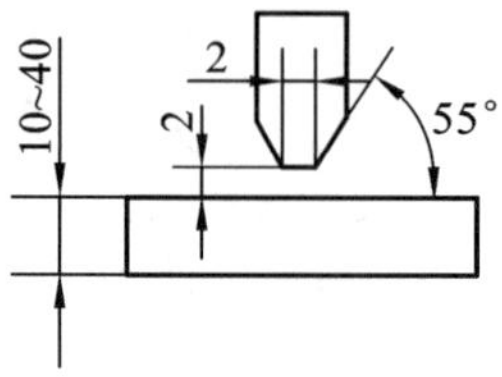 (c) 带钝边双单边V形坡口 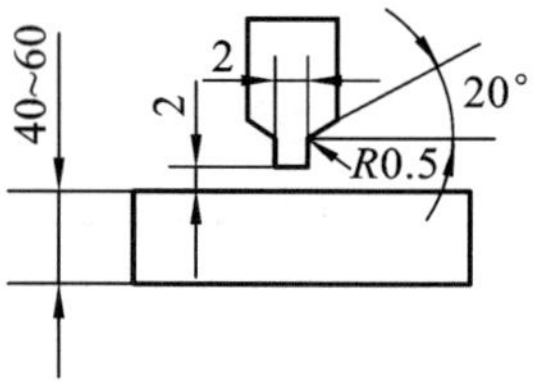 (d) 带钝边双边J形坡口
角接接头:两焊件端部构成大于30°、小于135°夹角的接头。角接接头的承载能力差,特别是当角接接头承受弯曲力时,接头根部易因为应力集中而开裂	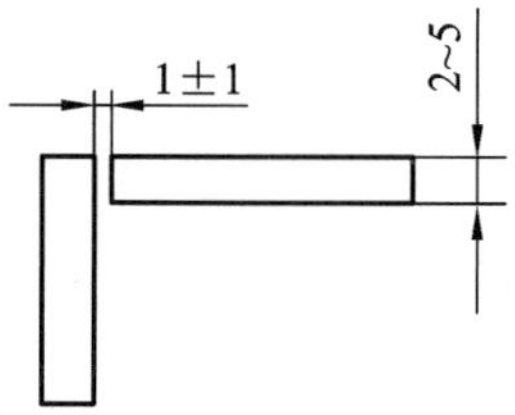 (a) I形坡口 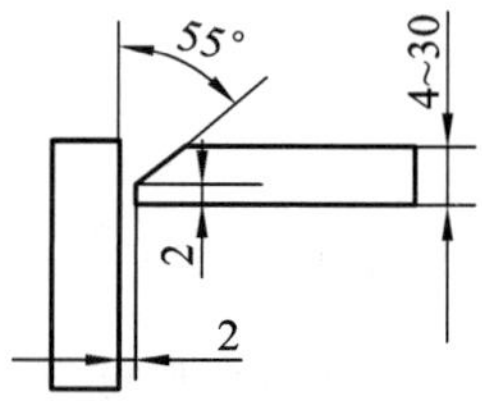 (b) 带钝边单边V形坡口 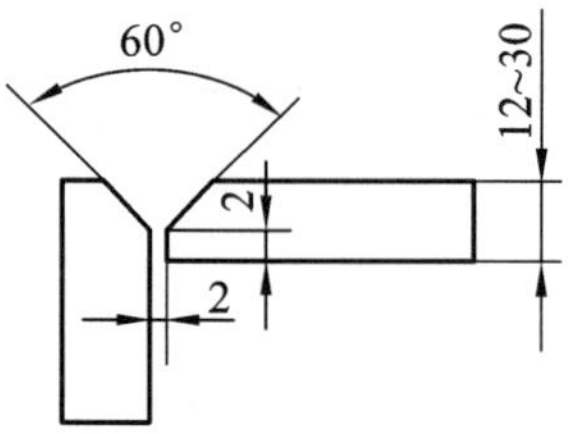 (c) Y形坡口 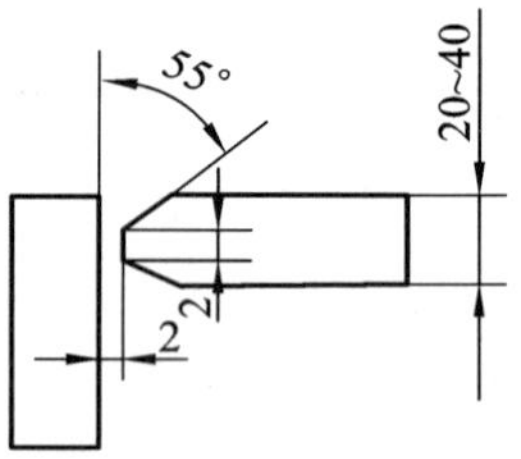 (d) 带钝边双单边V形坡口
端接接头:两焊件重叠放置或两焊件之间的夹角不大于30°在端部进行连接的接头	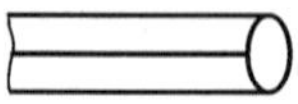 (a) 两焊件重叠放置的端接 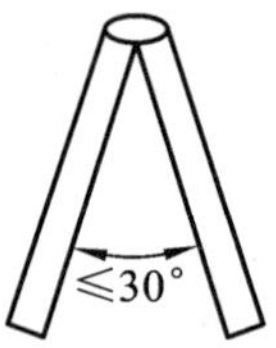 (b) 两焊件的夹角≤30°的端接

续表

接头类型	图示
搭接接头：两焊件部分重叠构成的接头。搭接接头的应力分布不均匀，抗疲劳强度较低，不是理想的接头形式，但其焊前准备和装配较简单	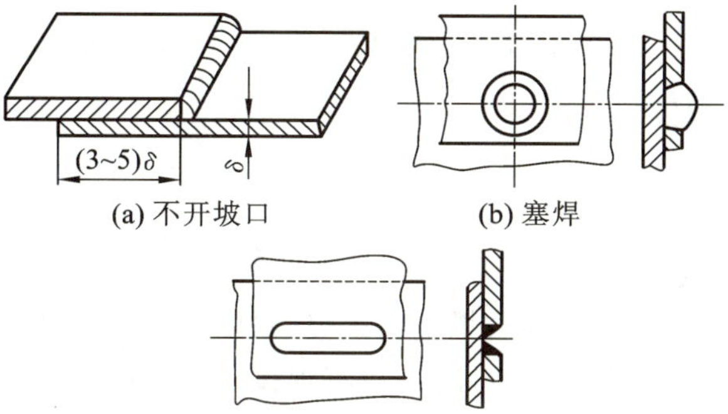 (a) 不开坡口 (b) 塞焊 (c) 槽焊

五、焊缝的形状尺寸

焊缝的形状可用一系列几何尺寸来表示，不同形式的焊缝，其形状尺寸也不一样。

（1）焊缝宽度。焊缝表面与母材的交界处称为焊趾。焊缝表面两焊趾之间的距离称为焊缝宽度，如图 2-1-5(a)、图 2-1-5(b)所示。

（2）余高。高出母材表面连线的那部分焊缝金属的最大高度叫余高，如图 2-1-5(c)所示。在动载或交变载荷下，余高非但不起加强作用，反而因焊趾处应力集中易发生脆断，所以余高不能过高。焊条电弧焊的余高值一般为 0～3 mm。

（3）焊缝厚度。在焊缝的横截面中，从焊缝正面到焊缝背面的距离称为焊缝厚度，如图 2-1-5(d)、图 2-1-5(e)所示。对接焊缝焊透时，焊缝厚度等于焊件的厚度；对于角焊缝，焊缝厚度等于在角焊缝的横截面内画出的最大等腰直角三角形中直角的顶点到斜边的垂线长度。

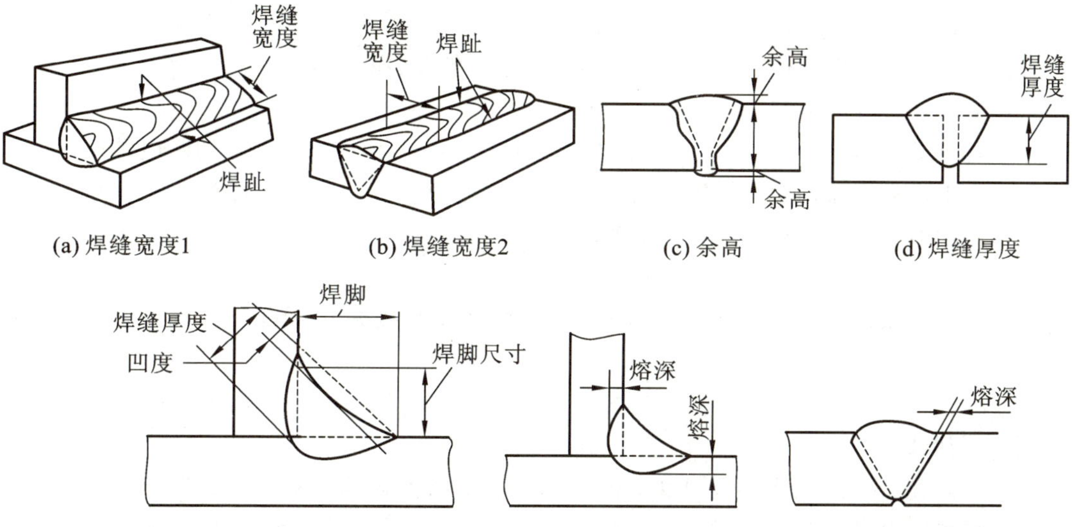

(a) 焊缝宽度1　(b) 焊缝宽度2　(c) 余高　(d) 焊缝厚度

(e) 焊脚　(f) 熔深1　(g) 熔深2

图 2-1-5　焊缝的形状尺寸

(4) 焊脚。在角焊缝的横截面中,从一个直角面上的焊趾到另一个直角面的最小距离称为焊脚。在角焊缝的横截面中画出的最大等腰直角三角形中直角边的长度称为焊脚尺寸,如图 2-1-5(e)所示。

(5) 熔深。在焊接接头的横截面上,母材或前道焊缝熔化的深度称为熔深,如图 2-1-5(f)、图 2-1-5(g)所示。

课后练习

一、填空题

1. 氧气—乙炔气充分燃烧的火焰(中性焰)的温度是________℃。

2. 按焊接过程的不同特点,可将焊接分为熔化焊、钎焊和________。

3. 推拉闸刀时,必须戴干燥的焊工手套,另一只手不得按在电焊机的________上。

4. 推拉闸刀时,焊工的________要偏斜些,避免被推拉闸刀时出现的电弧火花灼伤。

5. 为了防止电焊钳与焊件之间发生________而烧坏电焊机,焊接工作结束前,应先将电焊钳放置在可靠的地方,然后将电源切断。

6. 更换焊条时,应该戴好焊工手套。夏天身体出汗后,衣服潮湿时切勿靠在金属构件上,以防________。

7. 清理焊渣时,必须戴上________,并避免对着他人的方向敲打焊渣。

8. 焊接电缆必须有完好的绝缘,不可将电缆放在焊接电弧附近或________的焊件上,以免烧坏绝缘层。

9. 焊接电缆要避免被其他锐器损伤。焊接电缆如有破损应立即进行____________或________。

10. 遇到焊工触电时,不可________去救护触电的人,应先迅速将电源切断,或用木棍等绝缘物将电线从触电人身上挑开。

二、选择题

1. 车刀上的合金刀头是采用________方法焊到刀杆上的。

A. 钎焊　　B. 电弧焊　　C. 埋弧焊

2. 在搬运电焊机、改变极性、改变二次回路的布设(粗调电流)时,必须________才能进行。

A. 戴绝缘手套　　B. 放置好电焊钳　　C. 切断电源

3. 对于密封容器,施焊前应首先查明容器内是否有________,当确定安全后,方可焊接。严禁在内有压力的容器上进行焊接。

A. 压力　　B. 蒸汽　　C. 热量

4. 当必须靠近易燃易爆物品焊接时,这些物品离焊接处必须有________远,并应有防火材料遮盖。

A. 3 m　　B. 5 m　　C. 10 m

三、判断题

1. 乙炔和氧气的燃烧温度可达 3300 ℃,因此焊接热影响区窄小。(　　)

2. 如果触电者呈现无心跳、呼吸状态,立即送医院抢救,不要私自救助。(　　)

3. 工作时,应穿帆布工作服、绝缘鞋,戴绝缘手套、安全帽,工作衣要束在裤腰里,裤腿

管不应卷起。(　　)

4. 对于室内焊接场地,若无良好的自然通风条件,必须配置口罩。(　　)

四、简答题

1. 简述什么是焊缝余高,以及其数值的一般要求。

2. 常见的熔化焊有哪些?(至少写出五种)

课后练习答案

项目2 手工焊条电弧焊

【学习目标】

- 掌握手工焊条电弧焊设备、工具的正确使用方法。
- 了解焊条选择的依据。
- 了解焊接电流的选择依据。
- 掌握平敷焊引弧和焊接操作的一般方法。

【安全提示】

- 若焊接操作不当,电弧光会灼伤眼睛。
- 若开关电焊机时操作不当,电弧会灼伤脸部;电焊条短路会烧坏设备、工具。
- 焊完的钢板和焊条头的温度极高,有可能烫伤手部和脚部。
- 焊接过程中产生的有毒气体会对人体造成严重伤害。
- 敲打药皮操作不当会对眼睛造成严重伤害。

【知识准备】

手工焊条电弧焊是利用手工操作焊条进行焊接的电弧焊方法。操作时,焊条和焊件分别作为两个电极,利用焊条与焊件之间产生的电弧热量来熔化焊件金属,冷却后形成焊缝。

手工焊条电弧焊所需设备简单,操作灵活、方便,适用于各种条件下的焊接,特别适用于结构形状复杂、焊缝短小或弯曲、各种空间位置的焊缝焊接。因此,手工焊条电弧焊是目前应用最广泛的焊接操作。由于手工焊条电弧焊的操作位置变化多,操作技术难度大,因而其焊接质量很大程度上取决于操作者的焊接技术水平。

一、焊接电弧的产生

焊接电弧是所有电弧焊接方法的能源,电弧能有效而简便地把电能转换为焊接过程所需要的热能和机械能。电弧焊接就是利用电弧将金属焊件加热并熔化,从而实现金属焊件的连接的。

焊接电弧的产生原理:由焊接电源供给的,具有一定电压的两电极间或电极与焊件间,在气体介质中产生的强烈而持久的放电现象称为焊接电弧。在焊接过程中,当电极(即焊条或焊丝)与焊件接触短路时,由于电极的接触面很小,因而通过接触点的电流非常大,并产生高温,促使电极与焊件的接触部位熔化,甚至蒸发产生金属蒸气。在电极与焊件将要分开的瞬间,大量的电流从熔化的金属细颈通过,促使细颈部分的液体金属的温度进一步升高。在电极与焊件接触点的周围,一部分金属蒸气和热空气因强烈受热而电离。当电极与焊件迅速分开时,它们之间的气体中就有带电质点,在电压的作用下,带电质点沿一定方向移动。同时，在被加热的阴极上有高速电子飞出，并撞击空气中的分子和原子，使之进一步电离。再加之其他因素的作用，进一步促使电极与焊件间的气体强烈电离而产生焊接电弧。

二、焊接电弧的组成

焊接电弧由阴极区、弧柱区、阳极区三部分组成，如图 2-2-1 所示。焊接电弧的热量与焊接电流和电压的乘积成正比，电流愈大，电弧产生的总热量愈大。在使用直流电弧焊接时，电弧热量在阳极区产生的较多，约占总热量的 43%；阴极区因放出大量电子时会消耗一定能量，所以产生的热量较少，约占总热量的 36%；其余 21%的热量是在弧柱中产生的。手工焊条电弧焊只有 65%～85%的热量用于加热和熔化金属，其余热量则散失在焊接电弧周围和飞溅的金属滴中。

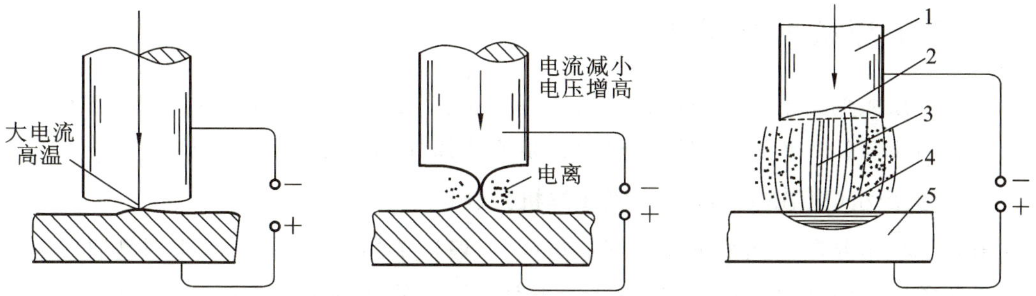

图 2-2-1　焊接电弧的组成

1—阴极(焊条)；2—阴极区；3—弧柱区；4—阳极区；5—阳极(焊件)

焊接电弧中，阳极区与阴极区的温度因电极材料不同(主要是电极熔点不同)而有所不同。用钢焊条焊接钢材时，阳极区的温度约为 2300 ℃，阴极区的温度约为 2100 ℃，电弧中心区的温度可达 6000 ℃以上。

采用交流电弧焊接时，因电弧的阳极与阴极随着交流电的频率改变而改变，故无阳极、阴极之分，因此电弧两极产生的热量近似相等，温度也相近。

任务 1　认识手工焊条电弧焊设备、工具

手工焊条电弧焊常用的设备、工具有手工焊条电弧焊机、电焊面罩、电焊钳、焊条、焊接电缆、电焊绝缘手套、焊接黑玻璃等，如表 2-2-1 所示。

表 2-2-1　手工焊条电弧焊常用的设备、工具

序号	名　　称	规格型号	单位	规格型号注解
1	交流弧焊机 (交流弧焊电源)	BX1-330	台	B—交流弧焊机， X—电源为下降外特性， 1—动铁式，330—额定电流
2	手持电焊面罩	石棉	个	石棉—石棉材质

续表

序号	名　　称	规格型号	单位	规格型号注解
3	电焊钳	500 A	个	500 A ——额定焊接电流
4	焊接电缆	50 mm^2	米	50 mm^2 ——横截面的面积
5	焊条	J422,ϕ2.5 mm	kg	J ——结构钢焊条, 42 ——抗拉强度为 420 MPa,2 ——药皮类型, ϕ2.5 mm ——直径 2.5 mm
6	电焊绝缘手套	羊皮	双	羊皮——羊皮材质
7	焊接黑玻璃	10#	片	10# ——颜色深度

一、手工焊条电弧焊机

电弧焊机按照输出电流的不同性质可分为直流焊机和交流焊机两大类;按电焊机的不同结构可分为交流弧焊机、直流弧焊发电机、整流式弧焊机和逆变式弧焊机四类。

1. 交流弧焊机(以 BX1-300 型交流弧焊机为例)

交流弧焊机由变压器和电抗器两部分组成,一般接单相电源,其基本原理是通过变压器达到焊接所需要的空载电压,并经过电抗器来获得下降的外特性。

(1) 结构及性能。BX1-300 型交流弧焊机的变压器构造如图 2-2-2 所示,结构属于动铁芯增强漏磁式类型,其结构特点是在"口"字形静铁芯的中间部位增加了一个可动铁芯作为磁分路,以增加漏抗,从而获得下降的外特性。交流弧焊机的空载电压为 78 V,工作电压为 32 V,焊接电流的调节范围是 75～400 A。型号 BX1-300 中,"B"表示交流弧焊机,"X"表示焊接电源外特性为下降的外特性,"1"表示该系列产品属于动铁式,"300"表示额定焊接电流为 300 A。

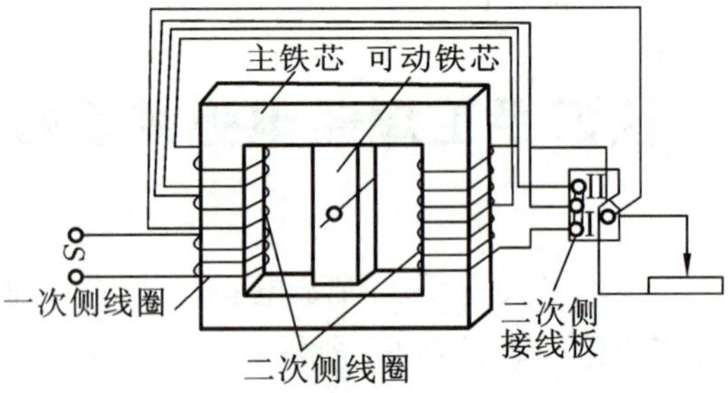

图 2-2-2　动铁芯增强漏磁型交流弧焊变压器

(2) 电流调节分为粗调和细调两种。电流的粗调是依靠改变二次侧线圈的匝数,即改变接线板的连接序号来实现的,如图 2-2-3 所示。当连接片接"Ⅱ"位置时,电流较大,其调节范围为 160～450 A。

电流的细调是通过转动螺杆来移动铁芯,以改变交流弧焊机磁铁芯的漏磁来实现的,如

图 2-2-4 所示。当动铁芯外移时，磁阻增大，磁分路作用减小，漏抗随之减小，所以电流增大；反之，当动铁芯内移时，电流减小。

(a) Ⅰ级线圈位置　　(b) Ⅱ级线圈位置

图 2-2-3　电流粗调

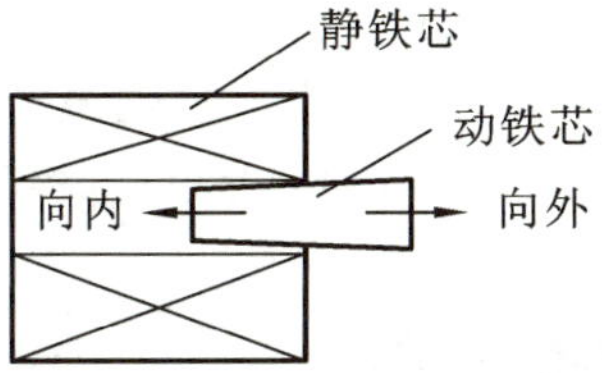

图 2-2-4　电流细调

2. 直流弧焊发电机

直流弧焊发电机由直流发电机和原动机两部分组成。原动机可以是电动机、柴油机、汽油机等。厂内施工常用以三相异步电动机为原动机的直流弧焊发电机，野外施工则多用热机驱动的直流弧焊发电机。

以 AX1-500 型直流弧焊发电机为例，其采用三相感应电动机拖动差复激式直流弧焊发电机，其电流调节分为粗调和细调两种。型号 AX1-500 中，“A”表示直流弧焊发电机，“X”表示焊接电源外特性为下降的外特性，“1”表示该系列产品序号，“500”表示额定焊接电流为 500 A。

3. 整流式弧焊机

以 ZXG-300 型整流式弧焊机为例予以说明。

（1）结构及性能。整流式弧焊机无旋转部分，其结构属于磁放大器式，输出直流电。整流式弧焊机的空载电压为 70 V，工作电压为 25～30 V，焊接电流的调节范围为 50～300 A。

整流式弧焊机主要由三相降压变压器、三相磁放大器、输出电抗器、通风机组及控制系统等组成。利用磁放大器的整流作用，将外接电源的交流电变为焊接所需的直流电。

型号 ZXG-300 中，“Z”表示整流式弧焊机，“X”表示焊接电源的外特性为下降的外特性，“G”表示焊机采用硅整流元件，“300”表示额定焊接电流为 300 A。

（2）电流调节。整流式弧焊机的电流调节比较简单方便，均在该机的面板上进行。先打开电源开关，然后转动电流调节器，电流表上显示电流数值，调到所需要的电流即可进行焊接。

4. 逆变式弧焊机

逆变式弧焊机是近年来发展起来的一种新型的弧焊电源，由于其具有工作频率高、外特性好、体积小、质量轻及高效、节能等优点，因而是一种很有发展前途的新型弧焊电源。

逆变式弧焊机也称为弧焊逆变器，它的基本工作原理就是将电网输入的 50 Hz 工频交流电通过整流、滤波后，经逆变器将得到的直流逆变为几百赫兹至几万赫兹的中频电压，并经中频焊接变压器降至适合于焊接用的低电压。如果需要直流弧焊接，可再进行整流和滤波，将中频交流电变成稳定的直流电输出，其基本工作原理可归纳为：工频交流→直流→逆变为中频交流→直流输出。

逆变器是焊接电源的关键部件。所谓逆变器,就是将直流电转换成交流电的装置,它是利用大功率开关电子元件的交替开关作用来完成这一过程的。逆变式弧焊机靠电子控制电路配合电弧电压与电弧电流反馈信号,进而对逆变器进行定频率调节脉冲宽度或者定脉冲宽度调节频率,来获得各种形状的外特性,以满足各种焊接的需要。

逆变式弧焊机的规范调节,一般是通过改变逆变器的开关脉冲频率(工作频率)或开关脉冲的占空比(脉冲时间占整个工作周期的比例)来实现的。脉冲频率或占空比越大,焊接电流越大,反之,焊接电流越小。

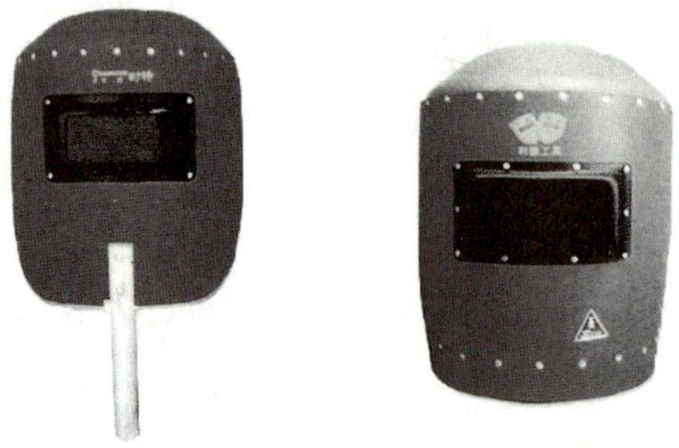

(a) 手持式　　(b) 头戴式

图 2-2-5　电焊面罩

二、电焊面罩

电焊面罩是防止焊渣飞溅、弧光及电弧高温灼伤焊工面部及颈部的一种防护工具,选用耐燃或不燃的不刺激皮肤的绝缘材料制成,罩体能遮住焊工的整个面部,结构牢固,不漏光。

电焊面罩一般分为手持式电焊面罩和头戴式电焊面罩两种,如图 2-2-5 所示。

三、电焊钳

电焊钳

电焊钳是用来夹持焊条、导通电流的工具,其型号用额定工作电流表示。电焊钳必须具有良好的导电性、绝缘性与隔热能力,并保证焊条位于水平、45°、90°等方向时,电焊钳都能夹紧焊条,且要更换焊条安全方便、操作灵活。电焊钳的结构如图 2-2-6 所示。

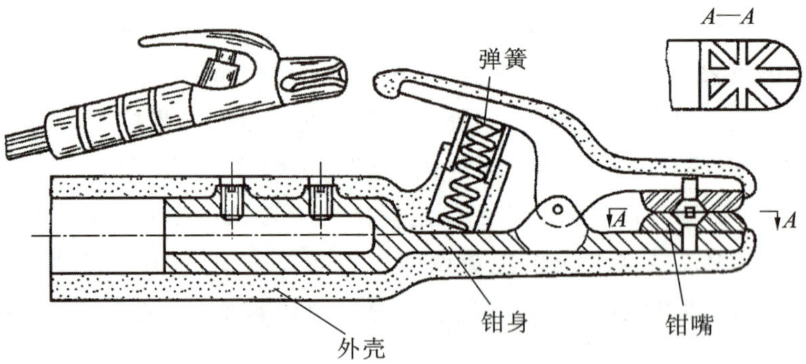

图 2-2-6　电焊钳的结构

四、焊接电缆

地线夹

焊接电缆是焊件或电焊钳与电焊机输出端连接的导线,能使电焊机与焊件、电焊机与电焊钳形成导电回路。因此,要求焊接电缆的导电性能好、绝缘性能高。为了方便焊工操作,焊接电缆较柔软,且采用细铜丝拧成股制成。焊接电缆的规格用导电体的横截面积表示。

五、焊条

焊条由焊芯(金属芯)和药皮组成。焊条前端的药皮有45°左右的倒角,以便于引弧。焊条尾部有一段裸露的焊芯,长10～35 mm,便于被电焊钳夹持和导电。焊条的长度一般在250～450 mm之间。焊条直径(指焊芯直径)有2.0 mm、2.5 mm、3.2 mm、4.0 mm、5.0 mm、5.8 mm及6.0 mm等规格,常用的焊条直径有2.5 mm、3.2 mm、4.0 mm、5.0 mm四种。焊条的结构如图2-2-7所示。

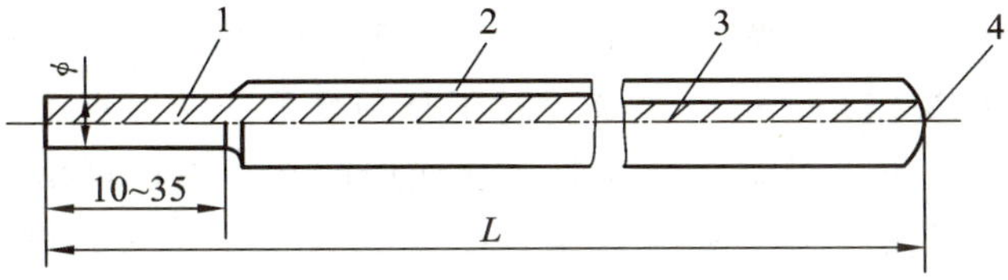

图 2-2-7 焊条的结构

1—夹持端;2—药皮;3—焊芯;4—引弧端

1. 焊芯

焊条中被药皮包裹的具有一定长度和直径的金属芯称为焊芯。焊接时,焊芯有两个作用:一是导通电流,维持电弧稳定燃烧;二是作为填充的金属材料与熔化的母材共同形成焊缝金属。焊条进行电弧焊时,焊芯熔化形成的填充金属占整个焊缝金属的50%～70%,所以,焊芯的化学成分及各组成元素的含量将直接影响焊缝金属的化学成分和力学性能。

2. 药皮

压涂在焊芯表面的涂料层称为药皮。由于焊芯不含某些必要的合金元素,且焊接过程中要补充焊芯烧损(氧化或氮化)的合金元素,所以焊缝具有的合金成分均需通过药皮添加。此外,通过药皮加入的不同物质在焊接时所起的冶金反应和物理变化、化学变化,能起到改善焊条工艺性能和改进焊接接头性能的作用。由此可知,药皮也是决定焊接质量的重要因素之一。药皮的名称、成分及其作用如表2-2-2所示。

表 2-2-2 药皮的名称、成分及其作用

名称	成分	作用
稳弧剂	碳酸钾、碳酸钠、长石、大理石、钛白粉、钠水玻璃、钾水玻璃	改善引弧性能,提高电弧燃烧的稳定性
脱氧剂	锰铁、硅铁、钛铁、铝铁、石墨	降低药皮或熔渣的氧化性,脱除金属中的氧
造渣剂	大理石、萤石、菱苦土、长石、花岗石、陶土、钛铁矿、锰矿、赤铁矿、钛白粉、金红石	造成具有一定物理性能、化学性能的熔渣,并能良好地保护焊缝和改善焊缝成形
造气剂	淀粉、木屑、纤维素、大理石	形成的气体可加强对焊接区的保护
合金剂	锰铁、硅铁、钛铁、铬铁、钼铁、钒铁、石墨	使焊缝金属获得必要的合金成分
黏结剂	钾水玻璃、钠水玻璃	将药皮牢固地黏结在焊芯上

续表

名　称	成　分	作　用
稀渣剂	萤石、长石、钛铁矿、钛白粉、锰铁、金红石	降低熔渣的黏度,增强熔渣的流动性
增塑剂	云母、滑石粉、钛白粉、高岭土	增加药皮的流动性,改善焊条的压涂性能

3. 焊条的分类与烘焙

焊条的分类方法有很多,按用途分类可分为结构钢焊条、耐热钢焊条、不锈钢焊条、堆焊焊条、低温钢焊条、铸铁焊条等;按熔渣的碱度分类可分为酸性焊条和碱性焊条。酸性焊条使用前可根据受潮情况决定是否进行烘焙。对于受潮严重的酸性焊条,要在70～150 ℃进行烘焙,保温1 h,使用前不再烘焙。碱性焊条在使用前必须进行烘焙,以降低焊条的含水量,防止气孔、裂纹等缺陷的产生。碱性焊条要在350～400 ℃下进行烘焙,保温2 h。

焊条牌号的含义(以结构钢焊条J422 Fe16为例):

J　42　2　Fe16

- Fe16——药皮中加入铁粉,熔敷效率为160%
- 2——药皮为钛钙型,交流、直流焊接
- 42——熔敷金属的抗拉强度为420 MPa
- J——结构钢焊条

4. 焊条牌号的选择

焊缝金属的性能主要是由焊条和焊件决定的。在焊缝金属中,填充金属占50%～70%,因此,焊接时选择合适的焊条牌号才能保证焊缝金属的性能。实际工作中,主要根据母材的化学成分、力学性能、焊接接头的刚性和工作环境来选择焊条。例如,焊一般碳钢和低合金结构钢时主要按等强度原则选择焊条的强度级别,一般结构选择酸性焊条,重要结构选择碱性焊条。此外,还应考虑焊接的经济性。

5. 焊条直径的选择

焊条直径是保证焊接质量和焊接效率的重要因素。焊条直径过大,易造成未焊透或焊缝成形不良等缺陷;焊条直径过小,会使生产率降低。因此,必须正确选择焊条直径。焊条直径的选择与下列因素有关:焊件厚度、焊接位置、焊接层数、接头形式等。例如:焊件厚度越大,选择的焊条直径也越大;水平焊缝比立焊、横焊等焊缝所用焊条直径略大;打底焊所用焊条直径略小于填充焊焊条直径;焊接搭接接头的焊条直径略大于焊接对接接头所用焊条直径。

6. 焊接电流的选择

焊接时,流经焊接回路的电流称为焊接电流,焊接电流的大小是影响焊接生产率和焊接质量的重要因素之一。选择焊接电流时,应根据焊条类型、焊条直径、焊件厚度、焊接接头形式、焊接位置和焊接层数等因素综合考虑决定。例如:焊条直径较大时,对应的焊接电流也要大。焊接电流过小会造成电弧不稳、未焊透、夹渣及焊缝成形不良等缺陷;焊接电流过大易产生咬边、焊穿等缺陷，同时会增强焊接变形和金属飞溅，也会使焊接接头的组织由于过热而发生变化。所以，焊接时要合理地选择焊接电流。

六、电焊绝缘手套

要求电焊绝缘手套的绝缘性能好，且具有良好的隔热性、抗强光辐射性、防潮性和阻燃性。为了便于焊工操作，电焊绝缘手套的材质还应该柔软舒适。通常选用优质羊皮制作的长袖绝缘手套。

七、焊接黑玻璃

焊接黑玻璃通常由两块尺寸相同的白玻璃夹在中间使用，长期使用后，外侧的白玻璃会因焊接飞溅物黏附太多而影响视线。这时应将外侧白玻璃废弃，将内侧的白玻璃换到外侧，并在内侧重新装上一块新的白玻璃以重复使用。黑玻璃有6＃至12＃七种型号，号数越大颜色越黑，使用时根据个人视力情况进行选择，通常白天使用小号数的黑玻璃，夜间使用大号数的黑玻璃。

八、焊接设备接线

手工焊条电弧焊机的电源为使焊接电弧稳定燃烧而提供焊接所需要的合适的电流和电压。它的接线分为输入端和输出端，输入端连接380 V或220 V电源，输出端连接进行焊接操作的电焊钳和焊件，如图2-2-8所示。

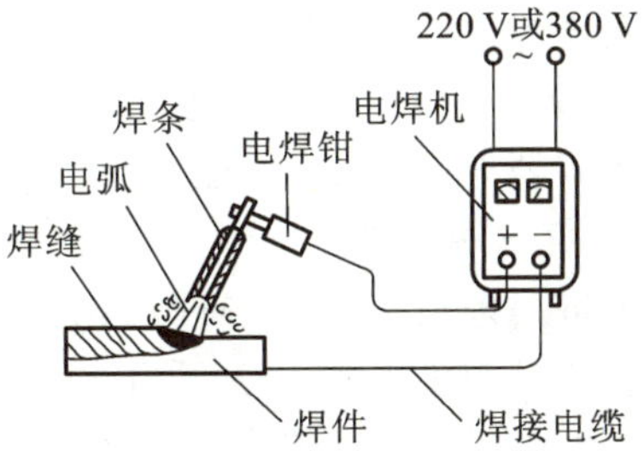

图2-2-8 焊接设备接线

任务2 学习手工焊条电弧焊操作

手工焊条电弧焊操作根据焊缝所处焊件位置的不同，将焊接操作分为平焊、立焊、横焊、仰焊四个基本类型。平焊是指焊缝处于焊件上方水平表面的焊接操作；立焊是指焊缝处于焊件垂直表面的竖直焊接操作；横焊是指焊缝处于焊件垂直表面的水平焊接操作；仰焊是指焊缝处于焊件下方水平表面的焊接操作。此任务的操作练习为平焊位置的板材对接焊——平敷焊。

一、焊口清理

焊接前必须认真清理焊口边缘的铁锈、油脂、油漆、水分、气割的熔渣与毛刺等，以保证焊接时电弧能稳定燃烧和焊接质量。

二、引弧

手工焊条电弧焊中引燃焊接电弧的过程称为引弧。常用的引弧方法有划擦法引弧和直击法引弧,如图 2-2-9 所示。

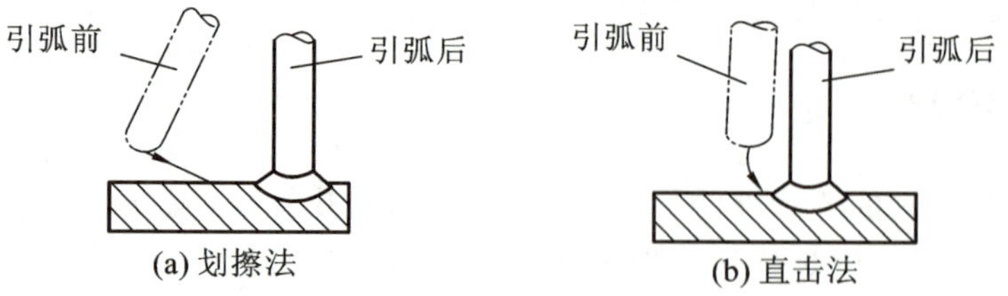

图 2-2-9　引弧

1. 引弧步骤

(1) 手持电焊面罩,看准引弧位置。

(2) 用电焊面罩挡住面部,将焊条对准引弧处。

(3) 用划擦法或直击法引弧,迅速而适当地提起焊条,形成电弧。

2. 引弧方法

1) 划擦法引弧

先将焊条前端对准焊件,然后手腕扭转一下,将焊条在焊件表面上轻微划擦一下,把焊条提起 2～4 mm,即可在空气中产生电弧。引弧后,电弧长度不可超过焊条直径。这种引弧方法类似划火柴,易于掌握。

2) 直击法引弧

先将焊条前端对准焊件,然后手腕下弯,将焊条轻微碰一下焊件,再迅速把焊条提起 2～4 mm,即可产生电弧。引弧后,手腕放平,将电弧长度保持在与所用焊条直径相适应的范围内。这种引弧方法不会划伤焊件表面,又不受焊件表面大小、形状的限制,所以在生产实践中主要采用这种引弧方法。但操作不易掌握,需提高熟练程度。

3. 引弧操作

(1) 下蹲姿势:身体下蹲,上半身稍向前倾,但不能伏靠在大腿上。两脚跟着地蹲稳,拿电焊钳的手臂不能放在腿中间或搁靠腿旁,应能自由运条。焊件放在人体正前方,靠近身体一点。引弧时的身体姿势如图 2-2-10 所示。

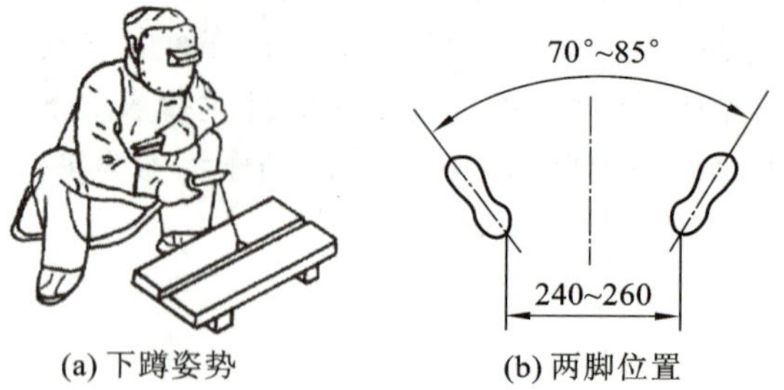

图 2-2-10　身体姿势

(2) 夹持焊条:电焊钳应夹持焊条夹持端裸露的焊芯,若夹持在焊条末端药皮上,将导致焊接引弧困难。

(3) 焊条与焊件接触后,焊条提起的时间要适当。太快,气体电离差,难以形成稳定的电弧;太慢,焊条和焊件粘连在一起造成短路,时间过长会烧坏电焊机。

(4) 当焊条粘连在焊件上时不要惊慌，只要将焊条左右摆动几下就可以将焊条与焊件脱离开来。如果焊条还不能脱离焊件，就应该立即将电焊钳从焊条上取下，待焊条冷却后，再将焊条取下。为便于引弧，焊条前端应裸露焊芯，若引弧时焊条不裸露焊芯，可用锉刀轻锉，不得过猛敲击，以防药皮脱落造成保护不良。

引弧的质量主要用引弧的熟练程度来衡量。在规定的时间内，引燃电弧的成功次数越多，引弧的位置越准确，说明越熟练。

初学引弧，学生好奇心强，要注意防止电弧光灼伤眼睛。对于刚焊完的焊件和焊条头，不要用手触摸，以免烫伤。

三、平敷焊

1. 焊道的起头

起头是指刚开始焊接的阶段，一般情况下这阶段的焊道略高些，质量也难以保证。在引弧后的一二秒钟内，由于焊条药皮未形成大量保护气体，最先熔化的熔滴在施焊中得不到二次熔化，其内部气体就会残留在焊道中形成气孔。因此，焊道起头必须按以下要求操作。

(1) 引弧后将电弧稍稍拉长，使电弧对焊条端头起预热作用，然后适当缩短电弧进行正式焊接。

(2) 为了减少气孔，可将前几滴熔滴甩掉。具体操作中，直接方法是采用挑弧焊，即电弧有规律地瞬间离开熔池，把熔滴甩掉，但焊接电弧并未中断；另一种间接方法是采用引弧板，即在焊前装配一块金属板，在这块金属板上开始引弧，然后割掉。采用引弧板，不但保证了起头处的焊缝质量，也能使焊接接头始端获得正常尺寸的焊缝，常在焊接重要结构时应用。

2. 运条

运条是焊接过程中最重要的环节，它直接影响焊缝的外表成形和内在质量。电弧引燃后，一般情况下焊条有三个基本运动：朝熔池方向逐渐送进、沿焊接方向逐渐移动、横向摆动。

(1) 焊条朝熔池方向逐渐送进——既是为了向熔池内添加金属，也是为了在焊条熔化后继续保持一定的电弧长度，因此焊条送进的速度应与焊条熔化的速度相同，否则，会发生断弧或焊条粘在焊件上。电弧的长度通常为 2～4 mm，碱性焊条的弧长比酸性焊条的弧长短些。

(2) 焊条沿焊接方向移动——随着焊条的不断熔化，逐渐形成一条焊道。若焊条移动速度太慢，则焊道会过高、过宽、外形不整齐，焊接薄板时会发生烧穿现象；若焊条的移动速度太快，则焊条与焊件会熔化不均匀，焊道较窄，甚至发生未焊透现象。焊条移动时应与前进方向成 70°～80°夹角，以把熔化金属和熔渣推向后方，否则熔渣流向电弧的前方会造成夹渣等缺陷，如图 2-2-11 所示。

(3) 焊条横向摆动——为了给焊件输入足够的热量以便于排气、排渣，并获得一定宽度的焊缝或焊道。焊条摆动的范围根据焊件的厚度、坡口形式、焊缝层次和焊条直径等来决定。

3. 常用的运条方法及适用范围

常用的运条方法如图 2-2-12 所示。

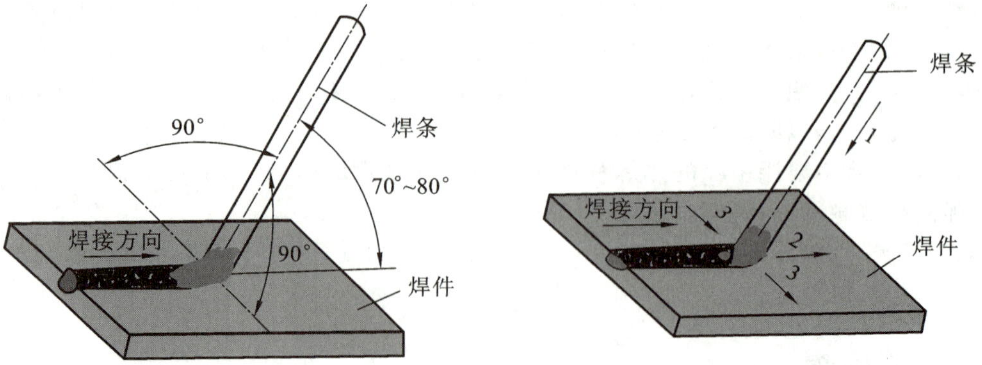

图 2-2-11　焊条角度

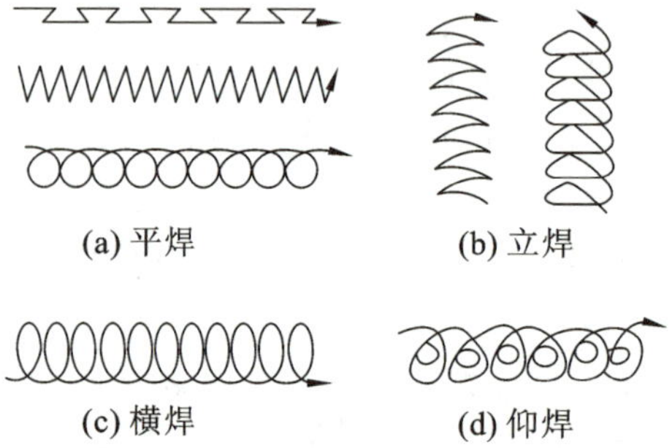

图 2-2-12　常用的运条方法

(1) 直线形运条法——采用这种运条方法焊接时,焊条不做横向摆动,只沿焊接方向做直线移动。常用于I形坡口的对接平焊、多层焊的第一层焊或多层多道焊。

(2) 直线往复运条法——采用这种运条方法焊接时,焊条末端沿焊缝的纵向做来回摆动。它的特点是焊接速度快、焊缝窄、散热快,适用于薄板和接头间隙较大的多层焊的第一层焊。

(3) 锯齿形运条法——采用这种运条方法焊接时,焊条末端做锯齿形连续摆动及向前移动,并在两边稍停片刻。摆动的目的是控制熔化金属的流动和得到必要的焊缝宽度,以获得较好的焊缝成形。这种运条方法在生产中应用较广,多用于厚钢板的焊接,以及平焊、仰焊、立焊的对接接头和立焊的角接接头。

(4) 月牙形运条法——采用这种运条方法焊接时,焊条的末端沿着焊接方向做月牙形左右摆动。摆动的速度根据焊缝的位置、接头形式、焊缝宽度和焊接电流决定。同时焊条需在接头两边停留片刻,这是为了让焊缝边缘有足够的熔深,防止咬边。这种运条方法的优点是金属熔化良好、有较长的保温时间、气体容易析出、熔渣易于浮到焊缝表面上来、焊缝质量较高,但其缺点是焊出来的焊缝余高较高。这种运条方法的应用范围和锯齿形运条法的应用范围基本相同。

(5) 三角形运条法——采用这种运条方法焊接时,焊条末端做连续三角形运动,并不断向前移动。按照摆动形式的不同,这种运条方法可分为斜三角形运条法和正三角形运条法两种。斜三角形运条法适用于焊接平焊和仰焊位置的T形接头焊缝和有坡口的横焊缝,其优点是能够借焊条的摆动来控制熔化金属,促使焊缝成形良好。正三角形运条法只适用于开坡口的对接接头和T形接头焊缝的立焊,其特点是能一次焊出较厚的焊缝断面、焊缝不易产生夹渣等缺陷,有利于提高生产效率。

(6) 圆圈形运条法——采用这种运条方法焊接时,焊条末端连续做正圆圈形或斜圆圈形运动,并不断前移。正圆圈形运条法适用于焊接较厚焊件的平焊缝,其优点是熔池存在时间长,熔池金属温度高,有利于溶解在熔池中的氧气、氮气等气体的析出,便于熔渣上浮。斜圆圈形运条法适用于平焊、仰焊位置T形接头焊缝和对接接头的横焊缝,其优点是便于控制熔化金属不受重力影响而产生下淌现象,有利于焊缝成形。

4. 焊缝收尾

收尾是指在焊缝终点部位，为了使焊缝成形达到规定要求而采取的操作方法。

（1）划圈收尾法——焊条移至焊道的终点时，利用手腕的动作做圆圈运动，直到填满弧坑后再拉断电弧。该方法适用于厚板焊接，用于薄板焊接会有烧穿危险。

（2）反复断弧法——焊条移至焊道终点时，在弧坑处反复熄弧、引弧，直到填满弧坑为止。该方法适用于薄板焊接及大电流焊接，但不适用于碱性焊条，否则会产生气孔。

（3）回焊收尾法——焊条移至焊道收尾处即停止，但未息弧，此时适当改变焊条角度。此方法适用于碱性焊条。

任务 3 练习手工焊条电弧焊

练习一：引弧

先练习划擦法引弧，熟练掌握后再练习直击法引弧。

1. 练习要求

（1）防护用具穿戴正确，操作姿势正确。

（2）划擦引弧位置正确，起弧迅速，弧长 3 mm 左右。

2. 注意事项

（1）初学引弧，学生好奇心强，要注意防止电弧光灼伤眼睛；对于刚焊完的焊件和焊条头，不要用手触摸，以免烫伤。

（2）工作时，应穿帆布工作服、绝缘鞋，戴绝缘手套、安全帽，工作衣不要束在裤腰里，裤腿管不应卷起。

（3）推拉闸刀时，必须戴干燥的焊工手套，另一只手不得按在电焊机的外壳上。同时焊工的面部要偏斜些，避免推拉闸刀时出现的电弧火花灼伤脸部。

（4）为了防止电焊钳与焊件之间发生短路而烧坏电焊机，焊接工作开始或结束前，先将电焊钳放置在可靠的地方，然后将电源打开或切断。

（5）更换焊条时，焊工应该戴好干燥的绝缘手套。夏天身体出汗后，衣服潮湿，切勿靠在金属构件上，以防触电。

（6）焊工离开工作场所时，必须把电焊机的电源切断。

（7）焊接操作中，如果发生焊条与焊件粘连，应先摇摆焊条使其脱离焊件。当摇摆焊条无效后，应立即松开电焊钳使其脱离焊条。

3. 评分标准

（1）划擦引弧位置正确（20 分）。

（2）起弧迅速，停、起自如（40 分）。

（3）弧长控制准确，电弧稳定，无粘连或断弧现象（40 分）。

（4）安全文明生产，无烧伤、烫伤、灼伤现象（出现 1 次扣 10 分）。

练习二:平敷焊

练习在水平位置焊接,在厚度为6 mm的钢板的上表面堆敷焊道。

1. 练习要求

(1) 引弧位置正确,引弧迅速,起头操作正确。

(2) 沿焊道焊接,速度适中,运条正确。

(3) 收尾操作正确。

2. 注意事项

(1) 清理焊渣时,要注意周围人员的安全,必须戴上白光眼镜,并避免对着他人的方向敲打焊渣。

(2) 焊接电缆必须要有完好的绝缘,不可将电缆放在焊接电弧附近或炽热的焊件上,以免烧坏绝缘层。

(3) 焊接烧完的焊条头应放在固定且无人经过的地方,不可乱扔,以免引起火灾或烫伤人的脚部。

(4) 焊接操作中,焊条的送进速度等于焊条的燃烧速度。

(5) 每根焊条焊接所形成的焊缝长度约100 mm。

(6) 焊接操作中,焊条横向摆动3~5 mm宽度。

3. 评分标准

(1) 引弧位置正确,引弧迅速(10分)。

(2) 起头操作正确(20分)。

(3) 焊缝高度、宽度均匀且符合要求(30分)。

(4) 焊缝位置与焊道重合,无跑偏现象(20分)。

(5) 焊缝收尾正确(20分)。

(6) 安全文明生产(违规1次扣10分)。

课后练习

一、填空题

1. 药皮中________剂的作用是制造保护气幕将焊接区域与空气隔绝。

2. 手工焊条电弧焊使用的焊条由焊芯和________组成。

3. 电弧由阴极区、阳极区和弧柱区组成,其中电弧阳极区的温度是________。

4. 电焊机BX1-330中,B代表________,X代表下降外特性电源,330代表额定电流为330 A。

5. 可输出直流电的弧焊机有直流弧焊发电机、________、逆变式弧焊机等。

6. 平敷焊操作时,焊条有焊条向熔池送进、焊条沿焊接方向移动和________三种运动。

7. 焊接时,焊条的药皮和焊芯在同一截面处________先熔化。

8. 焊接黑玻璃有6#至12#七种型号,号数越________颜色越黑。

二、选择题

1. 直击引弧时,焊条的提起高度是________mm。

A. 0～1　　B. 2～4　　C. 5～6

2. 交流弧焊机的工作电压是________。

A. 12 V　　B. 32 V　　C. 52 V

3. 交流弧焊机的空载电压是________V，输入电压是 220 V 或 380 V。

A. 20～30　　B. 70～80　　C. 90～100

4. 焊条型号 J422 的含义：结构钢焊条，其焊缝的________为 420 MPa。

A. 抗拉强度　　B. 抗压强度　　C. 最大载荷

5. 电弧由阴极区、阳极区和弧柱区组成，其中电弧阴极区的温度是________℃。

A. 2100　　B. 2300　　C. 6000

6. 焊条药皮中脱氧剂的作用是去除________中的氧元素。

A. 焊条药皮　　B. 焊缝渣壳　　C. 焊缝金属

7. 焊条药皮中添加稀释剂的作用是________。

A. 稀释有害元素　　B. 稀释焊缝　　C. 增加熔渣的流动性

8. 手工焊条电弧焊的焊接电缆要有满足载荷、绝缘和________等性能。

A. 柔软　　B. 截面小　　C. 没有接头

三、判断题

1. 交流电焊机是降压变压器，它是通过改变电阻来调节电流的。（　　）

2. 电焊机型号 AX1-500 的含义：A——直流弧焊机、X——下降外特性电源、500——额定电流 500 A。（　　）

3. 直击法引弧操作困难，不易掌握，在焊接操作中较少使用。（　　）

4. 碱性焊条的烘焙温度是 450～500 ℃，烘焙时间是 1～2 h。（　　）

5. 焊接过程中，焊件清理不干净、焊接电流太小或运条不当会造成焊缝夹渣。（　　）

6. 电弧由阴极区、阳极区和弧柱区组成，其中阳极区的温度最低。（　　）

7. 焊条中焊芯的作用是只用来填充焊缝。（　　）

8. 手工焊条电弧焊焊条的直径只有 2.5 mm、3.2 mm、4.0 mm 三种。（　　）

9. 酸性焊条的烘焙温度为 75～150 ℃。（　　）

10. 手工焊条电弧焊电焊钳的型号用其导电体的横截面积表示。（　　）

11. 焊接管道支架采用 30＃槽钢，要求焊缝的抗拉强度不小于 400 MPa，现有 J422、J507 两种焊条，应选用 J507 焊条。（　　）

12. 电焊面罩里白玻璃的作用是保护操作者的眼睛。（　　）

四、简答题

1. 手工焊条电弧焊的常用电焊机有哪些？

2. 选择焊接电流的依据是什么？

3. 焊条中药皮的作用是什么？

4. 根据焊接位置不同可将焊接分为哪几种？

5. 选择焊条直径的依据是什么？

6. 选用焊条牌号的原则是什么？

7. 常见的电弧焊有哪些？（至少写出四种）

课后练习答案

项目3 焊接质量检验

认识“大国工匠”——LNG 船上“缝”钢板张冬伟

张冬伟,沪东中华造船(集团)有限公司总装二部维护系统车间电焊二组组长,高级技师。主要从事 LNG(液化天然气)船维护系统中的二氧化碳焊接和氩弧焊接工作。张冬伟说:“这东西不是你躲得远远的就能学会的,师傅烧 7 小时,我就看 7 小时。一个简单的、重复的手势,没有一两年很难真正学会的。”

殷瓦钢要在零下 163 ℃的环境下工作,是超低温钢材,厚度 0.7 mm,相当于牛皮纸的厚度。极易生锈,手摸一下 24 小时后就会锈穿。所以,焊接过程不能滴上一滴汗水,不能有一个手印。焊接时要求工人手上准、心理稳,并且一干就是三四小时才能完成。张冬伟在焊接过程中心如止水,手如拂羽,这就是“大国工匠”的境界。先修“心境”再练“技境”是对“大国工匠”的准确描述。

【学习目标】

- 了解焊缝检验的方法。
- 了解焊缝常见质量缺陷。

【安全提示】

- 检验钢板之前应先检查钢板温度,以防烫伤。
- 敲打焊渣及金属飞溅物时,眼睛有可能会受到伤害。
- 射线探伤的放射源操作不当会对人体造成致命伤害。
- 气压试验操作不当有可能发生爆炸。

【知识准备】

焊接质量检验是保证焊接产品质量的重要措施,是及时发现缺陷、消除缺陷并防止缺陷重复出现的重要手段。焊接质量检验自始至终贯穿于焊接结构的制造过程中。

焊接质量检验过程由焊前检验、焊接过程中检验和焊后成品检验三个阶段组成。完整的焊接质量检验能保证不合格的原料不投产、不合格的零件不组装、不合格的组装不焊接、不合格的焊缝必返修、不合格的产品不出厂,做到层层把住质量关。

一、焊前检验

焊前检验是焊接质量检验的第一个阶段,包括:检验焊接产品图样和焊接工艺规程等技术文件是否齐备;检验母材及焊条、焊丝、焊剂、保护气体等焊接材料是否符合设计及焊接工艺规程的要求;检验焊接坡口的加工质量和焊接接头的装配质量是否符合产品图样要求;检验焊接设备及其辅助工具是否完好;检验焊工是否具有上岗资格,等等。焊前检验的目的是预先防止和减少焊接时产生缺陷的可能性。

二、焊接过程中检验

焊接过程中检验是焊接质量检验的第二个阶段,包括:检验焊接设备在焊接过程中的运行情况是否正常,焊接工艺参数是否正确;焊接夹具在焊接过程中的夹紧情况是否牢固;多层焊过程中对夹渣、气孔、未焊透等缺陷的自检,等等。焊接过程中检验的目的是防止缺陷的形成和及时发现缺陷。

三、焊后成品检验

焊后成品检验是焊接质量检验的最后阶段,通常在全部焊接工作完毕(包括焊后热处理)后,将焊缝清理干净后进行。

焊缝检验的方法可分为无损伤检验和破坏性检验两类。

任务 1　了解焊缝检验方法

一、无损伤检验

无损伤检验是指不损坏被检查材料或成品性能和完整性而检测缺陷的方法。它包括外观检验、密封性检验、耐压试验、无损探伤(渗透探伤、磁粉探伤、超声波探伤、射线探伤)等。

1. 外观检验

外观检验是一种简便而又实用的检验方法。它是用肉眼或借助标准样板、焊缝检验尺、量具、低倍(5 倍)放大镜测量或观察焊件,以发现焊缝表面缺陷的方法。外观检验的主要目的是发现焊接接头的表面缺陷,如焊缝的表面气孔、表面裂纹、咬边、焊瘤、烧穿及焊缝尺寸偏差、焊缝成形等。检验前,须将焊缝附近 10～20 mm 内的飞溅物和污物清除干净。焊缝检验尺的用法举例如图 2-3-1 所示。

2. 密封性检验

密封性检验是用来检查有无漏水、漏气和渗油等现象的试验。密封性检验的方法很多,常用的方法有气密性检验、煤油试验等,主要用来检验焊接管道、盛器、密闭容器上的焊缝或接头是否存在不致密缺陷等。

1) 气密性检验

常用的气密性检验是将低于容器工作压力的压缩空气压入容器,利用容器内外气体的压力差来检查有无气体泄漏现象。检验时,在焊缝外表面上涂肥皂水,当焊接接头有穿透性缺陷时,气体就会逸出,肥皂水中就有气泡出现以显示缺陷。这种检验方法常用来检验受压容器接管、加强圈的焊缝。

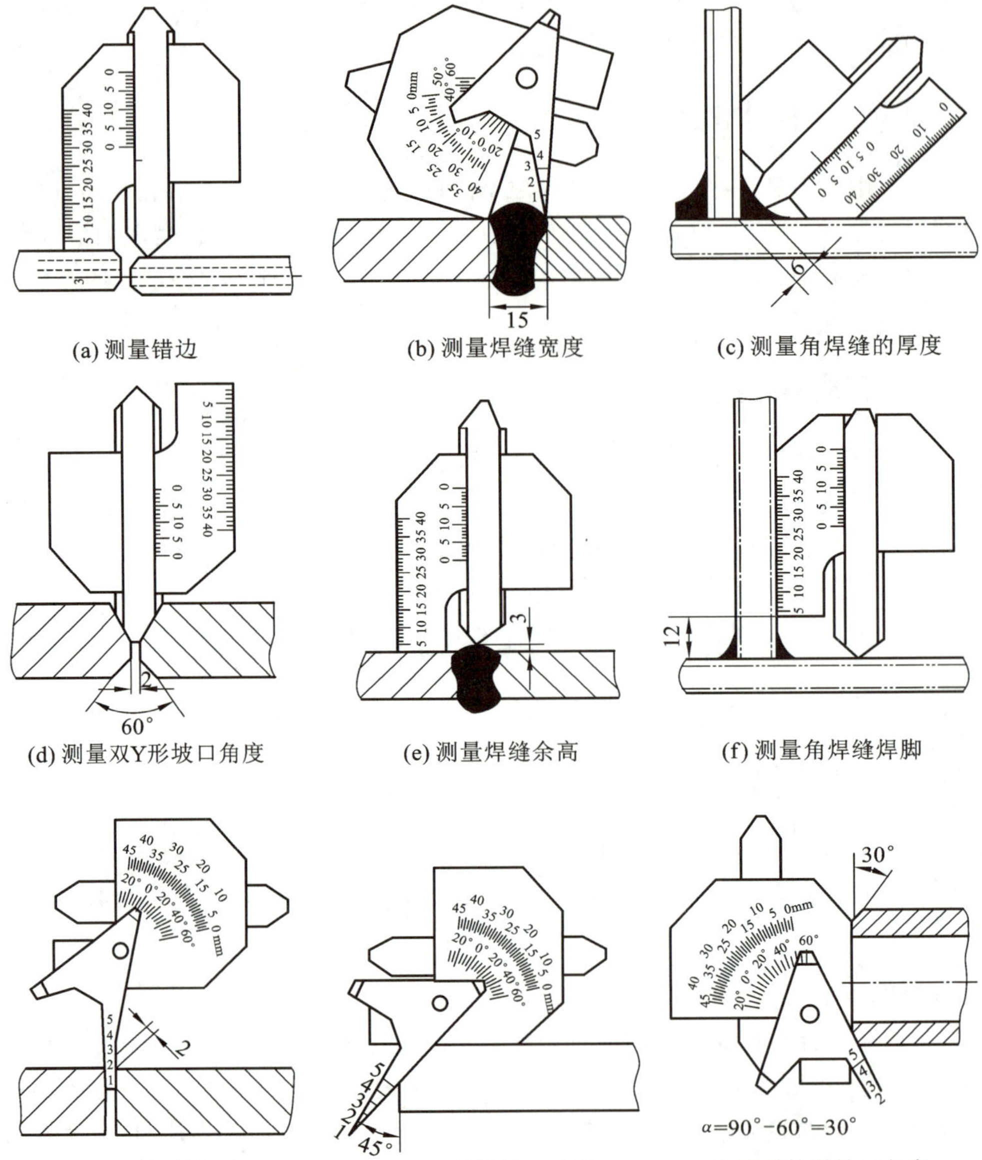

(a) 测量错边　(b) 测量焊缝宽度　(c) 测量角焊缝的厚度

(d) 测量双Y形坡口角度　(e) 测量焊缝余高　(f) 测量角焊缝焊脚

(g) 测量焊缝间隙　(h)测量坡口角度　(i) 测量管道坡口角度

图 2-3-1　焊缝检验尺的用法举例

2）煤油试验

在焊缝表面(包括热影响区)涂上石灰水溶液，干燥后呈白色。然后在焊缝的另一面涂上煤油。由于煤油的渗透力较强，当焊缝及热影响区存在贯穿性缺陷时，煤油就能渗透过去，使涂有石灰水的一面显示出明显的油斑，从而显示出缺陷所在。

煤油试验的持续时间与焊件板厚、缺陷大小及煤油量有关，一般为 15～20 min，如果在规定时间内焊缝表面未显现油斑，可认为焊缝的密封性合格。

3. 耐压试验

耐压试验是将水、油、气等充入容器内慢慢加压，以检查容器是否泄漏、耐压、有破损等。常用的耐压试验有水压试验、气压试验。

(1) 水压试验主要用来对锅炉、压力容器和管道的整体致密性和强度进行检验。试验时，将容器注满水，密封各接管及开孔，并使用试压泵向容器内加压。试验压力一般为产品工作压力的1.25～1.5倍，试验温度一般高于5 ℃(低碳钢)。在升压过程中，应按规定逐级上升，中间短暂停压，当压力达到试验压力后，应恒压一定时间，一般为10～30 min，随后再将压力缓慢降至产品的工作压力。此时，沿焊缝边缘15～20 mm的地方，用圆头小锤轻轻敲击检查，当发现焊缝表面有水珠、水雾或出现潮湿现象时，应标记出来，待容器卸压后做返修处理，直至产品水压试验合格为止。

(2) 气压试验和水压试验一样，主要检验在压力下工作的焊接容器和管道的焊缝致密性和强度。气压试验比水压试验更灵敏和迅速，但气压试验的危险性比水压试验大。气压试验时，先将气体(常用压缩空气)加压至试验压力的10%，保持5～10 min，并把肥皂水涂至焊缝上进行初次检查。如无泄漏，继续升压至试验压力的50%，其后按10%的级差升压至试验压力并保持10～30 min，然后再降到工作压力，至少保持30 min并进行检查，直至合格。

4. 无损探伤

无损探伤是验证焊缝质量的有效方法，主要包括渗透探伤、磁粉探伤、射线探伤、超声波探伤等。其中射线探伤、超声波探伤适合于焊缝内部缺陷的检验，渗透探伤、磁粉探伤则适合于焊缝表面缺陷的检验。无损探伤已在重要的焊接结构中得到了广泛使用。

1) 渗透探伤

渗透探伤是利用带有荧光染料(荧光法)或红色染料(着色法)的渗透剂的渗透作用显示缺陷痕迹的无损检验法，它可用来检验铁磁性材料和非铁磁性材料的表面缺陷，但多用于非铁磁性材料焊件的检验。渗透探伤有荧光探伤和着色探伤两种方法。

(1) 荧光探伤时，先将被检验的焊件浸渍在具有很强渗透能力的有荧光粉的油液中，使油液能渗入细微的表面缺陷，然后将焊件表面清理干净，再撒上显像粉(MgO)。此时，在暗室内紫外线的照射下，残留在表面缺陷内的荧光液就会发光(显像粉本身不发光，但可增强荧光液发光)，从而显示出缺陷的痕迹。

(2) 着色探伤原理与荧光探伤相似，不同之处在于着色探伤用着色剂取代荧光液来显现缺陷。

检验时，在擦干净的焊件表面涂上一层红色的流动性和渗透性均良好的着色剂，使其渗入焊缝表面的细微缺陷中，随后将焊件表面擦干净并涂以显像粉，浸入缺陷的着色剂遇到显像粉，便会显示出缺陷的痕迹，从而确定缺陷的位置和形状。

着色探伤的灵敏度较荧光探伤高，操作也较方便。

2) 磁粉探伤

磁粉探伤是利用铁磁性材料的表面缺陷在强磁场中产生的漏磁场吸附磁粉的现象进行的无损伤检验方法。磁粉探伤仅适用于检验铁磁性材料的表面缺陷和近表面缺陷。

检验时，首先将焊缝两侧充磁，这样焊缝中便有磁感应线通过。若焊缝中没有缺陷，材料分布均匀，则磁感应线的分布是均匀的。当焊缝中有气孔、夹渣、裂纹等缺陷时，磁感应线因焊缝各段磁阻不同而产生弯曲现象，磁感应线将绕过磁阻较大的缺陷。如果缺陷位于焊缝表面或接近表面处，则磁感应线不仅在焊缝内部弯曲，而且将在穿过焊缝表面后形成漏磁，从而在缺陷两端形成新的S极、N极，产生漏磁场。当焊缝表面撒有磁性粉末时，漏磁场就会吸引磁性粉末，在有缺陷的地方形成磁粉堆积，探伤时可根据磁粉堆积的图形情况来判断缺陷的形状、大小和位置。

磁粉探伤时,磁感应线的方向与缺陷的相对位置十分重要。如果缺陷的长度方向与磁感应线的方向平行,则缺陷不易显露;如果磁感应线的方向与缺陷的长度方向垂直,则缺陷最易显露。所以磁粉探伤时,必须从两个以上不同的方向进行充磁检测。

3) 超声波探伤

利用超声波探测材料内部缺陷的无损检验法称为超声波探伤。它是利用超声波(即频率超过 20 kHz,人耳听不见的高频率声波)在金属内部直线传播时,遇到两种介质的界面会发生反射和折射的原理来检验焊缝缺陷的。

超声波探伤具有灵敏度高、操作灵活方便、探伤周期短、成本低、安全等优点,但其缺点是要求焊件的表面粗糙度低(光滑)、对缺陷性质的辨别能力差、没有直观性、较难测量缺陷的真实尺寸、判断不够准确、对操作人员的要求较高。

4) 射线探伤

射线探伤是采用 X 射线或 γ 射线照射焊接接头,检查焊缝内部缺陷的一种无损伤检验法。它可以显示出缺陷在焊缝内部的种类、形状、位置和大小,并可作永久记录。目前 X 射线探伤应用较多,一般应用在重要的焊接结构上。

(1) 射线探伤的原理。射线探伤是利用射线能透过物体并使照相底片感光的性能来进行焊接检验的。当射线通过被检验焊缝时,在有缺陷处和无缺陷处被吸收的程度不同,使得射线透过接头后,射线强度的衰减程度有明显差异,在胶片上相应部位的感光程度也不一样。当射线通过缺陷时被吸收得较少,穿出缺陷的射线强度大,对底片感光较强,冲洗后的底片在缺陷处颜色较深;当射线通过无缺陷处时,被吸收得较多,穿出缺陷的射线强度小,对底片感光较弱,冲洗后的底片颜色较淡。通过对底片上影像的观察、分析,便能发现焊缝内有无缺陷及缺陷的种类、大小与分布。

(2) 射线探伤的评定等级分为四级:

Ⅰ级:焊缝内不允许有裂纹、未熔合、未焊透、有条状夹渣。

Ⅱ级:焊缝内不允许有裂纹、未熔合、未焊透。

Ⅲ级:焊缝内不允许有裂纹、未熔合及双面焊和加垫板的单面焊中的未焊透。

Ⅳ级:焊缝缺陷超过Ⅲ级者。

二、破坏性检验

破坏性检验是从焊件或试件上切取试样,或对产品(或模拟体)进行整体破坏试验,以检查其各种力学性能、抗腐蚀性能等的试验方法。它包括力学性能试验、化学分析及腐蚀试验、金相检验、焊接性试验等。

1. 力学性能试验

力学性能试验是用来检查焊接材料、焊接接头及焊缝金属的力学性能的。常用的试验方法有拉伸试验、弯曲试验与压扁试验、冲击试验、硬度试验等。

1) 拉伸试验

拉伸试验是为了测定焊接接头或焊缝金属的抗拉强度、屈服点、伸长率和断面收缩率等力学性能指标。在进行拉伸试验时,还可以发现试样断口中的某些焊接缺陷。焊缝金属拉伸试样的受试部分应全部在焊缝中,焊接接头的拉伸试样应包括母材、焊缝、热影响区三部分。

2）弯曲试验与压扁试验

（1）弯曲试验。弯曲试验也叫冷弯试验，是测定焊接接头塑性的一种试验方法。冷弯试验可以反映出焊接接头各区域的塑性差别，考核熔合区的熔合质量，也可以暴露焊接缺陷。弯曲试验分横弯、纵弯和侧弯三种，横弯、纵弯又均可分为正弯和背弯。背弯易于发现焊缝根部的缺陷，侧弯能检验焊层与焊件之间的结合强度。

（2）压扁试验。带有纵焊缝和环焊缝的小直径管接头，不能取样进行弯曲试验时，可将管子的焊接接头制成一定尺寸的试管，在压力机下进行压扁试验。试验时，通常将管接头的外壁压至一定值，将此时焊缝受拉部位的裂纹情况作为评定标准。

3）硬度试验

硬度试验是用来测定焊接接头各部位硬度的试验。根据硬度试验的结果可以了解区域偏析和近焊缝区的淬硬倾向，可作为选用焊接工艺的参考。常见的硬度试验方法有布氏硬度法（HB）、洛氏硬度法（HR）和维氏硬度法（HV）。

4）冲击试验

冲击试验用来测定焊接接头和焊缝金属在冲击载荷作用下，不被破坏的能力（韧性）及脆性转变的温度。冲击试验通常在一定温度下（如 0 ℃、−20 ℃、−40 ℃），把有缺口的冲击试样放在试验机上，测定焊接接头的冲击吸收功，以冲击吸收功值作为评定标准。试样的缺口部位可以开在焊缝上、熔合区，也可以开在热影响区。试样的缺口形式有 V 形和 U 形，V 形缺口试样为标准试样。

2. 化学分析及腐蚀试验

1）化学分析

焊缝的化学分析是为了检查焊缝金属的化学成分。通常用直径为 6 mm 的钻头在焊缝中钻取试样，一般常规化学分析取试样 50～60 g。经常被分析的元素有碳、锰、硅、硫和磷等。对于一些合金钢或不锈钢，尚需分析镍、铬、钛、钒、铜等，但需要多取一些试样。

2）腐蚀试验

金属受周围介质的化学作用或电化学作用而引起的损坏称为腐蚀。焊缝和焊接接头的腐蚀破坏形式有总体腐蚀、晶间腐蚀、刀状腐蚀、点腐蚀、应力腐蚀、海水腐蚀、气体腐蚀和腐蚀疲劳等。腐蚀试验的目的在于确定在给定条件下金属的抗腐蚀能力，估计产品的使用寿命，分析腐蚀的原因，找出防止或延缓腐蚀的方法。

腐蚀试验的方法，应根据产品对耐腐蚀性能的要求而定。常用的方法有不锈钢晶间腐蚀试验、应力腐蚀试验、腐蚀疲劳试验、大气腐蚀试验、高温腐蚀试验。

3. 金相检验

焊接接头的金相检验用来检查焊缝、热影响区和母材的金相组织情况及确定内部缺陷等。金相检验分为宏观金相检验和微观金相检验两大类。

三、常见的焊缝质量缺陷

常见的焊缝质量缺陷有焊缝形状尺寸不符合要求、错口、凹坑或咬边、烧穿、焊瘤、裂纹、未焊透、未熔合、气孔、夹渣等。

（1）焊缝的形状尺寸不符合要求：例如焊缝高低不平、波形粗劣、宽窄不一、焊缝余高不符合要求等。

(2) 错口:此缺陷为装配错误,是焊口对接时位置偏差造成的,如图 2-3-2 所示。

(3) 焊瘤:焊接过程中,熔化的金属流淌到焊缝之外未熔化的母材上形成的金属瘤。主要是由于焊接电流过大、焊接速度过慢造成的,如图 2-3-3 所示。

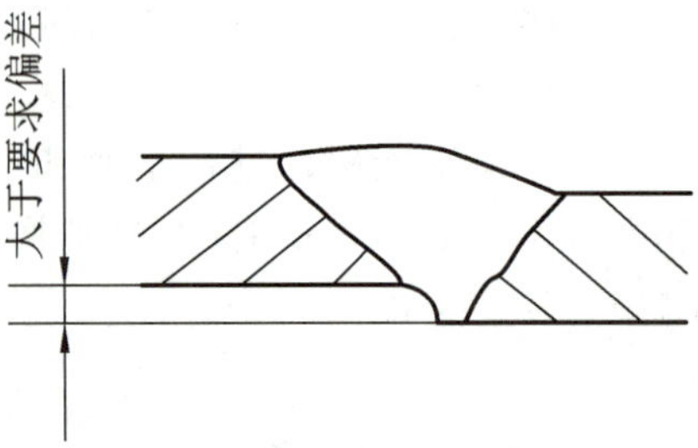

图 2-3-2　错口

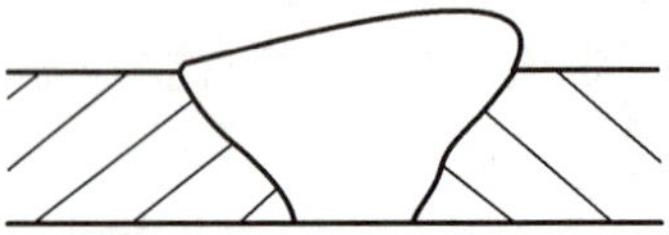

图 2-3-3　焊瘤

(4) 夹渣:焊接熔渣残留在焊缝里。主要是由于焊口清理不干净、焊接电流太小或焊接速度太快及运条不当造成的,如图 2-3-4 所示。

(5) 气孔:熔池中的气泡在凝固时未能及时逸出而残留下来形成的空穴。主要是由于焊缝清理不干净、焊条受潮变质或焊接工艺不当造成的,如图 2-3-5 所示。

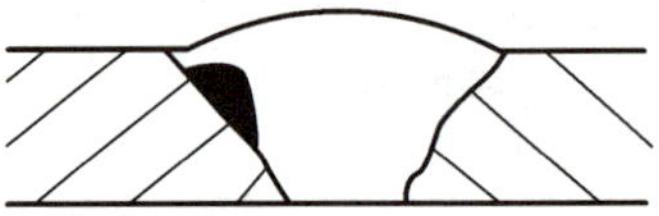

图 2-3-4　夹渣

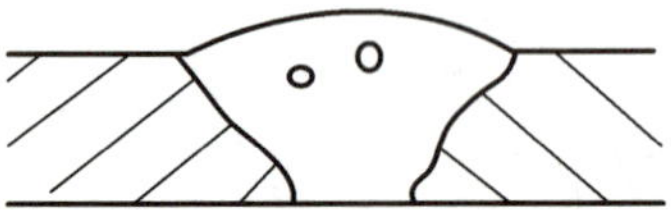

图 2-3-5　气孔

图 2-3-6　未焊透

(6) 未焊透:焊接接头的根部未完全熔透。主要是由于焊接坡口的钝边过大、焊接坡口的角度不符合要求或装配间隙太小、焊接电流过小或焊接速度过快造成的,如图 2-3-6 所示。

(7) 凹坑:焊缝表面低于母材表面(如果凹坑在焊接母材上,则称其为咬边)。主要是由于电流过大或运条不当造成的,如图 2-3-7 所示。严重时,焊缝整体会下塌甚至烧穿整个焊件,如图 2-3-8 所示。

图 2-3-7　凹坑

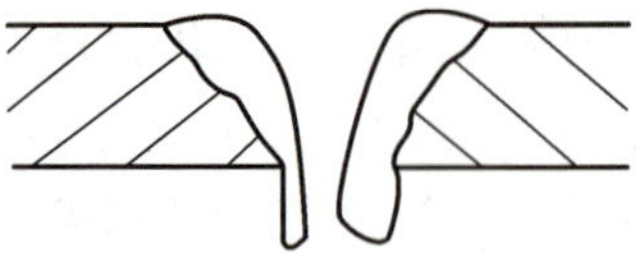

图 2-3-8　烧穿

(8) 裂纹:在焊接应力及其他致脆因素共同作用下,焊接接头局部区域的金属原子结合力遭到破坏而形成的新界面所产生的缝隙。

课后练习

一、填空题

1. 焊接质量检验过程由焊前检验、焊接过程中检验和________三个阶段组成。
2. 水压试验的试验压力一般为产品工作压力的________倍。

3. 磁粉探伤仅适用于检验________材料的表面缺陷和近表面缺陷。

4. 焊缝的内部质量检验方法有破坏性检验和________。

5. 焊缝质量检验中，焊缝的密封性检验有气密性试验和________。

二、选择题

1. 煤油试验的持续时间与焊件板厚、缺陷大小及煤油量有关，一般为________，如果在规定时间内焊缝表面未显现油斑，可认为焊缝的密封性合格。

A. 5～9 min　　B. 10～14 min　　C. 15～20 min

2. 超声波探伤________测量缺陷的真实尺寸，对操作人员的要求较高。

A. 较易　　B. 准确　　C. 较难

3. 拉伸试验是为了测定焊接接头或焊缝金属的________、屈服点、伸长率和断面收缩率等力学性能指标。

A. 抗拉强度　　B. 抗压强度　　C. 疲劳强度

三、判断题

1. 弯曲试验也称为冷弯试验，是测定焊接接头塑性的一种试验方法。(　　)

2. 水压试验中，当压力达到试验压力后，应恒压一定时间，一般为 5～6 min，随后再将压力缓慢降至产品的工作压力。(　　)

3. 射线探伤的评定等级分为三个等级。(　　)

四、简答题

1. 简述焊缝质量检验中水压试验的操作方法。

2. 焊缝质量检验中无损探伤的方法有哪些？

课后练习答案

模块3

能力拓展

能力拓展模块，讲解了与钳工操作和焊接操作相关的理论知识。通过学习此模块，学生可加深对之前练习的专业技能的认识和理解。同时能力拓展模块提高了操作技能的训练难度，学生通过相应的练习可以提高专业技能的操作水平。

项目1 金属材料知识

【学习目标】

- 了解常用金属材料的分类及牌号。
- 掌握金属材料简单热处理的方法。
- 了解电厂常用金属材料焊接工艺。

【安全提示】

- 热处理过程中材料有高温状态，有可能引起火灾、烧伤、烫伤等事故。
- 采用油类淬火介质时有可能引起火灾。
- 焊接接头热处理过程中有可能发生触电事故。

【知识准备】

金属材料通常分为黑色金属和有色金属两大类。由铁元素或以铁元素为主形成的金属材料称为黑色金属(俗称钢铁材料)，除黑色金属以外的其他金属统称为有色金属。本项目主要讲解黑色金属——钢铁材料。

钢按化学成分可分为非合金钢(简称碳钢)和合金钢两大类。在钢的总产量中，非合金钢约占80%，合金钢约占20%。非合金钢是指以铁、碳元素为主要成分，还含有少量锰、硅、硫、磷等常存杂质元素的钢。非合金钢的价格低廉，便于获得，容易加工，具有较好的力学性能和工艺性能，可以满足一般工程结构、普通机械零件与工具的使用要求。因此，非合金钢在工业生产中得到了广泛的应用。合金钢是在非合金钢的基础上有意加入某些合金元素而得到的钢。与非合金钢相比，合金钢的性能有显著提高和改变，能提供多种性能，满足不同的用途。

任务1 常用金属材料分类

一、非合金钢

1. 非合金钢的分类

非合金钢的分类方法很多，常见的分类方法有如下几种。

1) 按钢中碳的质量分数分类

(1) 低碳钢。低碳钢中碳的质量分数小于0.25%。

(2) 中碳钢。中碳钢中碳的质量分数为0.25%～0.60%。

(3) 高碳钢。高碳钢中碳的质量分数大于0.60%。

2）按钢中所含有害杂质的质量分数分类

根据钢中所含有害杂质硫、磷的含量分类，非合金钢通常可分为普通碳素钢、优质碳素钢和高级优质碳素钢三类。

（1）普通碳素钢。普通碳素钢中硫的质量分数不大于0.055%，磷的质量分数不大于0.045%。

（2）优质碳素钢。优质碳素钢中硫的质量分数不大于0.035%，磷的质量分数不大于0.035%。

（3）高级优质碳素钢。高级优质碳素钢中硫的质量分数不大于0.025%，磷的质量分数不大于0.025%。

3）按钢的用途分类

按钢的用途不同，非合金钢可分为碳素结构钢和碳素工具钢两大类。

（1）碳素结构钢。碳素结构钢主要用于制造各种工程构件（如桥梁、船舶、建筑等的构件）和机械零件（如齿轮、轴、螺钉、螺母、曲轴、连杆等），这类钢一般属于低碳钢和中碳钢。

（2）碳素工具钢。碳素工具钢主要用于制造各种刀具、量具、模具，这类钢一般属于高碳钢。

4）按冶炼时的脱氧程度分类

（1）沸腾钢。沸腾钢是脱氧不完全的钢。

（2）镇静钢。镇静钢是脱氧完全的钢。

2. 非合金钢的牌号及用途

我国钢的牌号用化学元素符号、汉语拼音和阿拉伯数字相结合的方法来表示。

1）普通碳素结构钢

普通碳素结构钢是工程中应用最多的钢种，其产量占非合金钢总产量的70%～80%。碳素结构钢的杂质和非金属夹杂物较多，但冶炼容易，工艺性好，不消耗贵重的合金元素，价格低廉，性能一般能满足工程结构、日常生活用品和普通机械零件的要求，因而应用普遍。碳素结构钢通常被轧制成钢板和各种型材，如常用的钢板、各种型钢（角钢、槽钢）等。普通碳素结构钢主要用于厂房、桥梁等建筑结构或一些受力不大的焊接、铆接、螺栓连接构件（如铆钉、螺钉、螺母等）。

普通碳素结构钢应确保其力学性能符合标准规定，其化学成分也应符合一定的要求。普通碳素结构钢一般在供热状态下使用，但也可根据需要在使用前对其进行热加工或热处理。

根据国家标准GB/T 700—2006《碳素结构钢》的规定，碳素结构钢的牌号由以下四部分组成。

（1）屈服强度字母。Q为屈服强度，是“屈”字汉语拼音的首字母。

（2）屈服强度数值。屈服强度的单位为MPa。

（3）质量等级符号。质量等级分为A、B、C、D四级，从A到D质量等级依次升高。

（4）脱氧方法符号。F为沸腾钢，Z为镇静钢，TZ为特殊镇静钢。符号Z与TZ在牌号组成表示方法中可以省略不写。如Q235AF表示屈服强度为235 MPa的A级沸腾钢，如图3-1-1所示。

2）优质碳素结构钢

优质碳素结构钢的牌号是根据化学成分和力学性能确定的。钢中所含硫、磷及非金属杂质较少（$\omega_S \leqslant 0.035\%$、$\omega_P \leqslant 0.035\%$），常用于制造重要的机械零件，故优质碳素结构钢也称为机械零件用钢，使用前及加工前后一般都要经过热处理来改善其力学性能。

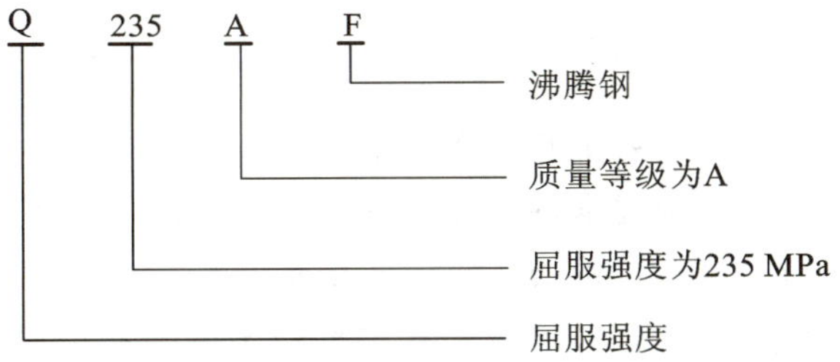

图 3-1-1 碳素结构钢牌号举例

优质碳素结构钢的牌号用两位数字表示，这两位数字表示钢中碳的质量分数的万分数，如 45 钢表示钢中碳的质量分数为 0.45%的优质碳素结构钢，08 钢表示钢中碳的质量分数为 0.08%的优质碳素结构钢。

优质碳素结构钢根据钢中锰的质量分数不同，分为普通含锰量钢(ω_{Mn}：0.35%～0.80%)和较高含锰量钢(ω_{Mn}：0.7%～1.2%)两种。较高含锰量钢在牌号后面标出元素符号“Mn”，如 50Mn。若为沸腾钢或为了适应各种专门用途的某些专用钢，则在牌号后面标注规定的符号，如 10F 表示碳的质量分数为 0.10%的优质碳素结构钢中的沸腾钢；20g 表示碳的质量分数为 0.20%的优质碳素结构钢中的锅炉用钢。

3）碳素工具钢

用于制造刀具、模具和量具的钢称为碳素工具钢。由于大多数工具都要求高硬度、高耐磨性，故碳素工具钢中碳的质量分数均在 0.7%以上，都是优质碳素钢或高级优质碳素钢。

碳素工具钢的牌号以“碳”的汉语拼音首字母“T”及后面的数字来表示，其中数字表示钢中碳的质量分数的千分数，如 T8 表示碳的质量分数为 0.80%的碳素工具钢。若为高级优质碳素工具钢，则在牌号末端还需附以字母“A”，如 T12A 表示碳的质量分数为 1.2%的高级优质碳素工具钢，如图 3-1-2 所示。

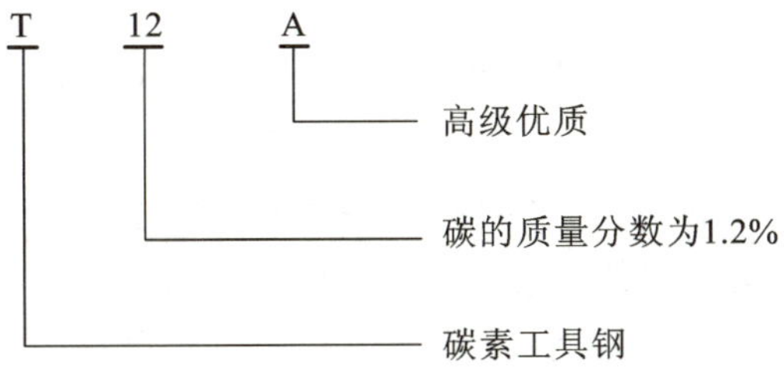

图 3-1-2 高级优质碳素工具钢牌号举例

4）铸钢

铸钢是指铸造碳钢，铸造碳钢一般用于制造形状复杂、力学性能要求较高的机械零件。这些机械零件的形状复杂，很难用锻造或机械加工的方法制造，且力学性能要求较高，因而不能用铸铁来铸造。铸造碳钢广泛用于制造重型机械的某些零件，如轧钢机机架、水压机横梁、锻锤和砧座等。

铸造碳钢中碳的质量分数一般为 0.2%～0.6%，如果碳的质量分数过高，则塑性变差。铸造碳钢的牌号由“铸钢”二字的汉语拼音首字母“ZG”加两组数字组成，第一组数字代表屈服强度，第二组数字代表抗拉强度，如 ZG270-500 表示屈服强度不小于 270 MPa、抗拉强度不小于 500 MPa 的铸造碳钢。

二、合金钢

为了改善钢的力学性能或获得某些特殊性能(如加工艺性能、物理性能和化学性能等),在冶炼钢时有目的地加入一些合金元素,所得的钢称为合金钢。在合金钢中,经常加入的合金元素有锰、硅、铬、镍、钼、钨、钒、钛、铌、锆、稀土元素等。合金元素在钢中的作用是非常复杂的,人们对它的认识还是很不全面的,不仅对于多种合金元素在钢中的综合作用认识不足,而且对于单一合金元素在钢中的作用也仍未完全搞清楚。

1. 合金钢的分类

合金钢的种类繁多。为了便于生产、选材、管理及研究,合金钢最常用的分类方法有以下两种。

1) 按用途分类

(1) 合金结构钢。合金结构钢是用于制造机械零件和工程结构的钢,又可以分为低合金高强度结构钢、合金渗碳钢、合金调质钢、合金弹簧钢、滚动轴承钢等。

(2) 合金工具钢。合金工具钢是用于制造各种工具的钢,可分为刃具钢、模具钢和量具钢等。

(3) 特殊性能钢。特殊性能钢是具有某种特殊物理性能、化学性能的钢,如不锈钢、耐热钢、耐磨钢等。

2) 按合金元素总的质量分数分类

(1) 低合金钢。低合金钢中的合金元素总的质量分数小于 5%。

(2) 中合金钢。中合金钢中的合金元素总的质量分数为 5%~10%。

(3) 高合金钢。高合金钢中的合金元素总的质量分数大于 10%。

2. 合金钢的牌号

我国合金钢的牌号采用碳的质量分数、合金元素的种类及质量分数、质量级别来编制,简单明了,比较实用。

(1) 合金结构钢的牌号由两位数字(碳的平均质量分数)、元素符号(或汉字)、数字组成。前面的两位数字表示钢中碳的平均质量分数的万分数,中间的元素符号(或汉字)表明钢中含有的主要合金元素,后面的数字表示合金元素的质量分数。合金元素的质量分数小于 1.5%时,只标元素符号;合金元素的平均质量分数为 1.5%~2.49%、2.5%~3.49%时,在相应元素后面加上 2、3,依次类推,如图 3-1-3 所示。

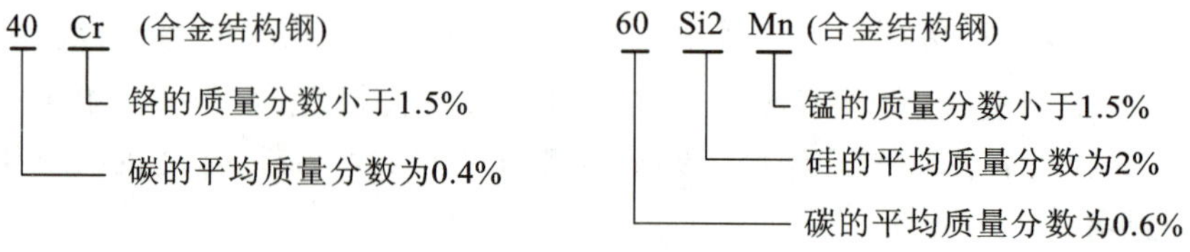

图 3-1-3 合金结构钢的牌号举例

(2) 合金工具钢的牌号和合金结构钢的牌号的区别仅在于碳的平均质量分数的表示方法,它用一位数字表示碳的平均质量分数的千分数,当碳的平均质量分数不小于 1.0%时,则不予标出，如图 3-1-4 所示。

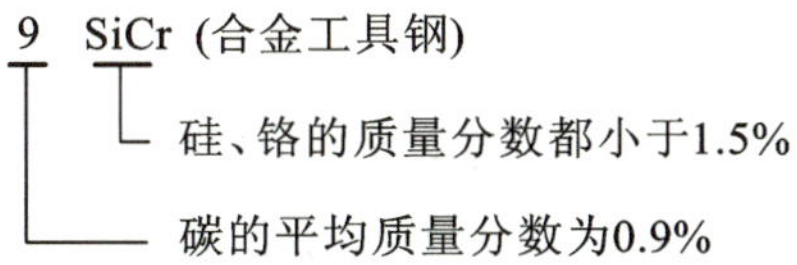

图 3-1-4　合金工具钢的牌号举例

(3) 对于高速钢，碳的质量分数均不标出，如 W18Cr4V 中碳的质量分数为 0.7%～0.8%。

(4) 特殊性能钢的牌号和合金工具钢的牌号的表示方法相同，如不锈钢 2Cr13 表示碳的平均质量分数为 0.2%，铬的平均质量分数为 13%。当碳的质量分数为 0.03%～0.10%时，用 0 表示；当碳的质量分数不大于 0.03%时，用 00 表示，如 0Cr18N19 中碳的质量分数为 0.03%～0.10%，00Cr30Mo2 中碳的质量分数不大于 0.03%。

(5) 一些特殊专用钢，在钢的牌号前面冠以其用途的汉语拼音首字母，而不标注碳的质量分数，合金元素含量的标注也与上述有所不同。如滚动轴承钢前面标“G”(“滚”字的汉语拼音首字母)，如 GCr15，这里应注意牌号中铬元素后面的数字表示铬的质量分数的千分数，其他元素仍用百分数表示，如 GCr15SiMn 表示钢中铬的质量分数为 1.5%，硅、锰的质量分数均小于 1.5%的滚动轴承钢。易切削钢在牌号前冠以拼音字母“Y”，如 Y15 表示碳的质量分数为 0.15%的易切削钢。

(6) 各种高级优质合金钢在牌号的最后标上“A”，如 38CrMoAlA 表示碳的平均质量分数为 0.38%的高级优质合金结构钢，如图 3-1-5 所示。

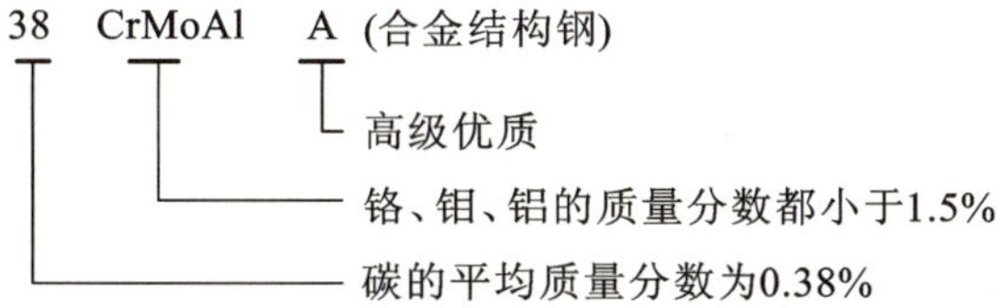

图 3-1-5　高级优质合金结构钢牌号举例

三、铸铁

铸铁是碳的质量分数大于 2.11%(一般碳的质量分数为 2.5%～5.0%)并含有硅、锰、硫、磷等元素的多元铁基合金。与钢相比，虽然铸铁的抗拉强度、塑性、韧性较低，但铸铁具有优良的铸造性、切削加工性和减振性，生产成本也较低，因此铸铁在工业上得到了广泛的应用。铸铁的性能与其组织中所含石墨的状态密切相关。

铸铁中的碳主要以渗碳体和石墨两种形式存在，根据碳存在的形式不同，铸铁可以分为下列几种。

(1) 白口铸铁。白口铸铁中的碳主要以渗碳体形式存在，其断口呈银白色，这类铸铁既硬又脆，很难进行切削加工，所以很少直接用来制造机器零件。

(2) 麻口铸铁。麻口铸铁中的碳，大部分以渗碳体形式存在，少部分以石墨形式存在，其断口呈灰白色,这类铸铁有较大的脆性,工业上也很少使用。

(3) 灰铸铁。灰铸铁中的碳,大部分或全部以石墨形式存在,其断口呈暗灰色,它是目前工业生产中应用最广泛的一种铸铁。

根据灰铸铁中石墨的不同形态,铸铁可分为以下几种。

① 普通灰铸铁。普通灰铸铁中石墨以片状形式存在。

② 可锻铸铁。可锻铸铁中石墨以团絮状形式存在。

③ 球墨铸铁。球墨铸铁中石墨以球状形式存在。

④ 蠕墨铸铁。蠕墨铸铁中石墨以蠕虫状形式存在。

任务2　简单金属材料的热处理

一、热处理及其应用

热处理是把固态金属或合金进行不同的加热、保温和冷却以改变其内部组织,从而获得所需性能的一种加工工艺。热处理不仅能使金属材料的力学性能得到改善(具有高强度、高硬度、强塑性和强弹性等),还能使金属材料获得一些特殊的使用性能(如耐腐蚀性、耐热性和抗疲劳性等)。在机械制造中,热处理得到了广泛的应用,例如锉刀、钻头、锯条、錾子、刮刀和冲模等,必须有高硬度和耐磨性方能达到加工金属的目的。因此,除了选用合适的金属材料外,还必须进行热处理才能达到加工要求。

二、普通热处理

热处理的工艺方法很多,一般分为普通热处理、表面热处理和化学热处理。本项目主要介绍普通热处理工艺。

钢的普通热处理工艺有退火、正火、淬火和回火。

1. 退火

将钢加热到适当温度,保温一定时间,让钢缓慢冷却(一般随炉冷却,约100 ℃/h),以获得接近平衡状态组织的热处理工艺称为退火。

退火的目的:降低硬度,提高塑性,便于切削加工和冲压加工;消除内应力,以防止工件变形和开裂;改善或消除在轧制、铸造、锻造、焊接过程中形成的不良组织或缺陷,细化晶粒,均匀组织及成分,改善性能并为最终热处理做好准备。

2. 正火

正火是将钢加热到适当温度(碳钢为780～920 ℃),保温一定时间后,让钢在空气中冷却的热处理工艺。

正火的目的与退火的目的类似,两者的主要区别在于冷却速度不同,正火所得的组织比退火所得的组织细,强度和硬度比退火的高,而其塑性和韧性则稍低,且内应力消除不如退火的彻底。

正火的目的:当力学性能要求不太高时,可作为最终热处理;作为预备热处理,可改善低碳钢或低合金钢的切削加工性；对于大尺寸工件或大型锻件，正火可使其组织均匀细化，为淬火做组织准备；对于大而复杂或截面有较大变化的工件，正火可代替淬火，以防止工件因淬火急冷而产生严重变形或开裂。

3. 淬火和回火

1）淬火

淬火是将工件加热到适当温度（碳钢为 760～860 ℃），经保温一段时间后工件快速冷却的热处理工艺。

淬火的主要目的是提高工件的硬度和耐磨性，经随后的回火处理可获得既有较高强度和硬度，又有一定弹性和韧性的综合性能。淬火是钢件强化最经济有效的热处理工艺，几乎所有的工具、模具和重要零部件都需要进行淬火处理。因此，淬火也是热处理中应用较广泛的工艺之一。

淬火是热处理中比较复杂的一种方法，也是钢获得最终性能的关键工序，所以淬火的工艺参数和介质的选择对保证工件的质量至关重要。

（1）淬火温度和保温时间。淬火的加热温度会影响淬火后工件的组织和性能。不同钢种的淬火加热温度是不同的。在加热过程中，应严格控制加热速度和保温时间。实际生产中希望加热速度迅速，但加热速度过快会造成工件表里温差过大，从而产生较大的内应力，使工件变形甚至开裂。

保温时间指工件装炉后，从炉温回升到淬火温度算起，到出炉为止，工件在恒定温度下保持的时间。它与钢的成分、工件的形状及尺寸、加热介质及装炉情况等有关。因此保温时间的长短应视具体情况而定，但必须保证工件热透和内部组织转变充分。

（2）淬火介质。冷却是淬火工艺中最重要的工序，淬火冷却必须保证得到所需要的硬度组织，并且不能开裂、变形要小。由于不同成分的钢所要求的冷却速度不同，故应使用不同的淬火介质来调整钢件的冷却速度。

最常用的淬火介质有水、油、盐溶液、碱溶液等。

水是一种价格低廉、冷却能力较强的淬火介质，容易得到淬硬组织，但也容易变形开裂。它主要用于形状简单、截面积较大的碳钢工件的淬火冷却。淬火冷却时水的温度应控制在 30 ℃以下。当水中溶入适当的 $NaCl$、$NaOH$ 或 Na_2CO_3（质量分数约为 10%）时，可进一步提高其冷却能力。但当水中存在油、肥皂等杂质或水温较高时，其冷却能力下降。

淬火介质油主要有植物油和矿物油。油的冷却能力比水低，碳钢不易淬硬，但产生变形和开裂的倾向较小。油易燃，易老化，成本较高，主要用于合金钢和截面积较小的碳钢工件的淬火冷却，淬火冷却时油温一般控制在 60～80 ℃。

（3）工件浸入淬火介质的方式。淬火操作时，除应正确选择淬火温度、加热速度、保温时间和淬火介质外，还应特别注意正确选择工件浸入淬火介质的方式，以防工件各部分因冷却速度不均匀而产生较大的内应力，防止工件变形、开裂或出现软点等淬火缺陷。工件浸入淬火介质的原则是保证工件得到最均匀的冷却速度。不同形状的工件浸入淬火介质的正确方式如图 3-1-6 所示。

① 长轴类零件应垂直浸入，并上下移动。

② 厚薄不均匀的工件应倾斜浸入，以使工件各部分的冷却速度接近。

③ 薄壁环形工件（如圆筒、套筒等）应沿其轴线垂直浸入液面。

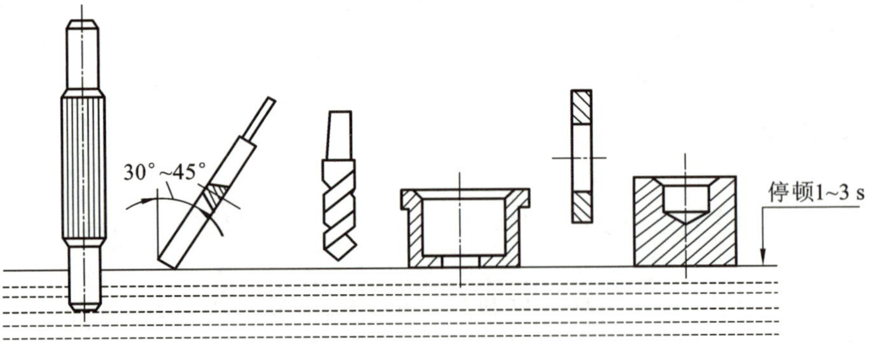

图 3-1-6　不同形状的工件浸入淬火介质的方式

④ 薄而平的工件应垂直快速浸入而不能水平浸入。

⑤ 具有凹面的工件应将凹面朝上浸入。

此外,淬火时为了便于操作,还应根据工件的形状和尺寸设计合适的夹具,保证淬火质量,提高生产效率。

2）回火

回火是指钢件淬硬后,再加热到适当温度,保温一定时间,然后冷却到室温的热处理工艺。通常,经过淬火的工件都要进行回火处理,这是因为:

① 淬火后的工件硬而脆,无法保证强韧配合适宜的使用性能要求。

② 经淬火后的工件,其组织处于亚状态,有自发向稳定组织转变的趋势,从而引起工件性能和尺寸的改变。

③ 淬火工件的内部往往存在很大的内应力,如不及时消除易引起工件的变形和开裂。

回火的目的:消除和降低内应力,防止开裂;调整硬度,提高韧性,从而获得较好的力学性能;稳定钢件的组织和尺寸。

根据工件的不同性能要求,回火工艺按其温度范围分为三种:低温回火、中温回火和高温回火。

① 低温回火。回火温度为 200～250 ℃。低温回火能使工件的内应力和脆性降低,保持了淬火钢的高硬度和耐磨性,主要用于各种量具、刀具、冷变形模具等工件的热处理。

② 中温回火。回火温度为 350～500 ℃。经中温回火后的工件,其淬火残余内应力进一步减少,具有一定韧性的同时,还可获得高弹性和高屈服强度。中温回火适用于各种弹簧、热锻模等工件的热处理。

③ 高温回火。回火温度为 500～650 ℃。高温回火可消除工件的内应力,使工件具有强度和硬度较高、塑性与韧性较好的综合力学性能。

通常将淬火加高温回火的复合热处理工艺称为调质处理。调质处理被广泛用于综合性能要求较高的重要零件,如曲轴、丝杆、齿轮及轴类等的热处理。

三、錾子的热处理

1. 加热

在热处理过程中,加热的方式较多。錾子的热处理一般在锻造炉中加热,这样既经济又方便，不受任何条件限制。但加热温度的控制，操作者只能通过观察工件的炽火颜色(工件被烧红时的颜色)来判断工件加热温度的高低。当工件的加热温度发生变化时，其颜色也随着变化。一般中碳钢錾子加热到樱红色。

2. 淬火

同一牌号的钢材制作的錾子，加热到同一温度后，放入不同的冷却介质中进行冷却，所得到的硬度是不同的。因为不同的冷却介质，有不同的冷却速度，即急冷作用不同(见表 3-1-1)。同时，冷却速度越快，急冷程度越大，所获得的硬度就越大。

表 3-1-1 不同冷却介质的急冷作用

冷却介质	急冷作用
带酸类的水	很剧烈
含盐的水	剧烈
水	强
石灰水、热水(130～140 ℃)	稍强
煤油、油、脂肪	温和
压缩空气	很温和

所以，淬火时应根据不同材料、不同温度和不同硬度来选用不同的冷却介质，以满足不同的工艺要求。

錾子淬火时，一般选用水作为冷却介质。为了避免錾子剧烈冷却，可采用双液淬火，通常采用水淬油冷的方法进行。冷却过程中要注意正确掌握水淬转油淬时的温度。

3. 回火

淬火后的錾子，其硬度不一定合乎要求。有时硬度不够，需要重新进行淬火处理；有时硬度过大，也不能使用，必须进行回火处理。回火的方法有加热回火和余热回火两种。錾子的回火处理是利用本身的余热进行的。

利用余热回火时的温度应根据錾子刃面淬火后的颜色来决定。当錾子刃面出现所需要的颜色(温度)时，要迅速将錾子浸入水中，使之不再回火，从而获得所需的硬度。一般情况下，中碳钢錾子回火到棕黄色，碳素工具钢錾子回火到深蓝色或紫色较为适宜。

4. 錾子淬火操作过程

錾子淬火前，应做好准备工作：确定錾子的钢材牌号(通常使用 T7A、T8A 钢)、磨好刃口、准备好冷却介质(水)。然后，按下列步骤进行热处理。

(1) 加热。在锻造炉中加热，錾子的加热长度为 20～40 mm。当加热温度达到 750～780 ℃(呈樱红色)时，从炉中取出錾子。

(2) 冷却(淬火)。将取出的錾子立即垂直插入水中，錾子的入水深度为 4～6 mm，并通过让錾子缓慢移动和上下窜动来进行冷却，如图 3-1-7 所示。

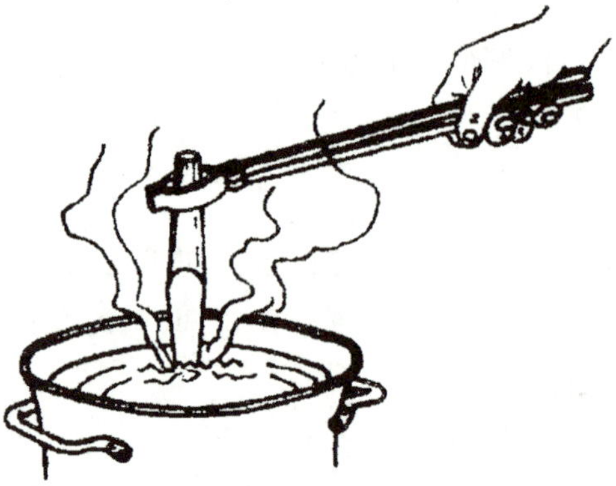

图 3-1-7　錾子淬火

(3) 回火。当錾子在水面上部的红色褪去后，将其从水中取出，并立即去掉錾子切削部分的氧化皮，以便观察錾子刃部的颜色。同时利用錾子上部的余热进行回火，当錾子刃部的颜色逐渐变化，由白而黄，由黄而紫，由紫而蓝(即刃部的温度由 200 ℃上升到 290 ℃)时，急速将錾子的加热部分全部浸入水中冷却(第二次冷却)，使其颜色不再变化。

(4) 保温。将錾子刃部直立于水深约 10 mm 的水槽内，直至錾子全部冷却。

采用 T8 钢制作的样冲、划针、划规等工具适用此种淬火操作。

四、刮刀的热处理

刮刀的热处理过程与錾子的热处理过程基本一致。但因这两种工具制作时选用的钢材不同和需要的淬火硬度不同，因此选用的冷却介质和确定的回火温度有所区别。

刮刀常用碳素工具钢(T12A)锻制或废旧锉刀改制。粗刮刀的冷却方法与錾子的冷却方法相同，冷却介质可采用浓度为 10%的盐水，其目的是增加刮刀淬火后的硬度。精刮刀最好使用双液淬火法。刮刀淬火后的回火温度要低于錾子淬火后的回火温度。

刮刀放入炉中加热部分的长度约为 25 mm，放入冷却介质的深度以 8～10 mm 为宜。

五、淬火时的注意事项

(1) 淬火前应充分了解淬火工具的钢材牌号及其使用要求。

(2) 淬火前，应把錾子、刮刀的淬火部分的锈蚀清除干净，并刃磨好所需要的刃口几何形状。

(3) 冷却介质必须洁净。如用水冷，水面不能浮油珠，不准用拿皂类洗过手的污水，以及含有颜色的废水；如用油冷，不能使用黏度太大、老化和杂质过多的废油。

(4) 如用水冷，则水温不可过高或过低，一般在 15～25 ℃之间。水温过高，淬火硬度较低；水温过低，材料易变脆，而且易出现裂纹。

(5) 炉火不旺盛时，不要急于加热。观察炉温时，最好佩戴深浅适度的墨镜。观察回火颜色时，应将墨镜取下。

(6) 在观察回火颜色前，应迅速将淬火工件上的氧化皮去掉，以利于观察回火颜色的变化。

(7) 淬火时，光线要适宜，不要太强或太暗，尽量在白天进行。

(8) 刃具在冷却过程中，应进行水平移动和上下窜动，以防淬火界线明显，出现断裂。

(9) 余热回火时，回火颜色变化很快，操作者应集中精神，及时把握第二次冷却的时机，当看到所需的回火颜色时，迅速将工件浸入冷却介质中。

任务3 电厂常用金属材料的焊接

一、焊接性概念

焊接性是指金属材料在一定的焊接工艺条件下，焊接成符合设计要求、满足使用要求的构件的难易程度。焊接性是金属材料的加工（焊接）性能之一，因此它与工艺条件有关。影响焊接性的因素有四个：金属材料的种类及其化学成分、焊接方法、构件类型、使用要求。这四个因素中，金属材料的种类及其化学成分是主要的影响因素。

1. 低碳钢的焊接性

低碳钢中碳的质量分数低，碳含量小于0.25%，焊接性优良，故在整个焊接过程中不需要特殊的工艺措施。只有刚性大的结构件在低温条件下可能出现裂纹，才需要预热。例如，低碳钢的梁、柱、桁架结构，板厚50～70 mm，环境温度不低于0 ℃时不预热，低于0 ℃时预热到100～150 ℃；低碳钢的管道、容器结构，板厚40～50 mm，不低于0 ℃时不预热，低于0 ℃时预热到100～150 ℃。

2. 低合金结构钢的焊接性

低合金结构钢一般指低合金高强度钢，或者指应用最广泛的热轧、正火钢，即低合金高强度结构钢（GB/T 1591）。本节阐述的低合金结构钢的焊接性指普通低合金高强度结构钢的焊接性。

1）低合金高强度结构钢焊接时的主要问题

（1）焊接裂纹。普通低合金高强度结构钢焊接时容易产生的裂纹是冷裂纹。冷裂纹主要发生于强度级别较高的厚板钢材结构。

（2）粗晶区脆化。热轧、正火钢焊接时，热影响区中被加热到1100 ℃以上的粗晶区是焊接接头的薄弱区，其冲击韧度最低，即所谓脆化区。对于不同的钢种，应该分别选择不同的焊接工艺参数。

2）低合金结构钢的焊接工艺

普通低合金结构钢焊接时，淬硬冷裂倾向比低碳钢大一些，焊接性比低碳钢差，因此在焊接工艺上有较高的要求。

（1）预热。焊前预热能降低焊后冷却速度，避免出现淬硬组织，减小焊接应力，是防止裂纹的有效措施，也有助于改善焊接接头的组织与性能，是低合金结构钢焊接时常用的工艺措施。焊缝多通过电加热来进行焊缝预热及热处理。焊缝加热片的结构如图3-1-8所示，焊缝加热片的使用方法如图3-1-9所示。

（2）控制线能量。各种低合金结构钢的脆化倾向和淬硬冷裂倾向各不相同，因此对线能量的要求也不相同。

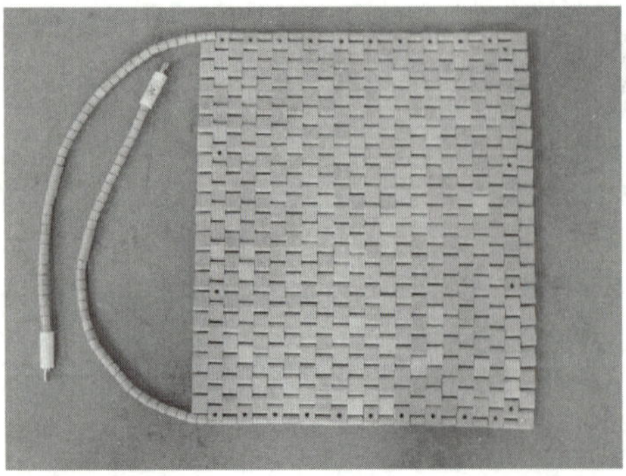

图 3-1-8　焊缝加热片

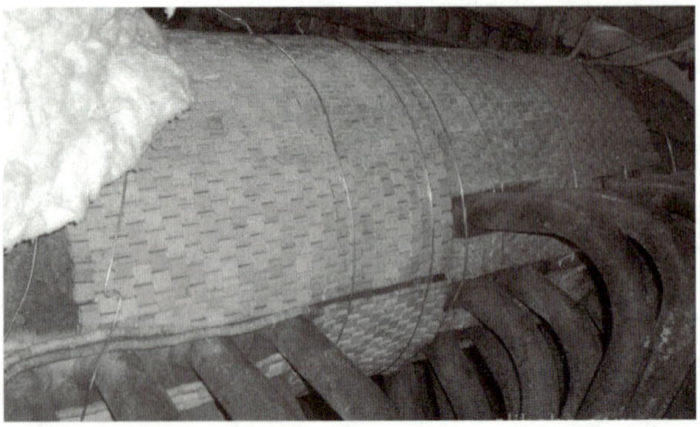

图 3-1-9　焊缝加热

(3) 采取降低焊缝含氢量的工艺措施。对于有淬硬冷裂倾向的钢种，要严格采取降低焊缝含氢量的措施：采用低氢型碱性焊条，严格按规范烘干焊条，清除焊丝表面、坡口及其两侧的锈、水、油污等。

(4) 后热及焊后热处理。后热是焊接后立即对焊件的全部(或局部)加热到 150～250 ℃后保温，使其缓慢冷却的工艺措施，如图 3-1-10 所示。后热是防止焊缝淬硬冷裂的工艺措施。在焊接低合金结构钢时，后热主要是指消氢处理。消氢处理是焊后立即将焊接处加热到 250～350 ℃，保温 2～6 h，使焊缝中的扩散氢逸出焊缝表面的一种工艺措施，其消氢效果比低温后热更好。焊后及时进行后热消氢处理是防止产生焊接冷裂纹的有效措施之一。

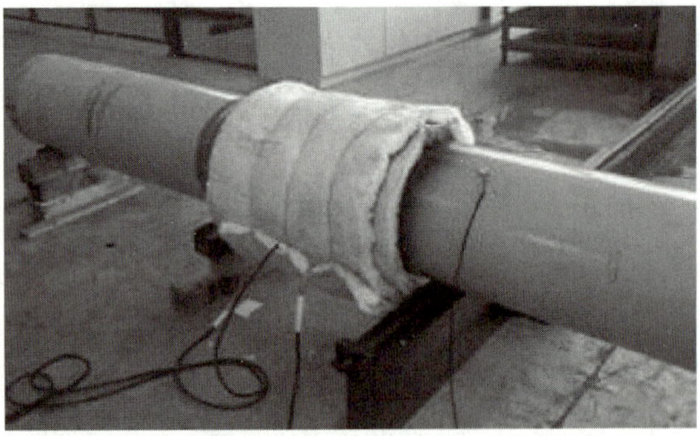

图 3-1-10　焊缝后热

二、电厂常用金属材料的焊接

1. 低合金结构钢的焊接

1) 16Mn 钢的焊接

(1) 16Mn 钢的成分、性能。

16Mn 钢的含碳量为 0.12%～0.20%，含锰量为 1.20%～1.60%，屈服点为 345 MPa，抗拉强度为 470～630 MPa。16Mn 比 Q235 多含约 1%的锰，屈服点提高了 40%左右，而且它的冶炼性能、加工性能和焊接性能都比较好，是中国目前产量最大、应用最广的低合金钢。16Mn 广泛用于制造压力容器、锅炉、石油储罐、船舶、桥梁、车辆及各种工程机械。16Mn 钢焊接前一般不必预热。厚度大的、刚性大的 16Mn 钢结构在低温下焊接时，需要预热，如 16 mm

以下厚度的焊缝，在零下 10 ℃焊接时需预热到 100～150 ℃。

(2) 16Mn 钢的焊接。

焊条电弧焊时，应采用强度等级为 E50 的结构钢焊条。应用最多的是碱性焊条 E5015(J507)和 E5016(J506)；对于要求不高的构件，也可采用酸性焊条 E5003(J502)。

由于 16Mn 钢在冶炼过程中采用的是铝、钛等元素脱氧的细晶粒钢，故在不预热时可选用较大的线能量焊接，避免出现淬硬组织。

2) 15MnV 钢和 15MnTi 钢的焊接

(1) 15MnV 钢和 15MnTi 钢的成分、性能。

15MnV 钢和 15MnTi 钢属于 Q390-A 钢，它们分别是在 16Mn 钢的基础上加入 0.04%～0.12%的钒和 0.12%～0.20%的钛。钒和钛的加入，提高了钢的强度，同时又细化了晶粒，能减小钢的过热倾向。15MnV 钢和 15MnTi 钢中，碳的质量分数的上限比 16Mn 钢低 0.02%，所以它们具有良好的焊接性。当板厚小于 32 mm，在 0 ℃以上焊接时，原则上可不预热。当板厚大于 32 mm，在 0 ℃以下焊接时，应预热到 100～150 ℃，焊后进行 550～560 ℃的回火处理。

(2) 15MnV 钢和 15MnTi 钢的焊接。

焊条电弧焊时，对于厚度不大、坡口不深的结构，可采用 E5015(J507)焊条；对于厚度较大的结构，应采用 E5515-G(J557)焊条；对于不重要的结构，可采用 E5003(J502)焊条。

15MnTi 钢是正火状态下使用的钢种，Ti 起弥散强化作用，因而对热的敏感性较强，适宜采用较小的焊接线能量。

3) 18MnMoNb 钢的焊接

(1) 18MnMoNb 钢的成分、性能。

18MnMoNb 钢中碳的质量分数为 0.17%～0.23%，锰的质量分数为 1.35%～1.65%，钼的质量分数为 0.45%～0.65%，铌的质量分数为 0.025%～0.050%。18MnMoNb 钢的屈服点不小于 490 MPa，抗拉强度不小于 635 MPa，是中温厚壁压力容器和锅炉用钢，可工作于 450 ℃以下的各种温度。可用此钢制造大中型压力容器、中温压力容器、锅炉及水轮机主轴等产品。

18MnMoNb 钢的使用状态为正火加回火(950～980 ℃正火，保温时间 1.5～2 min/mm；600～650 ℃回火，保温时间 5～7 min/mm)。对于板厚特别大的 18MnMoNb 钢，为保证其综合力学性能，可在调质状态使用。

18MnMoNb 钢的焊接性较差，焊接时具有一定的淬硬冷裂倾向。因此，焊前需要预热，预热温度为 180～250 ℃。焊后或中断焊接时，应立即进行 250～350 ℃后热处理。

(2) 18MnMoNb 钢的焊接。

焊条电弧焊时，焊条常用 E7015-D2(J707)，也可用 E6015-D1(J607)，焊前严格按规定参数烘干，并严格清理坡口及其两侧的锈、水、油污，以免由氢引起冷裂。

2. 珠光体耐热钢的焊接

1) 珠光体耐热钢的特点

珠光体耐热钢是以铬、钼为主要合金元素的低合金耐热钢，因其供货状态(正火或正火加回火)组织是珠光体(或珠光体加铁素体)，故被称为珠光体耐热钢。珠光体耐热钢的特性通常用高温强度和高温抗氧化性这两个指标来表示。

(1) 高温强度。珠光体耐热钢在500～600 ℃时仍保持有较高的强度。

(2) 高温抗氧化性。珠光体耐热钢在560 ℃以下生成的氧化物是Fe_2O_3和Fe_3O_4,它们的结构致密,对钢有良好的保护作用。珠光体耐热钢在560 ℃以上生成的氧化物主要是FeO,它的结构疏松,氧极易穿过,导致机体继续氧化。提高钢的抗氧化性能的最有效途径是加入Cr、Si、Al等合金元素,从而生成非常致密的Cr_2O_3、SiO_2、Al_2O_3等氧化保护膜,这样可以防止机体内部金属的氧化。

2) 珠光体耐热钢的焊接性

(1) 淬硬倾向较大,易产生冷裂纹。珠光体耐热钢中含有一定量的铬和钼及其他合金元素,因此,其在焊接热影响区有较大的淬硬倾向,若焊后在空气中冷却,热影响区会出现硬脆的马氏体组织。在低温中焊接或焊接刚性较大的结构时,易产生冷裂纹。

(2) 焊后热处理过程中易产生再热裂纹。珠光体耐热钢含有Cr、Mo、V、Ti、Nb等强烈的碳化物形成元素,从而使焊接接头的过热区在焊后热处理(高温回火或者消除应力退火)过程中易产生再热裂纹(或称消除应力处理裂纹)。

此外,某些珠光体耐热钢及其焊接接头中存在一定量的残余元素(如P、As、Sb、Sn等)时,在350～500 ℃温度区间长期运行过程中,会出现剧烈的脆化现象(称回火脆性)。

3) 珠光体耐热钢的焊接工艺

(1) 焊条的选择。为了保证焊缝金属的耐热性能,选择焊条是根据母材的化学成分,而不是根据母材的力学性能。选用的珠光体耐热钢焊条中的Cr、Mo等合金元素应与母材相当或略高于母材。珠光体耐热钢焊条选用示例如表3-1-2所示。

表3-1-2 珠光体耐热钢焊条选用示例

钢号	手工焊条电弧焊选用焊条
12CrMo	R207
15CrMo	R307
12CrMoV	R317

(2) 焊前预热。不论是定位焊还是焊接过程中,都应预热,并保持略高于预热温度的层间温度。预热温度根据钢的化学成分、接头的拘束度和焊缝金属的含氢量来选定(参考表3-1-3)。预热是焊接工艺的重要组成部分,应与层间温度和焊后热处理一并考虑。

在大型焊接结构的制造中,对焊件进行局部预热可以取得与整体预热相近的效果。但必须保证预热宽度大于所焊壁厚的4倍,且至少不小于150 mm,保证焊件内外表面的温度均达到预热温度。

(3) 焊后保温及缓冷。在焊接结束到焊后热处理装炉这段时间内,铬、钼珠光体耐热钢焊接接头产生裂纹的可能性最大,因此,焊后应立即用石棉布覆盖焊缝及热影响区以保温,使其缓慢冷却。防止焊接接头产生裂纹的简单而可靠的措施是将接头按层间温度(预热温度上限)保温2～3 h来进行低温后热处理,这样可基本上消除焊缝中的扩散氢。

(4) 焊后热处理。铬、钼珠光体耐热钢焊后应立即进行高温回火处理,以防止产生延迟裂纹、消除焊接残余应力、改善接头的组织与性能。对于铬、钼珠光体耐热钢,焊后热处理的目的不仅是消除焊接残余应力,更重要的是改善接头组织,提高接头的综合力学性能,包括提高接头的高温蠕变强度和组织稳定性,降低焊缝及热影响区的硬度等。珠光体耐热钢的焊后热处理温度参照表 3-1-3。

表 3-1-3　珠光体耐热钢的焊前预热及焊后热处理温度

钢　　号	焊前预热温度/℃	焊后热处理温度/℃
12CrMo	200～250	650～700
15CrMo	200～250	670～700
12CrMoV	250～300	710～750
12Cr2Mo	250～350	720～750
12Cr2MoWVB	250～300	760～780
12Cr3MoVSiTiB	300～350	740～760
12CrMoVWBSiRe	200～300	750～770

此外，焊接铬、钼珠光体耐热钢时，应控制线能量。采用较小的线能量，有利于减小焊接应力，细化晶粒，改善组织，提高冲击韧性。

4）珠光体耐热钢的焊接方法

一般的焊接方法均可焊接珠光体耐热钢，在焊接重要的高压管道时常采用钨极氩弧焊打底焊，再用焊条电弧焊或熔化极气体保护焊盖面焊。

在焊接珠光体耐热钢时，选用低氢型药皮碱性焊条是防止焊接冷裂纹的主要措施之一。但碱性焊条的药皮容易吸潮，而焊条药皮和焊剂中的水分是氢的主要来源，因此，焊条、焊剂在使用前要严格按规范烘干，随用随取。此外，还必须清除焊条坡口及其两侧的锈、水、油污。

任务 4　应力集中

一、力的概念

力是物体间相互的机械作用，这种作用的结果使物体的运动状态发生改变，或使物体变形。

下面我们对力的概念进行讨论：

（1）对机械类专业来说，物体指的是构件，构件就是组成机械和结构的各零件和元件。

（2）要产生力至少要有两个构件。

（3）承受载荷（力）的构件看得见、摸得着。

二、内应力的概念

当构件受到外力的作用时，构件发生了变形，此时构件内部相邻各点间的相对位置也发生了变化。构件在原有内力的基础上增加了抵抗变形，即力图恢复原状的“附加作用力”。

我们就把这种外力作用所引起的构件内部的附加作用力称为内力。

下面我们对内力的概念进行讨论：

(1) 外力：构件外部的力，构件外部的物体对构件的作用力。

(2) 构件原有内力：构件未受到外力作用时构件内部就有内力存在，使构件保持一定的外形。

(3) 内力：由外力引起，构件不受外力就没有内力。

(4) 内力随外力的变化而变化，外力增大，内力也会相应增大。内力的增大不能超过一定限度，否则就会引起构件的破坏。

(5) 截开：例如要研究杆件横截面 $m—n$ 处的内力，如图 3-1-11(a)所示，假想用一横截面将直杆沿 $m—n$ 截面切开，使杆件分成左、右两部分，如图 3-1-11(b)和图 3-1-11(c)所示。

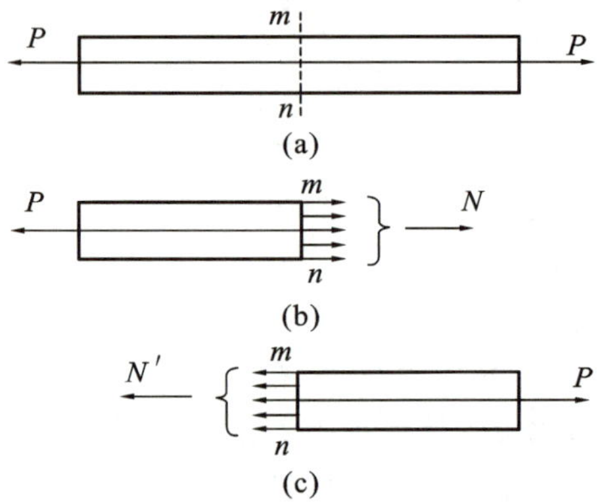

图 3-1-11 截面 $m—n$ 处的内力

(6) 代替：由于杆件原来在外力作用下处于平衡状态，因此，截开的左、右两部分在 $m—n$ 截面上必有相互作用力 N 和 N'，这就是内力。根据静力学平衡条件可知，内力 N 的作用线必和外力在同一条直线上，即内力沿轴线方向。这种沿轴线方向的内力称为轴力。

(7) 平衡：选取截开后的任一部分构件为研究对象，建立平衡方程求出内力的大小和方向。若取左半部分构件为研究对象，按图 3-1-11(b)所示，根据 $\sum P_x=0$，得 $-P+N=0$；$N=P$。若取右半部分构件为研究对象，按图 3-1-11(c)所示，根据 $\sum P_x=0$，得 $P-N'=0$；$N'=P$。

三、应力的概念

构件截面上内力分布的密集程度(简称内力的集度)称为应力，通俗地讲，就是构件单位面积所受的内力。

四、应力集中的概念

构件截面尺寸发生突然改变的位置，应力不再均匀分布，在截面突变位置附近应力局部增大，这种由于截面尺寸突变而引起的应力局部增大的现象称为应力集中。实验结果如图 3-1-12 所示。

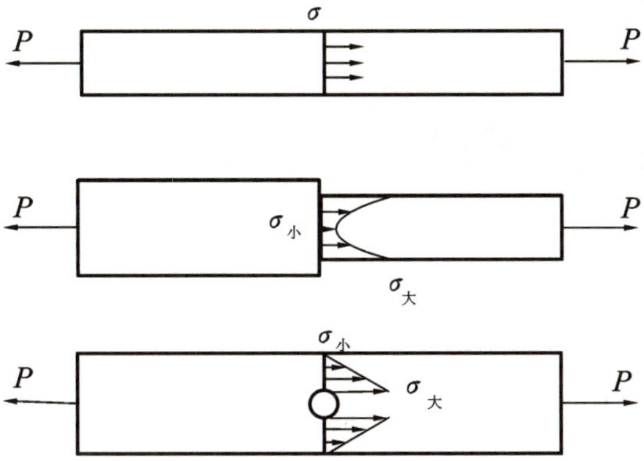

图 3-1-12　应力与应力集中

项目2 钳工技能拓展

【学习目标】

- 了解工艺规程的编制方法。
- 掌握精度加工的操作方法。
- 了解加工工艺与加工质量的关系。
- 了解特殊材料孔加工的钻头几何形状。

【安全提示】

- 钻床操作不当会对操作者造成严重伤害。
- 使用钻排孔的方法取出材料时有可能磕碰手,并产生飞溅物。
- 砂轮机操作不当会对操作者造成严重伤害。

【知识准备】

工艺规程是反映产品或零部件的比较合理的制造工艺过程和操作方法的技术文件。一般应包括的内容:工件加工的工艺路线,各工序、工步的内容,所选用的机床和工艺装备,工件的检验项目和检验方法,切削用量,加工余量,工人的技术等级和工时定额等。

工艺规程具有以下几方面的重要作用。

(1) 工艺规程是指导生产的主要技术文件。合理的工艺规程是依据科学理论和必要的工艺试验,尽量利用本企业现有的设备,消除薄弱环节,并充分利用最新的工艺技术和国内外的先进方法制订的。按照工艺规程进行生产,可以保证产品质量、安全生产和清洁生产,必定会有较高的生产率与经济性。因此,企业生产中必须严格执行既定的工艺规程,它犹如企业的法规。工艺规程必须与时俱进,及时反映创新经验,以便更好地指导生产。

(2) 工艺规程是现代生产组织和管理工作的基本依据。由工艺规程所涉及的内容可知,在企业生产组织中,产品投产前原材料及毛坯的供应,机床设备负荷的调整,专用工装的设计与制造,生产作业计划的编排,劳动力的组织,以及生产成本的核算等,都是以工艺规程作为基本依据的。因此,工艺规程会关系到企业内的生产计划管理、全面质量管理、经济核算和成本预算、财务管理、物资管理、设备管理和劳动管理等,总之会关系到企业全面的生产管理。

(3) 工艺规程是新建或扩建企业工厂或车间工段的基础。在新建或扩建企业工厂或车间工段时,只有根据工艺规程和生产纲领才能正确确定生产所需机床设备的种类和数量,车间或工段的面积,机床的平面布置,生产工人的工种、技术等级和数量,以及辅助部门的安排等。

由此可见,工艺规程是机械制造企业最主要的技术文件,是企业实现现代化生产管理,保证产品技术的先进性、经济的合理性和质量过硬的前提,也是生产工人具有良好而安全的劳动环境的保证。

任务1 编制工艺规程

一、毛坯的选择

常见的毛坯有铸件、锻件、各种型材,还有焊接件、冷冲压件和非铁材料毛坯。

(1) 铸件毛坯:零件的材料为铸铁、铸钢、青铜等时,一般都选择铸件毛坯。铸件毛坯还适用于结构形状复杂或尺寸较大的零件。

(2) 锻件毛坯:重要钢质零件需要保证良好力学性能的,不论结构形状简单或复杂,一般首选锻件毛坯。一些非旋转体板条形钢质零件,一般也选用锻件毛坯。

(3) 常见的型材有圆钢、六角钢等。热轧型材的尺寸较大、精度较低,多用于一般零件的毛坯;冷轧型材的尺寸较小、精度较高,多用于毛坯精度要求较高的中小型零件,以实现自动送料。

毛坯的选择应力求实现少切削或无切削,并注意适合本企业的生产特点。

二、工件定位基准的选择原则

定位基准有粗基准和精基准之分。选择未经加工的毛坯表面为定位基准,这种基准称为粗基准;采用已加工的毛坯表面为定位基准,这种基准称为精基准。

1) 粗基准的选择原则

所选用的粗基准应保证所有加工表面都有足够的加工余量,而且各加工表面对不加工表面能保证一定的位置精度。具体选择原则如下。

① 对于具有不加工表面的零件,应选取不加工表面为粗基准。当工件上存在若干个不加工表面时,应选择与加工表面有较高位置精度的不加工表面为粗基准,如箱体零件可选择内壁作为粗基准。

② 应选取要求加工余量均匀的表面作为粗基准。例如,车床床身应先选导轨面作为粗基准加工床身底面,然后以床身底面为精基准加工导轨面。

③ 对于全部表面都要加工的零件,应选择加工余量和公差最小的表面作为粗基准。

④ 应选取光洁、平整、面积足够大的表面作为粗基准,以保证工件装夹稳定。

⑤ 选定的粗基准只能使用一次,不应重复使用。

以上粗基准的选择原则对钳工划线基准的选择同样是适用的。

2) 精基准的选择原则

① 基准重合原则。所选定的定位基准尽可能与零件设计基准、工序和装配基准重合。

② 基准统一原则。在加工位置精度要求较高的某些表面时,应尽可能选用同一精基准定位,避免基准转换而产生误差。

③ 自为基准原则。利用被加工表面自身作定位基准称为自为基准,如圆拉刀拉孔时以已加工表面自身作精基准定位。

④ 互为基准原则(反复加工原则)。当工件上两个表面相互间有较高位置精度要求(多数是平行度和同轴度)时,可互为基准,反复加工,逐步提高加工精度。

应用以上四个原则时,应综合考虑工件的整个加工过程,若没有合适的表面作基准,可在工件上增设工艺基准,如工艺凸台(铸件)、中心孔(轴类零件)等。

三、零件加工工艺路线的拟订

零件机械加工工艺规程的制订一般有两个步骤:第一步,拟订零件加工顺序的工艺路线;第二步,确定每个工序的加工内容、工序尺寸、工序余量、选用的设备、工艺装备、切削规范、工时定额等。这两个步骤相互联系,应综合考虑。

1) 表面加工方法的选择

选择表面加工方法时应考虑以下两点因素。

① 加工表面的技术要求。零件的结构特征、尺寸大小、材质和热处理要求。

② 生产率和经济性要求。生产现场的实际情况,如设备精度、关键设备的负荷、工艺装备条件、测量手段、工人的技术水平等。

2) 加工顺序的安排

加工顺序安排包括加工工艺过程划分阶段、工序组合、排列加工工序的顺序等内容。

(1) 加工工艺过程划分阶段的原则。当零件的精度要求较高或形状较为复杂时,其加工工艺过程一般分为三个阶段,即粗加工、半精加工和精加工(包括精整加工),但并不是所有工件都要经历这三个阶段。加工工艺过程划分阶段能保证加工质量,有利于合理使用设备和提高生产率,能尽早发现毛坯的缺陷。

(2) 工序的组合原则。安排加工顺序时,会涉及两种不同的工序组合原则——工序集中和工序分散。工序集中具有工件装夹次数少、节省辅助时间、工艺路线短、设备和工装投资大、调整维护复杂等特点。工序分散具有设备和工装简单、投资少、更换新产品容易、工艺路线长、生产管理较复杂等特点。单件小批量生产一般采用工序集中方式。在大批量生产中,可根据设备情况,灵活采用工序集中方式或工序分散方式。

(3) 切削加工工序的排列应遵循以下原则。

① 基面先行原则。按基准转换次序把若干基准的加工依次排列,如此来确定零件加工工序的安排。

② 先粗后精原则。精基面首先加工,然后按粗加工、半精加工和精加工的顺序加工。精度要求最高的表面应安排在最后加工。

③ 先主后次原则。先加工装配基准面、测量基准、工作表面和配合表面等。

④ 先面后孔原则。箱体类、机体类、支架类等零件,应先加工面,后加工孔。

拟订零件加工工艺路线时应注意协调各方面的因素,合理、灵活应用以上各项原则,以保证零件加工工艺路线符合多、快、好、省的要求。

(4) 各表面精度要求相同时加工顺序的确定。

① 同为基准面时,各基准的加工顺序:先大面,后小面。

② 每一个表面的加工过程遵循的原则:先粗加工,后细加工。(对应精度要求:先低精度,后高精度。)

③ 加工过程中零件的基本形体遵循的原则:先简单,后复杂。

四、加工余量和工序尺寸的确定

加工余量指在加工过程中所切除的材料层厚度。切除加工余量后所得到的工件表面的加工尺寸称为该工序的工序尺寸，加工尺寸的公差为该工序的尺寸公差。

1）加工余量的确定

加工余量分为工序余量和总余量。工序余量是指在一道工序中所切除的材料层厚度，也就是该加工表面相邻工序尺寸之差的绝对值。总余量是指工件从毛坯变为零件的整个加工过程中某个表面所切除的材料层总厚度，即同一表面的所有工序余量之和。表面的加工余量可直接查阅工艺手册确定，也可结合本企业实际加工的数据资料确定。决定加工余量的原则是在保证加工质量的前提下，尽量减少加工余量。加工余量小可提高生产率，节约原材料，减少刀具和能源的消耗，从而降低成本。但若加工余量过小，可能会造成毛坯表面或前道工序的缺陷尚未切除就已达到规定尺寸，从而造成报废。

2）工序尺寸及其公差的确定

工序尺寸是零件在加工过程中各工序应保证的加工尺寸，因此，正确地确定工序尺寸及其公差是制订工艺规程的主要工作之一。

工序尺寸的计算要根据零件图样上的有关设计尺寸、已确定的各工序加工余量的大小、工序尺寸的标注方法、定位基准的选择和基准的转换关系等来进行。工序尺寸的公差则按各工序加工方法的经济精度选定。工序尺寸及其公差应标注在工艺规程中有关工序的工序简图上，作为加工和检验的依据。

五、机床与工艺装备的选择

1）选择机床时应考虑的因素

① 机床的主参数应与工件的外轮廓尺寸相适应。小工件选小机床，大工件选大机床，保证设备的合理使用。如在小工件上钻孔时可选台式钻床或立式钻床加工，大工件上钻孔时则用摇臂钻床加工。

② 机床的精度应与工序要求的精度相当。粗加工不宜选用精加工的机床，以免机床过早丧失精度。对高精度零件的加工，在缺乏精密设备时，可通过改造旧设备或运用创造性加工原则进行加工。

③ 机床的生产率应与工件的生产类型相适应。单件小批量生产尽量选用通用万能机床，较大批量生产选用高效的专用机床、自动机床、组合机床、数控机床和加工中心机床等。

2）工艺装备的选择

工艺装备的选择包括各工序采用的刀具、夹具和量具的选择。单件小批量生产，尽量采用通用刀具、通用夹具和万能量具；成批和大批量生产，应采用高生产率的复合刀具或专用刀具，并设计和制造各种专用的夹具、量规、样板或检具。

六、切削用量的确定及工时定额的估定

正确选择切削用量，对保证加工精度、提高生产率、降低刀具损耗都有很大意义。在一般企业中，由于工件材质、刀具材料及几何角度、机床的刚度等许多工艺因素的不确定性，故在工艺规程中不规定切削用量，而由操作者根据实际情况自行确定。但在较大批量生产中，在组合机床、自动机床上加工的工序，以及流水线、自动线上的各道工序，都必须确定各工序合理的切削用量。

工时定额是完成某一工序所规定的时间。它是制订生产计划、核算成本的重要依据，也是

确定设备和人员的重要资料。工时定额的制订应考虑到最有效地利用生产工具,满足发展先进生产力的要求,在充分调查研究、广泛征求工人意见的基础上实事求是地予以估定。

任务2 锉配凹凸体

一、任务要求

(1) 锉配凹凸体是一个加工工序对加工质量起决定性影响的作业。通过进行凹凸体的锉配练习不仅可以进一步提高锉削技能和锉配加工质量,还可以掌握正确的检查方法。

(2) 深刻体会加工工序对锉配质量的影响,为今后更好地从事钳工装配工作打下良好的基础。

(3) 优秀的机械设备既要依靠精度达标的单个零件,又要依靠精密设计的配合质量。只有将精益求精的工作作风贯穿到每一个工作环节,才能保证每一个产品都是优秀的精工产品。

二、准备知识

1. 对称度的相关概念

(1) 对称度误差是指被测表面的对称平面中心线与基准表面的对称平面中心线之间的最大偏移距离Δ,如图3-2-1所示。

(2) 对称度公差带是距离为公差值t且相对于基准中心平面对称配置的两平行平面之间的区域,如图3-2-2所示。

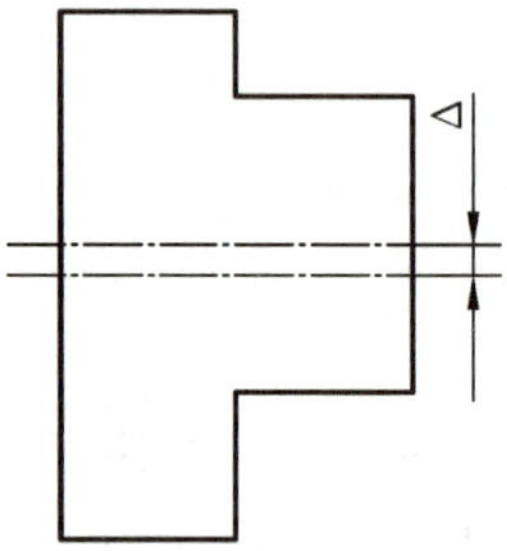

图3-2-1 对称度误差

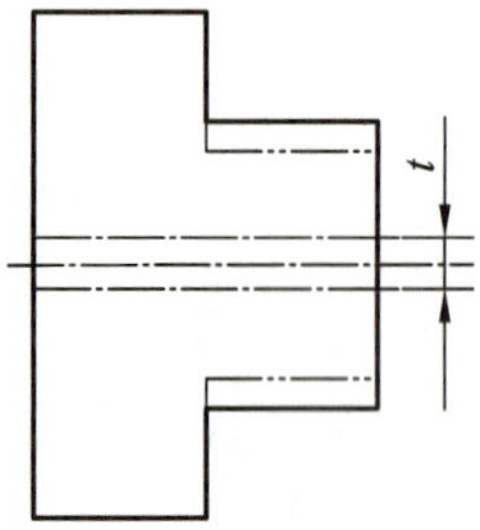

图3-2-2 对称度公差带

2. 对称度误差的测量

分别测量被测表面与基准面的尺寸A和尺寸B,其差值的一半即为对称度的误差值,如图3-2-3所示。

对称度误差对工件互换精度的影响如图3-2-4所示,如果凸凹件的对称度误差均为0.05 mm,并且在同方向位置上锉配达到要求间隙后,两侧基准面可以对齐,而将工件调换180°后进行锉配,两侧基准面就会产生偏位误差,其总差值为0.1 mm。

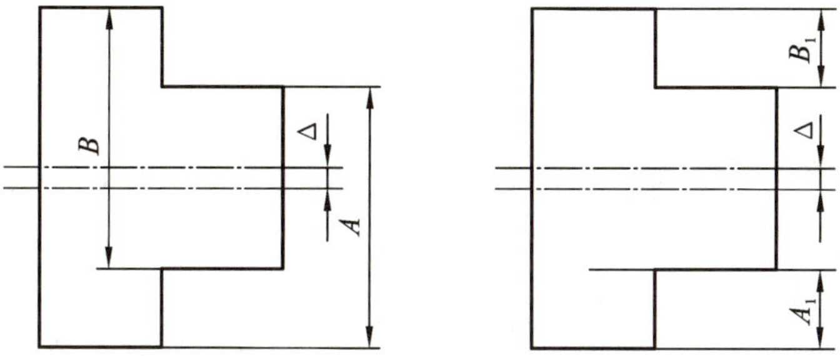

图 3-2-3 对称度误差的测量

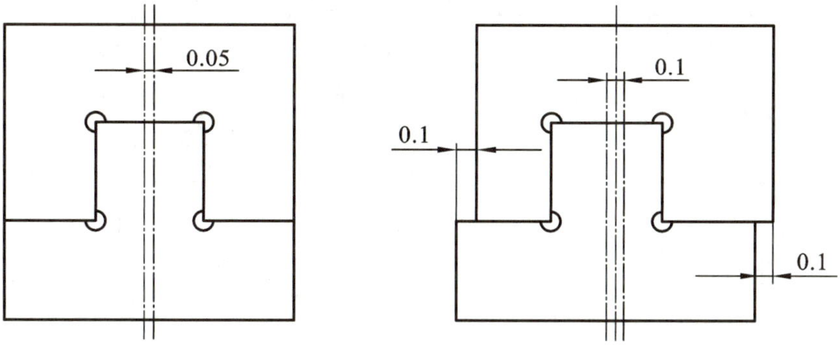

图 3-2-4 对称度误差对工件互换精度的影响

三、任务内容

锉配凹凸体，图样如图 3-2-5 所示。

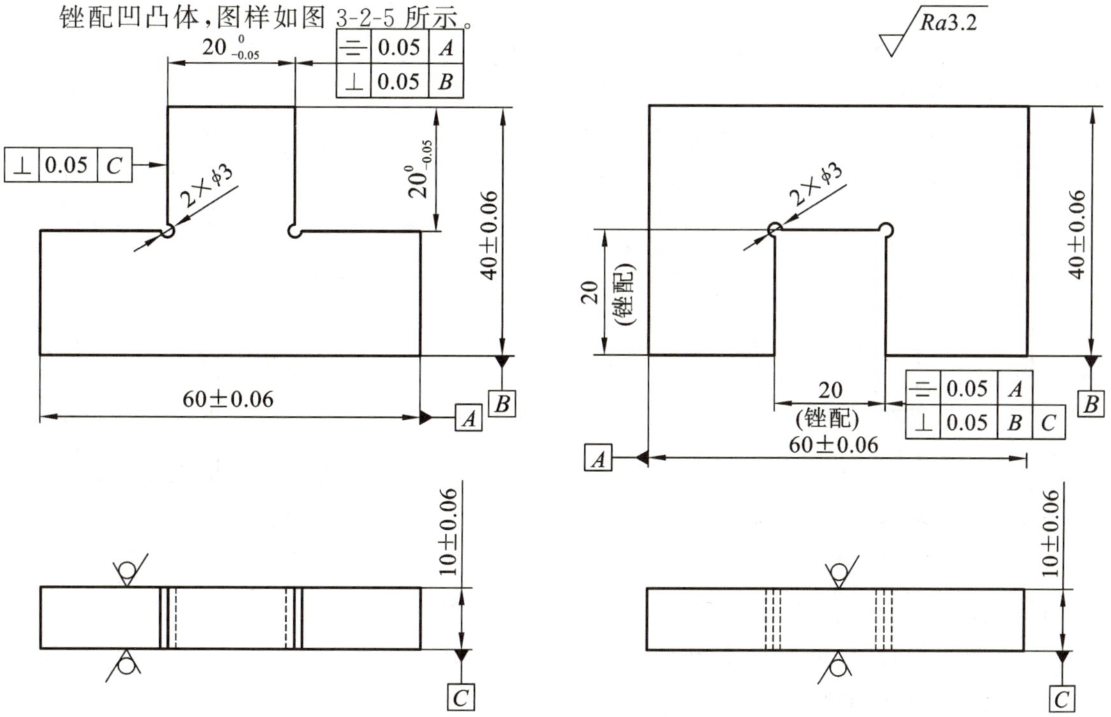

图 3-2-5 锉配凹凸体的图样

四、加工步骤

1. 加工凸件

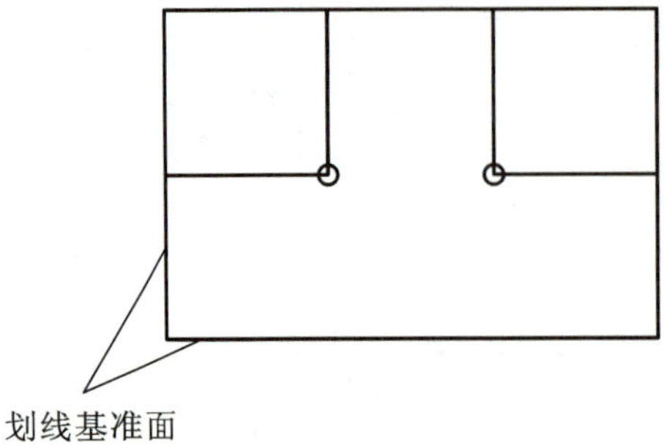

图 3-2-6　凸件的划线

(1) 按图样要求锉削外轮廓基准面,并达到尺寸(60±0.06) mm、(40±0.06) mm 和给定的垂直度要求与平行度要求。

(2) 按图纸要求划出凸件的加工线,并钻出工艺孔 2×ϕ3 mm,如图 3-2-6 所示。

(3) 按所划加工线锯去一垂直角,粗锉、细锉两垂直面,并达到图纸要求,如图 3-2-7 所示。

(4) 按所划加工线锯去另一垂直角,粗锉、细锉两垂直面,并达到图纸要求,如图 3-2-8 所示。

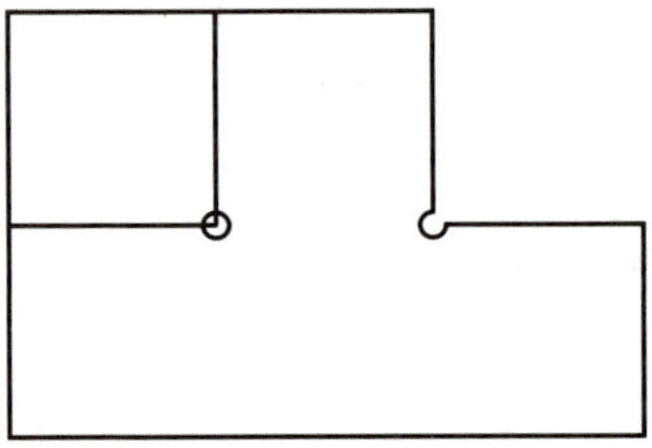

图 3-2-7　加工一角至精度要求

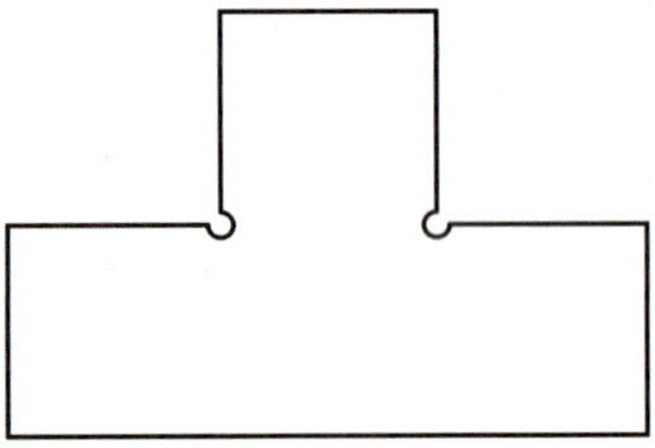

图 3-2-8　加工另一角至精度要求

2. 加工凹件

(1) 按图纸要求锉削外轮廓基准面,并达到尺寸(60±0.06) mm、(40±0.06) mm 和给定的垂直度要求与平行度要求。

(2) 按图纸要求划出凹件的加工线,并钻出工艺孔 2×ϕ3 mm,如图 3-2-9 所示。

(3) 用钻头钻出排孔,并锯除凹件的多余部分,然后粗锉至接触线条,如图 3-2-10 所示。

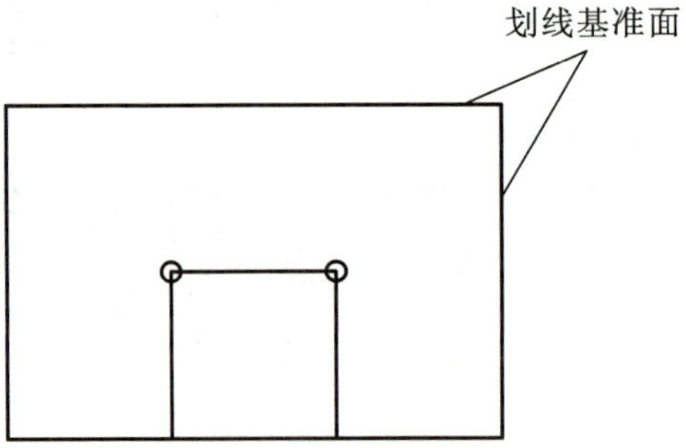

图 3-2-9　凹件划线

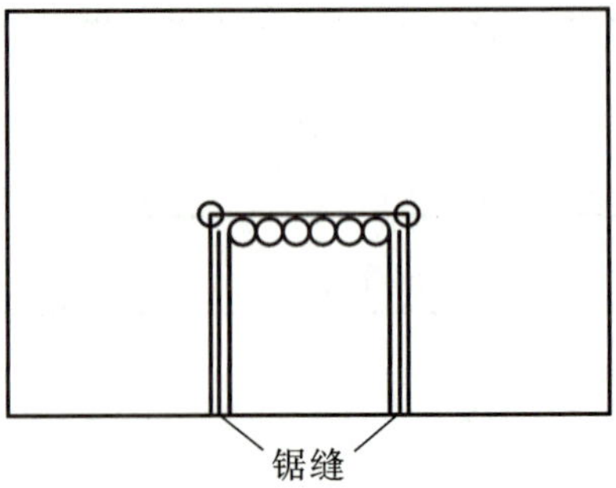

图 3-2-10　钻排孔,去除余料

(4) 细锉凹件各面,并达到图纸要求。

① 先锉左侧面,保证尺寸(20±0.025) mm。

② 按凸件锉配右侧面,保证间隙 0.06 mm。

③ 按凸件锉配底面,保证间隙 0.06 mm。

3. 锉配修整

对凸件、凹件进行锉配修整，以达到间隙要求。

五、操作要点

（1）为了给最后的锉配留有一定的余量，在加工凸件、凹件的外轮廓尺寸时，应保证尺寸精度为上偏差。

（2）为了能对凸件、凹件的对称度进行测量控制，60 mm 处的实际尺寸必须测量准确，应取其各点实测值的平均值。

（3）在加工 20 mm 凸件时，只能先去掉一垂直角料，待加工至所要求的尺寸公差后，才能去掉另一垂直角料。由于受测量工具的限制，只能采用间接测量法，以得到所需要的尺寸公差。

（4）采用间接测量法来控制工件的尺寸精度，必须控制好有关的工艺尺寸。

例如，为保证凸件在 20 mm 处的对称度要求，用间接测量法控制有关工艺尺寸（见图 3-2-11），图解说明如下。

① 图 3-2-11(a)所示为凸件第一直角加工时的最大控制尺寸与最小控制尺寸。

② 图 3-2-11(b)所示为凸件第二直角加工时在最大控制尺寸下取得的尺寸 19.95 mm，此时对称度误差的最大左偏差值为 0.05 mm。

③ 图 3-2-11(c)所示为凸件第二直角加工时在最小控制尺寸下取得的尺寸 20 mm，此时对称度误差的最大右偏差值为 0.05 mm。

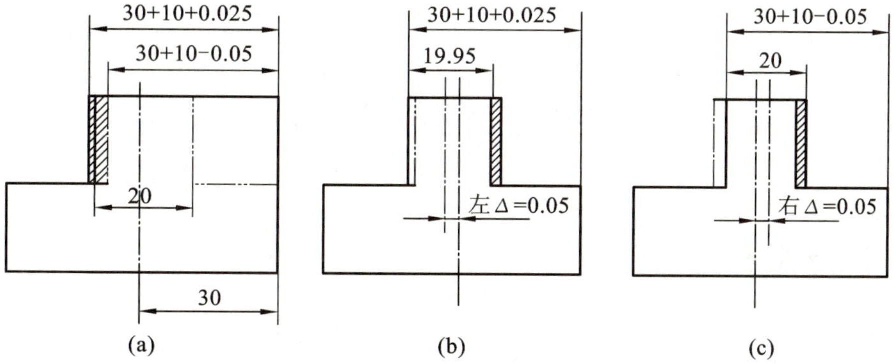

图 3-2-11 对称度误差

（5）为达到配合后的互换精度，在加工凸件、凹件的各面时，必须把垂直度误差控制在最小范围内。如果凸件、凹件没有控制好垂直度误差，互换配合就会出现很大间隙，如图 3-2-12 所示。

（6）加工各垂直面时，为了防止锉刀侧面碰坏另一垂直侧面，应将锉刀的一个侧面在砂轮机上进行修磨，使其与锉刀面之间的夹角略小于 90°。

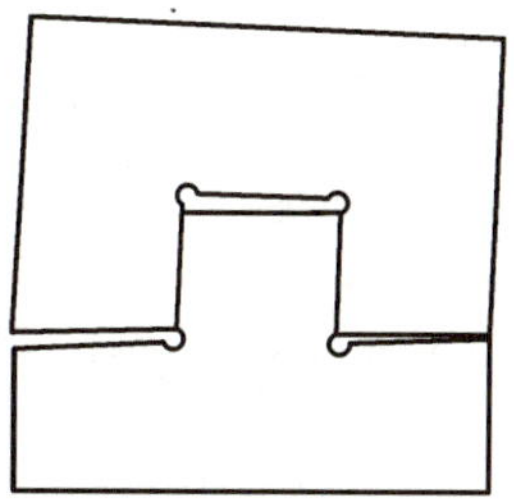

图 3-2-12 垂直度误差产生的影响

六、评分标准

锉配凹凸体的评分标准如表 3-2-1 所示。

表 3-2-1 锉配凹凸体的评分标准

序号	项目名称及技术要求	测量记录	配分	得分
1	尺寸 $20_{-0.05}^{0}$ mm(3处)		18	
2	尺寸(40±0.06) mm(3处)		18	
3	尺寸(60±0.06) mm(2处)		12	
4	配合间隙< 0.06 mm(5处)		15	
5	对称度为 0.05 mm		9	
6	垂直度为 0.05 mm(8处)		16	
7	配合表面粗糙度 $Ra \leqslant 3.2\ \mu m$		10	
8	$\phi 3$ mm 工艺孔的位置正确		2	
9	安全文明生产		违规1次扣5分	
10	时间定额8小时		每超30分钟扣5分	
11	总分			

任务3 镶配四方体

一、任务要求

(1) 掌握高精度零件的加工工艺,灵活运用各种测量手段。
(2) 掌握内孔的加工工艺,提高锉配工件的尺寸精度。

二、准备知识

(1) 为了保证长方体的三组尺寸在方孔中的互换性,三组尺寸的尺寸公差和形位公差(平面度、平行度、垂直度)应控制在极小范围内,如此才能保证各个方向的配合都能达到精度要求。

(2) 加工过程中,心情应沉稳、平静,这是保证加工精度的首要前提。

(3) 方孔通过钻排孔加工工艺去除余料,锉配过程中应使用自制角度样板测量邻边的垂直度。

(4) 方孔边角处的清角可采用断锯条的垂直断面铲除。锉配过程中,方孔内表面的高点也可用断锯条的垂直断面铲除。

(5) 已加工好的表面可用钳口软铁保护,并采用合适的夹紧力夹持,避免夹持变形。

三、任务内容

镶配四方体，图样如图 3-2-13 所示。

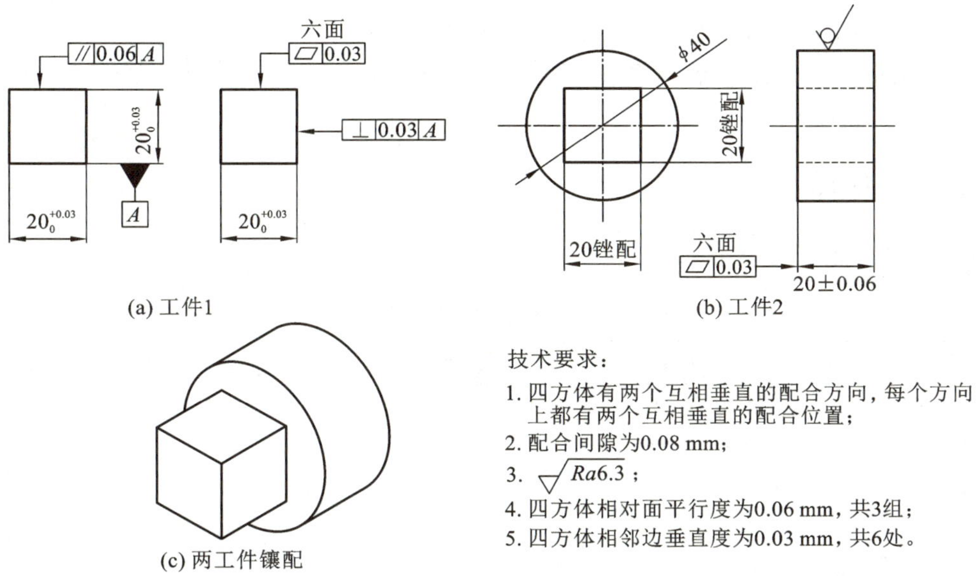

图 3-2-13 镶配四方体的图样

四、加工步骤

镶配四方体的加工步骤如下。

1. 加工工件 1（直径为 30 mm 的 45 号圆钢）

(1) 复查来料尺寸，锉平端面，使其平面度符合要求并且与圆钢的轴心线垂直，以端面为基准 A 划 20 mm 加工线。

(2) 锯割并锉削基准面 A 的对面，使其 20 mm 尺寸、平行度、平面度符合要求。

(3) 锯割并锉削基准面 A 的第一个邻面，使其平面度、垂直度符合要求。加工其对面，使其对面的 20 mm 尺寸、平行度、平面度、垂直度符合要求。

(4) 锯割并锉削基准面 A 的第二个邻面，使其平面度、垂直度符合要求。加工其对面，使其对面的 20 mm 尺寸、平行度、平面度、垂直度符合要求。锉削四方体，至其达到图 3-2-13(a) 所示的要求。

2. 加工工件 2（直径为 40 mm 的 45 号圆钢）

(1) 复查来料尺寸，锉平端面，使其平面度符合要求并且与圆钢的轴心线垂直，以端面为基准划 20 mm 加工线。

(2) 在加工线外锯割下料，以圆钢中心为基准划 20 mm×20 mm 正方形。用直径为 4 mm 的钻头钻排孔，錾除余料。

(3) 锉削修复錾削过程中损坏的端面，使其平面度达到要求。锉削该端面的对面，使其 20 mm 尺寸及平面度符合要求。

(4) 分组加工方孔的 20 mm 对边尺寸，该尺寸略小于四方体中的最小实际尺寸。

(5) 方孔内直角的垂直度采用自制的直角样板(见图 3-2-14)测量。

(6) 锉配加工 20 mm 尺寸，以四方体为基准件测量方孔，根据余量大小采用整形锉修整或断锯条的垂直断面铲除的方法加工方孔。

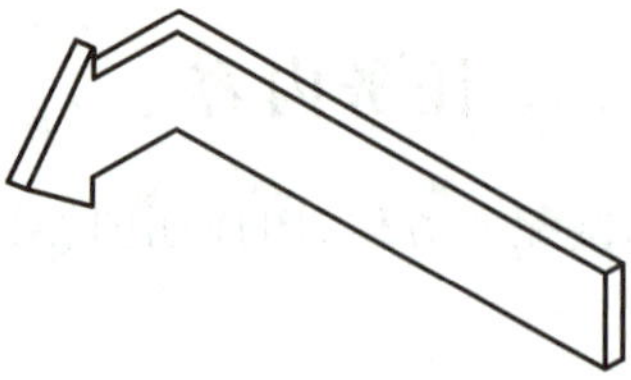

图 3-2-14　自制直角样板

五、评分标准

镶配四方体的评分标准如表 3-2-2 所示。

表 3-2-2　镶配四方体的评分标准

序　号	项目名称及技术要求	测量记录	配　分	得　分
1	尺寸 $20^{+0.03}_{0}$ mm(3 组)		18	
2	平行度误差(3 组)		6	
3	平面度误差(两件 12 处)		24	
4	垂直度误差(6 处)		16	
5	(20±0.06) mm(1 组)		4	
6	配合间隙 16 处		32	
7	安全文明生产		违规 1 次扣 5 分	
8	时间定额 8 小时		每超 30 分钟扣 5 分	
9	总分			

任务 4　刃磨麻花钻

一、标准麻花钻切削部分的结构

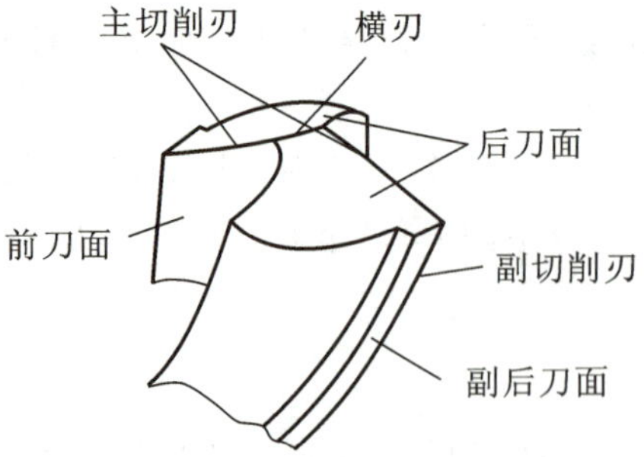

图 3-2-15　标准麻花钻切削部分的结构

麻花钻工作部分由切削部分和导向部分组成。导向部分由两条螺旋槽组成，用来保持钻头工作时的正确方向，容纳和排出切屑，也是钻头的备磨部分。切削部分的前刀面是由两个螺旋槽表面形成的。标准麻花钻的切削部分由两条主切削刃、两条副切削刃、一条横刃和两个前刀面、两个后刀面、两个副后刀面组成，如图 3-2-15 所示。

1. 标准麻花钻的辅助平面

为弄清楚标准麻花钻的切削角度，需要先确定表示切削角度的辅助平面：基面、切削平面、主截面、柱截面。在主切削刃上，任意一点的基面、切削平面、主截面是相互垂直的，如图 3-2-16 所示。

① 基面:切削刃上任意一点的基面是通过该点并垂直于该点切削速度方向的平面。标准麻花钻主切削刃上各点的基面是不同的。

② 切削平面:主切削刃上任意一点的切削平面是由该点切削刃的切线与该点切削速度方向所构成的平面。标准麻花钻的主切削刃为直线,其切线就是钻刃本身,切削平面即为该点切削速度与钻刃所构成的平面。

③ 主截面:主截面是通过主切削刃上任意一点并垂直于切削平面和基面的平面。

④ 柱截面:柱截面是通过主切削刃上任意一点作钻头轴线的平行线,该平行线绕钻头轴线旋转形成的圆柱面的切面。

2. 标准麻花钻切削部分的几何角度

标准麻花钻切削部分的几何角度如图 3-2-17 所示。

① 前角 γ:在主截面(如图 3-2-17 中 $N_1—N_1$ 或 $N_2—N_2$)内,前刀面与基面之间的夹角称为前角。标准麻花钻的前刀面为螺旋面,在主切削刃上各点的倾斜方向均不相同,因此,主切削刃上各点的前角各不相同。近外缘处前角最大,可达 30°;越靠近钻心,前角越小,在钻心 $D/3$ 范围内为负值。前角的大小决定了切除材料的难易程度和切屑在前刀面上的阻力大小。前角越大,切削越省力。

② 后角 α:在柱截面内,后刀面与切削平面的夹角称为后角。在主切削刃上各点的后角不等。外侧后角小,越接近钻心后角越大(如在图 3-2-17 中,$\alpha_1<\alpha_2$)。

③ 顶角 2φ:两主切削刃在其平行平面上的投影之间的夹角称为顶角。标准麻花钻的顶角 $2\varphi=118°\pm2°$,顶角的大小直接影响主切削刃上轴向力的大小。

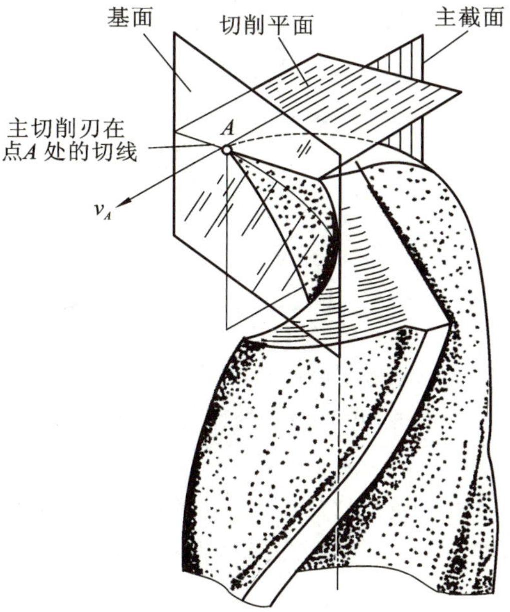

图 3-2-16 标准麻花钻的辅助平面

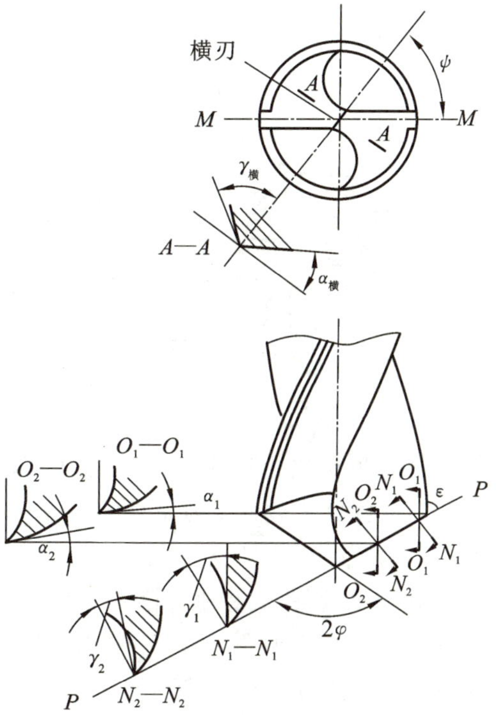

图 3-2-17 标准麻花钻切削部分的几何角度

④ 横刃斜角 ψ:横刃与主切削刃在钻头端面上的投影之间的夹角称为横刃斜角。横刃斜角是刃磨钻头时自然形成的角度,其大小与后角、顶角的大小有关。

3. 标准麻花钻结构上的缺陷

① 横刃较长,横刃处前角为负值。切削时,横刃处于挤刮状态,轴向力大,易发生振动,定心作用差。

② 主切削刃上各点的前角不同,使得各点的切削性能不同。近横刃处前角为负值,切削时主切削刃处于挤刮状态,切削性能差,切削热大,磨损严重。

③ 主切削刃长,且全宽参与切削。各点切屑的流出速度相差很大,容易堵塞容屑槽,排屑困难,切削也不易进入切削区。

④ 主切削刃外缘处刀尖角较小,前角大,刀齿薄弱,而此处的切削速度最高,产生的切削热最多,磨损严重。

⑤ 副后角为零,靠近切削部分的棱边与孔壁摩擦严重,容易发热和磨损。

4. 标准麻花钻的刃磨要点

为改善标准麻花钻的切削性能,通常要对钻头的切削部分进行刃磨。根据钻孔的具体要求,往往要对钻头的以下几部分进行修磨。

① 修磨横刃:将横刃磨短并增加靠近钻心处的前角,减小轴向阻力,增强定心作用。一般直径在 5 mm 以上的钻头,要将横刃磨到原长的 1/5～1/3,如图 3-2-18 所示。

② 修磨主切削刃:磨出双重顶角($2\varphi_0=70°\sim75°$),在钻头外缘处磨出过渡刃($f=0.2d$),以加大外缘处的刀尖角,改善散热条件,强化刀尖角,提高耐磨性,延长钻头的使用寿命,还有利于减小孔的粗糙度,如图 3-2-19 所示。

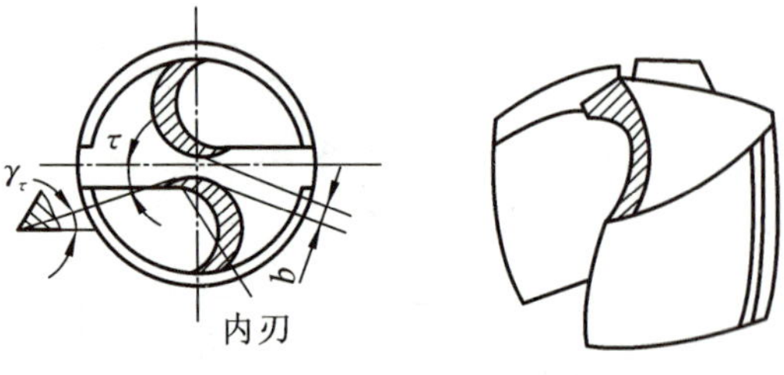

图 3-2-18　标准麻花钻修磨横刃

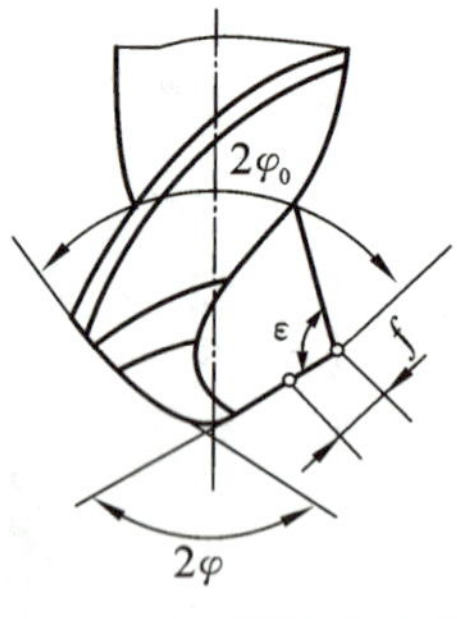

图 3-2-19　标准麻花钻修磨主切削刃

③ 修磨棱边:在棱边前端靠近主切削刃的一段上修磨出副后角,使副后角从 0°增大到 6°～8°,并保留棱边宽度为原来的 1/3～1/2,这样可减小棱边对孔壁的摩擦,延长钻头的使用寿命,如图 3-2-20 所示。

④ 修磨前刀面:将主切削刃外缘处的前刀面磨去一块,可以减小此处的前角,如图 3-2-21 所示。在钻削铜合金时,可避免出现"扎刀"现象。"扎刀"现象就是钻头在旋转过程中,自动切入工件的现象。

⑤ 修磨分屑槽:如图 3-2-22 所示,在钻头的两个后刀面上修磨出几条错开的分屑槽,以利于分屑、排屑。

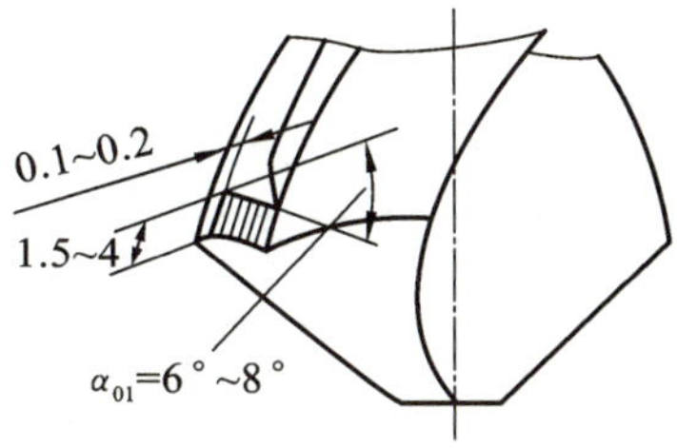

图 3-2-20 标准麻花钻修磨棱边

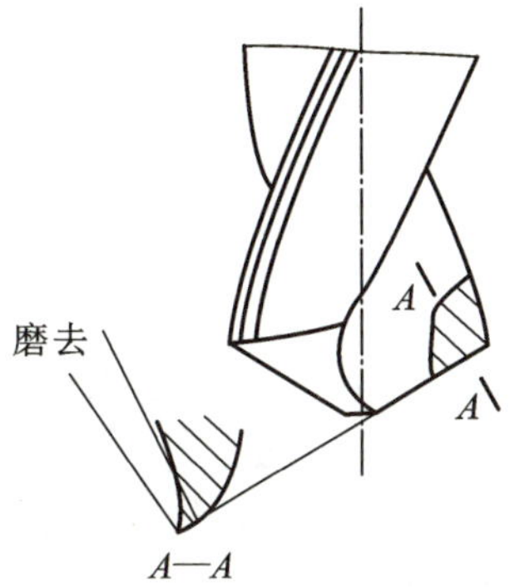

图 3-2-21 标准麻花钻修磨前刀面

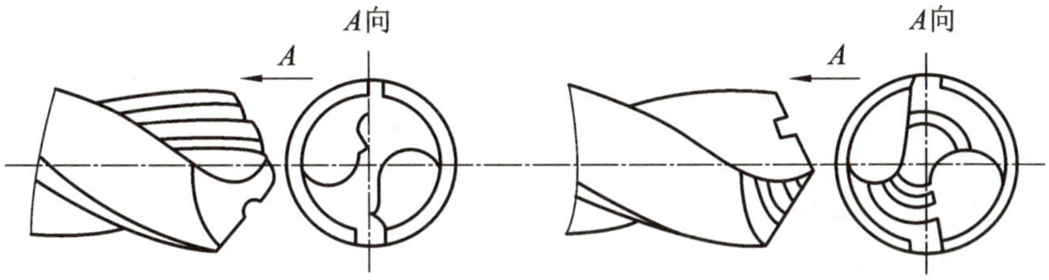

图 3-2-22 标准麻花钻修磨分屑槽

二、群钻切削部分的结构

群钻是用标准麻花钻头经刃磨而成的高加工精度、高生产效率、高寿命、适应性强的新型钻头。

1. 标准群钻

标准群钻主要是用来钻削碳钢和各种合金钢的，其结构特点为三尖七刃、两种槽。三尖是在后刀面上磨出了月牙槽后，主切削刃形成的三个尖；七刃是两条外刃、两条内刃、两条圆弧刃和一条横刃；两种槽是月牙槽和单面分屑槽。标准群钻的结构如图 3-2-23 所示。

2. 钻薄板的群钻

在薄板上钻孔时，因麻花钻的钻尖高，所以当麻花钻的钻尖钻穿薄板时钻头立刻失去定心作用，轴向力也同时减小，致使所钻之孔不圆，孔口毛边很大，甚至扎刀或折断钻头，故在薄板上钻孔时不能使用麻花钻。

薄板群钻又名三尖钻，它将麻花钻的两个主切削刃磨成圆弧形切削刃，外缘处磨出两个锋利的刀尖，并将钻尖高度磨低，磨至与外缘处两个刀尖相差 0.5～1.5 mm 为宜，如图 3-2-24 所示。

3. 钻铸铁的群钻

由于铸铁较脆，钻削时，切屑呈崩碎状，挤压在钻头后刀面、棱边与孔壁之间，故不易排屑，易产生摩擦，造成钻头磨损。

铸铁群钻应磨出两重顶角($2\varphi-70^\circ$)，对于较大的钻头甚至可以磨出三重顶角，另外，还应加大后角，磨短横刃，以减小轴向抗力，提高耐磨性，如图 3-2-25 所示。

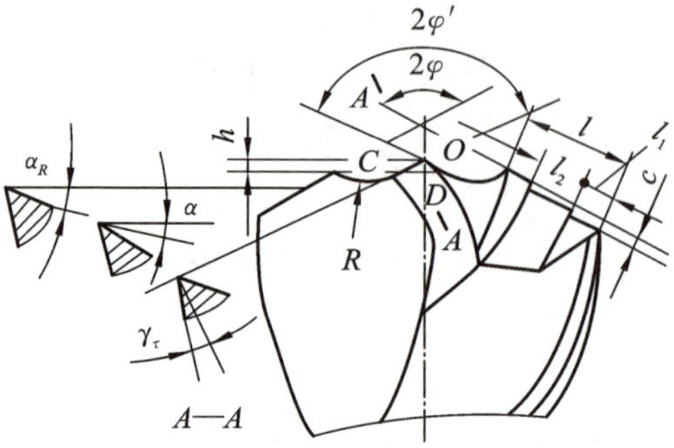

图 3-2-23 标准群钻

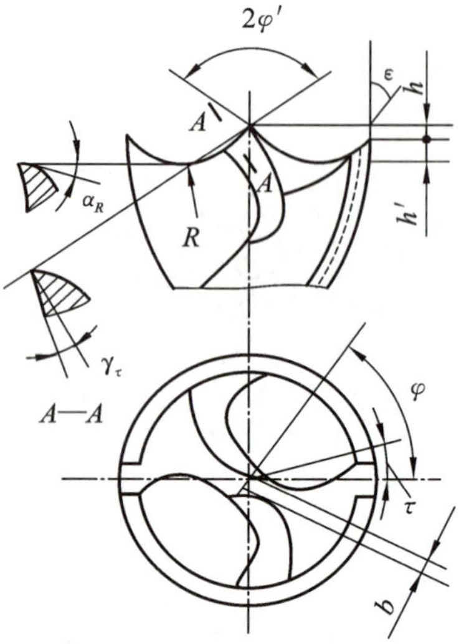

图 3-2-24 薄板群钻

4. 钻青铜或黄铜的群钻

青铜或黄铜的硬度较低,切削阻力小,用标准麻花钻钻削时易产生“扎刀”现象。

刃磨钻青铜或黄铜的群钻时,应将钻头外缘处的前角磨小,横刃磨短,主切削刃与副切削刃交接处磨成 0.5～1 mm 的过渡圆弧,如图 3-2-26 所示。

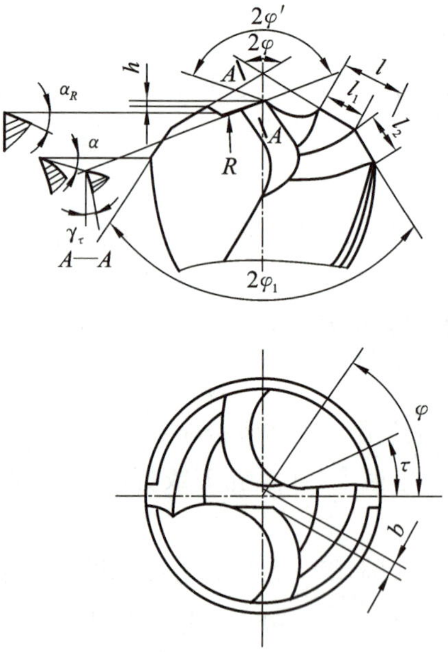

图 3-2-25 铸铁群钻

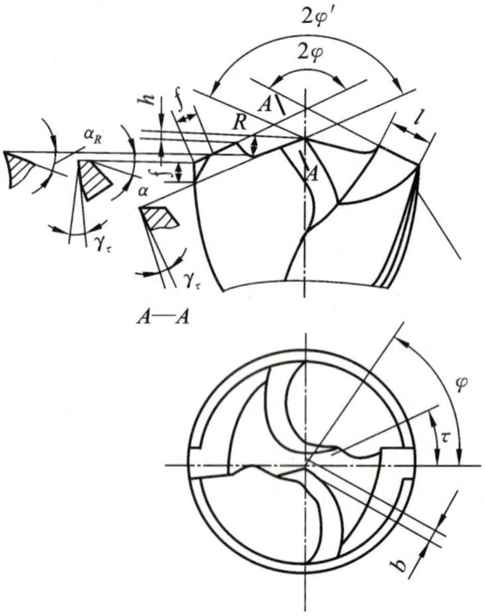

图 3-2-26 青铜或黄铜群钻

三、麻花钻的刃磨方法

1. 两手握法

右手握住钻头的切削部分,左手握住钻头的柄部,如图 3-2-27 所示。

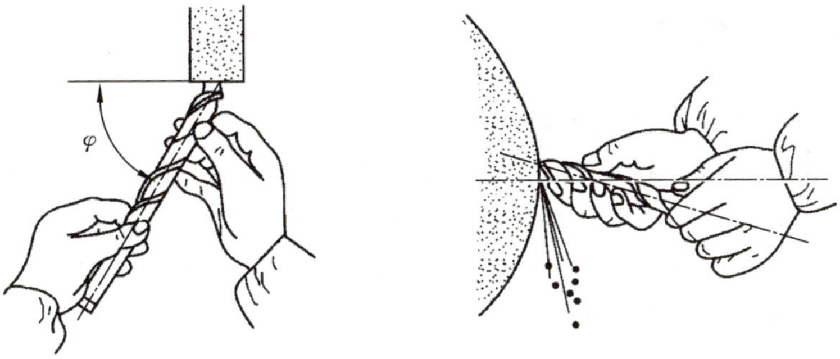

图 3-2-27 刃磨钻头

2. 钻头与砂轮的相对位置

钻头中心线与砂轮外圆母线在水平面内的夹角等于钻头顶角 2φ 的一半，被刃磨的主切削刃处于水平位置，如图 3-2-27(a)所示。

3. 刃磨动作

主切削刃应放在略高于砂轮的水平中心平面处，如图 3-2-27(b)所示，右手缓慢地使钻头绕自身轴线由下向上转动，并施加一定的压力，以刃磨整个后刀面；左手配合右手做同步的下压动作，以便磨出后角，下压动作的速度和幅度要随后角大小而改变。为保证钻心处磨出较大后角，还应做适当的右移运动。刃磨时两后刀面应经常轮换，以保证两主切削刃对称。刃磨时两手配合应协调、自然，压力不可过大，并要经常蘸水冷却，防止过热退火而降低硬度。

4. 砂轮选择

刃磨钻头时一般选择粒度为 46～80、硬度为中软级的氧化铝砂轮。砂轮运转必须平稳，如果跳动量过大，则应进行必要的修整。

四、钻头刃磨检验

钻头的几何角度及两主切削刃的对称要求，可通过角度样板进行检验，如图 3-2-28 所示。在实际操作中，经常采用目测法进行检验。目测时，把钻头的切削部分向上竖立，两眼平视钻头尖部，由于两主切削刃一前一后会产生视觉误差，会感觉前刃高、后刃低，所以应将钻头旋转 180°后反复观察，几次观察结果一样，才能说明对称。钻头外缘处的后角，可以通过目测外缘处靠近刃口部分的后刀面的倾斜情况来判断。靠近钻心处的后角，可通过观察横刃斜角来判断。

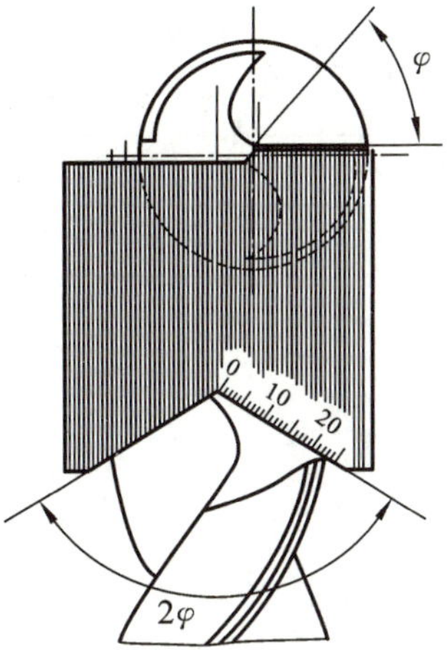

图 3-2-28 用角度样板检验钻头

五、钻头刃磨的安全文明生产

钻头刃磨应严格按照砂轮机安全操作规程(见 P8)操作。

六、钻头刃磨练习

1. 选择练习专用钻头或废钻头进行刃磨练习

在无人指导并且是初始练习刃磨钻头的情况下，应选择 8～10 mm 直径钻头，并对照正规厂家的同直径标准麻花钻头进行练习。当能熟练掌握 8～10 mm 直径钻头的刃磨后，再用小直径钻头进行刃磨练习，最后进行 3 mm 以下直径钻头的刃磨练习。

钻头刃磨练习的技术要求如下(见图 3-2-17)。

(1) 顶角 2φ 为 118°±2°。

(2) 外缘处后角 α 为 9°～12°。

(3) 横刃斜角 ψ 为 50°～55°。

(4) 两主切削刃的长度相等。

(5) 横刃与钻头轴心线垂直。

2. 注意事项

(1) 钻头刃磨技能是练习中的重点和难点，必须进行反复练习，做到姿势规范，钻头角度正确。

(2) 一定要按照安全操作规程进行练习。

3. 评分标准

钻头刃磨练习的评分标准如表 3-2-3 所示。

表 3-2-3 钻头刃磨练习的评分标准

序号	项目名称与技术要求	配分	评定方法	实际得分
1	顶角为 118°±2°	40	每超差 1°扣 10 分	
2	外缘处后角为 9°～12°	20	每超差 1°扣 5 分	
3	横刃斜角为 50°～55°	10	每超差 1°扣 5 分	
4	横刃与钻头轴心线垂直	10	每超差 0.1 mm 扣 5 分	
5	两主切削刃的长度相等	10	每超差 0.5 mm 扣 5 分	
6	时间 5 分钟	10	每超过 1 分钟扣 5 分	
7	安全生产与文明生产	扣分	违章 1 次扣 3 分	

附录 A　常用工作手锤

一、常用工作手锤的简介

（1）羊角锤：用于木工钉钉子和拔钉子，还可用于木质包装箱开封的撬别，因其开口像羊角而得名。锤头（见附图 A-1）可做成圆柱形、圆锥形、四棱形或八棱形等。

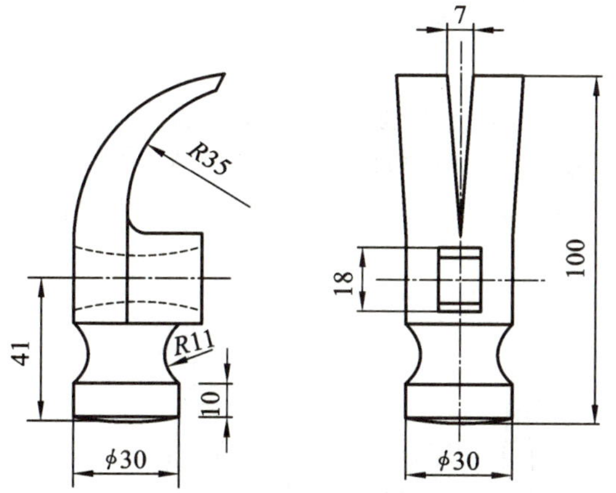

附图 A-1　羊角锤锤头

（2）焊工锤：其锤头一头是錾口，一头是尖头，用于焊工清理焊口、剔除焊口处的飞溅铁瘤、敲除焊口药皮。焊工锤锤头如附图 A-2 所示。

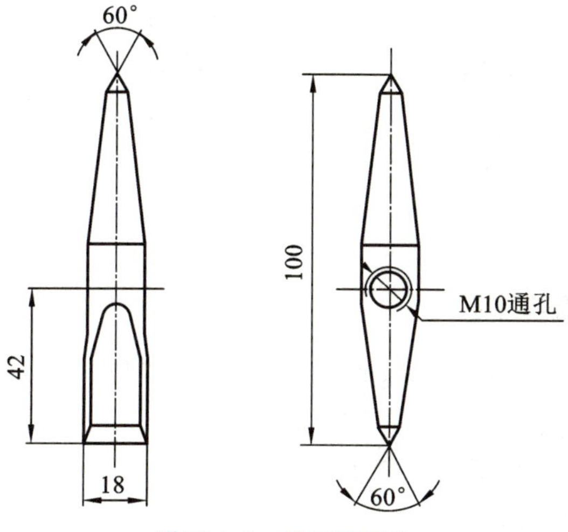

附图 A-2　焊工锤锤头

（3）钳工锤：重心集中，敲击有力，并且有一圆头用于捻打修形，在钳工作业中广泛使用。钳工锤锤头如附图 A-3 所示。

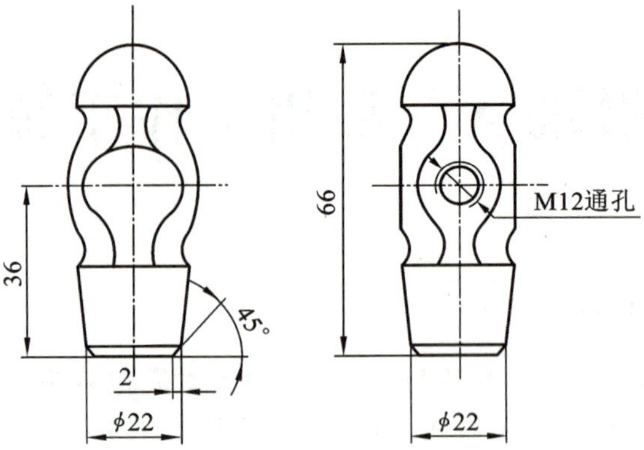

附图 A-3　钳工锤锤头

(4) 检修锤:用于设备检修,通过敲击判断零部件的质量,有一个尖细的扁嘴或尖嘴,可用来敲击一些狭小缝隙里的部件。检修锤锤头如附图 A-4 所示。

(5) 敲锈锤:用于老旧设备部件除锈,有两个互成 90°的錾口,可敲击不同位置的表面。敲锈锤锤头如附图 A-5 所示。

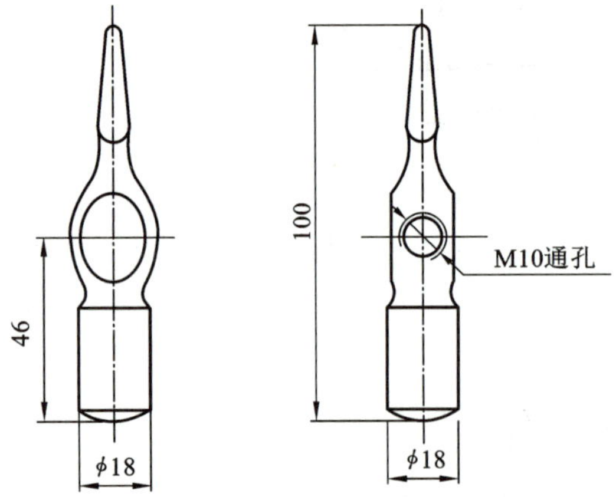

附图 A-4　检修锤锤头

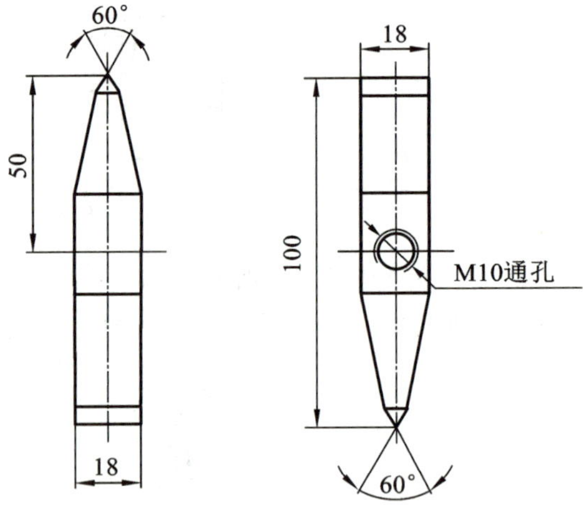

附图 A-5　敲锈锤锤头

二、手锤锤头的图例

(1) 鸭嘴锤锤头图例 1 如附图 A-6 所示。

(2) 鸭嘴锤锤头图例 2 如附图 A-7 所示。

(3) 鸭嘴锤锤头图例 3 如附图 A-8 所示。

(4) 钳工锤锤头图例如附图 A-9 所示。

(5) 羊角锤锤头图例如附图 A-10 所示。

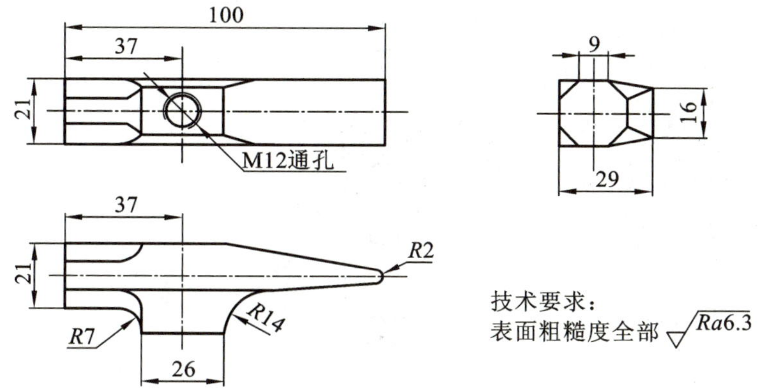

附图 A-6　鸭嘴锤锤头图例 1

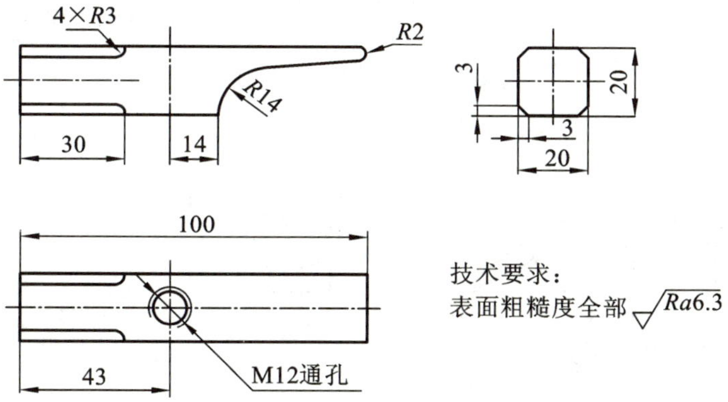

附图 A-7　鸭嘴锤锤头图例 2

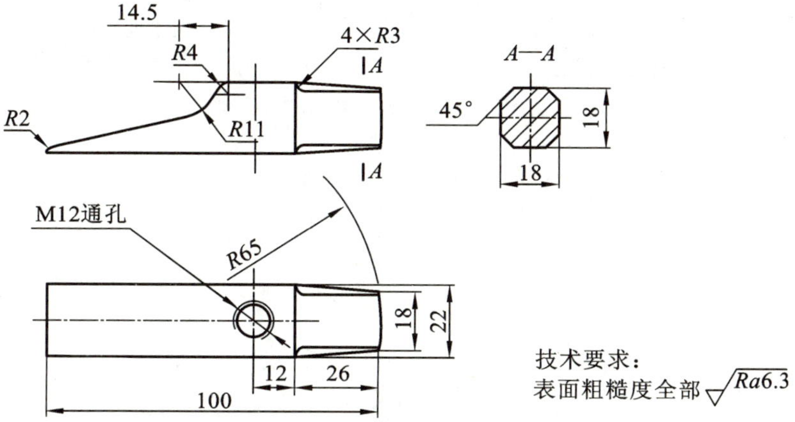

附图 A-8　鸭嘴锤锤头图例 3

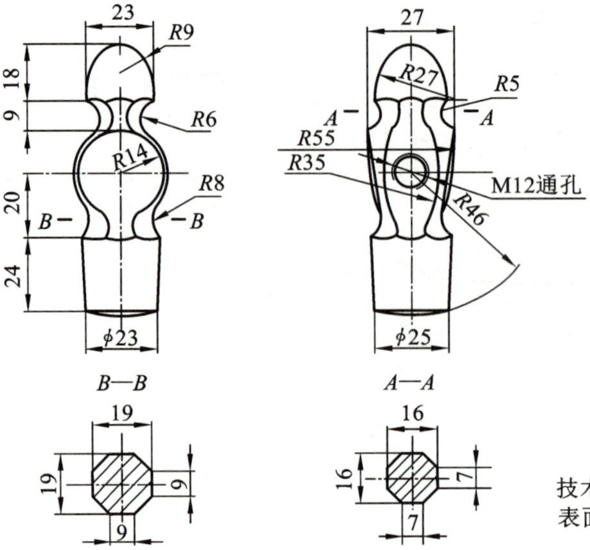

技术要求:
表面粗糙度全部 $\sqrt{Ra6.3}$

附图 A-9 钳工锤锤头图例

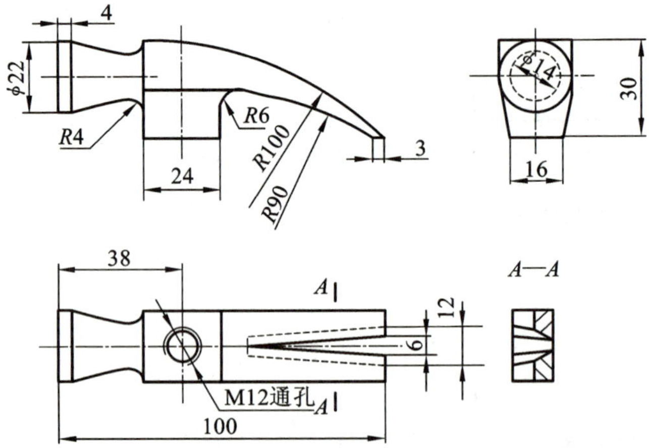

技术要求:
表面粗糙度全部 $\sqrt{Ra6.3}$

附图 A-10 羊角锤锤头图例

附录 B　普通螺纹基本尺寸示例

普通螺纹基本尺寸示例如附表 B-1 所示。

附表 B-1　普通螺纹基本尺寸示例

螺纹规格	公称直径/mm	螺纹大径/mm	螺纹小径/mm	螺距/mm
M5	5	5	4.134	0.8
M6	6	6	4.917	1
M8	8	8	6.647	1.25
M10	10	10	8.376	1.5
M12	12	12	10.106	1.75
M16	16	16	13.835	2
M20	20	20	17.294	2.5
M24	24	24	20.752	3

参考文献 CANKAOWENXIAN

[1] 劳动部教材办公室组织编写.钳工生产实习[M].北京:中国劳动社会保障出版社,1996.
[2] 劳动部培训司组织编写.焊工生产实习[M].2 版.北京:中国劳动社会保障出版社,1987.
[3] 张利人.钳工技能实训[M].3 版.北京:人民邮电出版社,2014.
[4] 赵长祥,吴畏.金工操作技能训练[M].北京:中国电力出版社,2006.
[5] 杨佩时.焊工[M].北京:化学工业出版社,2011.
[6] 黄永荣.金属材料与热处理[M].北京:北京邮电大学出版社,2012.
[7] 胡家富.钳工(高级)[M].2 版.北京:机械工业出版社,2013.
[8]《大国工匠》节目组.大国工匠[M].北京:新世界出版社,2019.